气动伺服位置控制

Position Control of Pneumatic Systems

孟德远　著

科 学 出 版 社

北 京

内 容 简 介

本书系统地论述气动位置伺服系统的非线性控制方法，主要内容包括系统核心元件、基本特性和控制策略的研究现状，系统建模，自适应鲁棒控制器设计，基于LuGre模型的气缸摩擦力补偿方法，阀死区的在线识别与补偿方法，多气缸的精确位置同步控制策略，两轴气动平台的协调控制策略等。本书内容丰富全面，控制器设计方法的阐述非常细致，注重理论与应用的紧密结合。

本书可供从事气动电子技术、气动伺服控制技术研究的科技人员阅读，对从事液压伺服控制、非线性控制理论与应用研究的科研人员也有很大的参考价值。

图书在版编目(CIP)数据

气动伺服位置控制/孟德远著. —北京：科学出版社，2020.6

ISBN 978-7-03-065367-3

Ⅰ. ①气… Ⅱ. ①孟… Ⅲ.①气动伺服系统-研究 Ⅳ. ①TP271

中国版本图书馆 CIP 数据核字（2020）第 093428 号

责任编辑：惠 雪 沈 旭／责任校对：杨聪敏
责任印制：张 伟／封面设计：许 瑞

科学出版社 出版
北京东黄城根北街 16 号
邮政编码：100717
http://www.sciencep.com

涿州市京南印刷厂 印刷

科学出版社发行 各地新华书店经销

*

2020 年 6 月第 一 版 开本：720 × 1000 1/16
2020 年 6 月第一次印刷 印张：12 1/2
字数：251 000

定价：99.00 元

（如有印装质量问题，我社负责调换）

前　言

气动位置伺服系统因具有功率–质量比大、清洁、结构简单、易维护等优点，在机器人、工业自动化和医疗器械等领域具有广泛的应用前景。但是，气动系统具有很多不利于精确控制的弱点，如强非线性、参数时变性和模型不确定性等。自 20 世纪 50 年代 Shearer 首先对气动系统进行建模、仿真研究之后，国内外学者对气动伺服位置控制技术进行了大量的研究，目前“点–点”无级定位控制已达到很高的水平，而且已有商业化的“点–点”定位控制器产品，如德国 Festo 公司的 SPC、CPX 气动伺服定位控制器。相比之下，轨迹跟踪控制性能还不尽如人意，随着机器人技术的蓬勃发展，市场对具有轨迹跟踪能力的气动位置伺服系统的需求越来越强烈，迫切需要加强这一方向的研究投入。此外，在对单气缸控制的研究基础上，进一步开展多轴气动伺服系统的协调控制技术研究具有现实意义，该项技术可用于高精度门架驱动结构、气动升降平台等地方，在自动化生产线、半导体加工装配、航天和航空驱动装置、医疗器械等领域都有广泛的需求。

针对气动伺服位置控制的研究现状，本书以实现单气缸的高精度运动轨迹跟踪控制和多气缸的精确运动协调控制为研究目标，利用理论分析和试验相结合的方法，从建立精确描述系统特性的非线性模型入手，深入研究了气动伺服位置控制策略和多轴气动协调控制方法。本书共分为 7 章。第 1 章绪论，介绍气动位置伺服系统的背景和典型结构，阐述系统核心元件、系统基本特性和建模、控制策略的发展现状。第 2 章气动位置伺服系统建模，研究气体通过控制阀阀口的流动、气缸两腔内气体的热力过程和气缸的摩擦力特性等问题，建立气动位置伺服系统的非线性模型并进行参数辨识。第 3 章气动位置伺服系统的自适应鲁棒控制研究，为气动位置伺服系统设计一个鲁棒自适应控制器和一个确定性鲁棒控制器，在分析两者的优缺点后考虑将它们有机结合，并提出一种气动位置伺服系统的自适应鲁棒运动轨迹跟踪控制策略。第 4 章气动位置伺服系统的高精度运动轨迹跟踪控制研究，为进一步提高控制性能，在第 3 章研究的基础上，设计直接/间接集成自适应鲁棒控制器，研究基于 LuGre 模型的气缸摩擦力补偿方法和阀死区的在线识别与补偿方法。第 5 章基于交叉耦合方法的自适应鲁棒气动同步控制研究，将交叉耦合思想与直接/间接集成自适应鲁棒控制结合起来，提出一种基于交叉耦合方法的自适应鲁棒气动同步控制策略，实现多气缸的精确位置同步控制。第 6 章两轴气动平台的协调控制策略研究，针对两轴气动平台的轮廓运动控制问题，以轮廓误差为直接控制目标，通过构建任务坐标系，将轮廓误差转化成与两轴期望运动相关的量，增强两轴之间的协调性，在此基础上提出一种基于任务坐标系的自适应鲁棒轮廓运动控制策略。第 7 章后记，对本书的主要创新工作进行总结。本书旨在为从事气动伺服系统非线性控制技术研究的专业技术人员提供参考。

本书为作者根据多年来在气动伺服技术方面的研究成果归纳而成，包括作者在浙江大学攻读博士学位期间获得的研究成果，以及在中国矿业大学承担国家自然科学基金（51505474）、江苏省自然科学基金（BK20140188）、中国博士后科学基金（2016T90520、2014M551685）、江苏省博士后科学基金（1402056C）项目和参加江苏高校优势学科建设工程资助项目所获得的研究成果。由衷感谢浙江大学陶国良教授对本书出版的大力支持和帮助。

作　者
2019 年 8 月 18 日

目　　录

第1章　绪　　论

气动伺服控制起源于第二次世界大战前后，目前广泛应用于机器人、飞行器和工业自动化等领域。本章介绍气动位置伺服系统的背景和典型结构，阐述系统核心元件、系统基本特性和建模、控制策略的发展现状。

1.1　概　　述

气动技术是以压缩气体为工作介质进行能量与信号传递的技术。随着工业机械化和自动化的发展，气动技术因其具有功率–质量比大、清洁、价格低、结构简单、易维护等优点，得到了迅速的发展及普遍应用 [1]。传统的气动系统以开关控制为主，只能在若干个机械设定位置可靠地定位，且执行元件的速度控制是通过单向节流阀实现的，已经无法满足许多设备的自动控制要求 [2]。在这一背景下，气动伺服技术应运而生。与电气伺服技术相比，气动伺服系统不需要笨重的传动环节，也无需担心散热问题；与液压伺服技术相比，气动伺服系统具有洁净、结构简单、成本低、维护方便等优点 [3]。近年来，随着微电子技术的飞速发展，各种质优价廉的气动控制阀、执行元件和传感器不断涌现，气动伺服控制技术取得了长足的进步，在机器人、工业自动化和医疗器械等领域得到了广泛的应用，已成为电气、液压伺服的一种重要替代手段。

气动伺服系统根据最终输出量的物理形式可分为压力控制系统、力控制系统、位置控制系统、速度控制系统等 [4]。在工业自动化领域，气动伺服位置控制技术可以实现气缸多点无级定位（柔性定位）和运动速度的连续可调，一方面满足了复杂的工艺过程要求，在生产对象发生改变后，能非常快捷地重新编程，实现柔性生产；另一方面与传统的机械定位及单向节流阀加气缸端部缓冲的速度控制方式相比，可以达到最佳的速度和缓冲效果，大幅度地降低气缸的动作时间，缩短工序节拍，提高生产率，因而具有广泛的应用前景 [2,4]。

自 20 世纪 50 年代，Shearer[5] 首先对气动系统进行建模、仿真研究之后，许多国家的学者对气动伺服位置控制进行了大量的研究，目前已有商业化的“点–点”定位控制器产品，如德国 Festo 公司的 SPC 系列伺服定位控制器。该控制器在工业自动化生产流水线上获得了大量应用，用户只需同时选购 Festo 提供的 MPYE 系列比例方向控制阀、气缸和位移传感器，即可方便地搭建具有很高绝对定位精度和重复定位精度的“点–点”定位控制系统 [2,6]。相比之下，由于气动系统具有很多不利于精确控制的弱点，如气体本身固有的可压缩性、气体通过阀口流量的非线性、气动驱动器（气缸或气马达）复杂的摩擦力特性、系统刚度差和阻尼低等，实现对其连续运动轨迹的控制仍很困难。但是，随着对机器自动化程度要求的不断提高，气动伺服位置控制技术如果不能实现气动驱动器的高精度运动轨迹跟踪控制，它的应用范围必将受到很大的制约。因此, 如何提高气动位置伺服系统的轨迹跟踪控制性能仍是当前气动技术研究的一个重要方向 [7–9]。

针对多执行元件的协调控制技术是应航空航天技术和现代机械加工业的需要而发展起来的，其主要指多轴位置同步和多轴轮廓运动控制，目标是使得两个或多个被控缸/马达的输出位移保持一致或某种期望关系。液压协调控制的实际应用较多，如液压机、液压折弯机、液压卷板机、工作平台的升降和加工中心的多轴协调等 [10]，但多轴气动伺服系统的研究却是最近几年才兴起的。因为气动系统具有前述诸多优点，在对单气缸的高精度运动轨迹跟踪控制研究的基础上，进一步开展多轴气动伺服系统的协调控制技术研究具有现实意义，这项技术可用于门架驱动结构、气动升降平台等地方，将在自动化生产线、半导体加工装配、航天和航空驱动装置、医疗器械等领域有广阔的应用前景 [11–13]。

1.2 气动位置伺服系统的基本结构

气动伺服系统的出现可以追溯到 20 世纪 50 年代 Shearer 等利用推进器排出的高温高压燃气作为工作介质所开发的导弹舵机，以工业应用为背景的常温低压气动伺服技术研究则是从 20 世纪 80 年代开始的 [5,8]。经过几十年的发展，随着高性能的电–气控制元件和执行元件在市场上的不断涌现，电控制器被普遍引入气动系统取代原来的纯气动或纯机械控制，气动伺服技术更确切的称呼应该是电–气比例/伺服控制技术 [3,4]。电–气比例/伺服控制系统按其控制物理量的不同可分为位置伺服系统、速度控制系统、力控制系统或相应的组合控制系统。其中，伺服位置控制系统因为实际应用较多，各国学者对其进行了广泛的研究，取得了大量的成果。图 1.1 为大部分研究人员进行气动伺服位置控制研究采用的系统结构。

由图 1.1 可知，典型的气动位置伺服系统主要由四部分组成，分别是控制阀（一般采用比例方向控制阀）、气动执行元件、传感器和控制器。图中执行元件可以是直线气缸、摆动气缸、气马达、气动肌肉或气马达加滚珠丝杠等，其中直线气缸因为最为常用，相关的研究也最多。系统中采用的控制阀，主要有比例方向控制阀、比例压力控制阀和高速开关阀三种，目前市场上已有大量技术成熟的产品可供选用。查阅大量文献后发现，当前对气动位置伺服系统的研究主要集中在控制策略方面，研究人员几乎尝试了所有的现代控制算法，发表了大量的技术论文。1989 年之前，气动位置伺服系统的研究基本上停留在实验室阶段 [8]。20 世纪末，德国

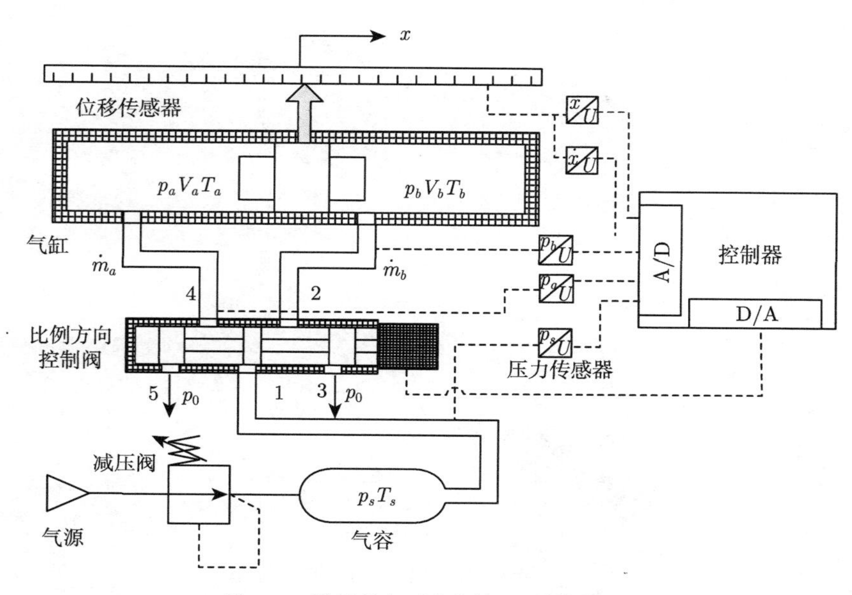

图 1.1　常见的气动位置伺服系统配置

1~5 表示比例方向控制阀的工作口

Festo 公司首先实现了“点–点”定位控制系统商业化[2]，推出了 MPYE 系列比例方向控制阀和 SPC、MPC 系列气动伺服定位控制器，图 1.2 为伺服定位控制器 SPC200、比例方向控制阀、位移传感器和无杆气缸组成的简单气动伺服定位系统，在工业自动化领域获得了大量应用。Festo 公司近年来全面升级了气动伺服定位系统，发布了 CPX 系列气动伺服定位控制器和 VPWP 系列比例方向控制阀，如图 1.3 所示，新系统具备灵活性好、集成度高、故障自诊断等优点。对“点–点”定位控制的研究仍在继续，但更多的集中在如何进一步提高定位精度及重复定位精度、改善动态响应、提高系统抗干扰能力方面。相比之下，由于市场对具有轨迹跟踪能力的气动位置伺服系统的需求越来越强烈，目前这一方向的研究十分活跃。

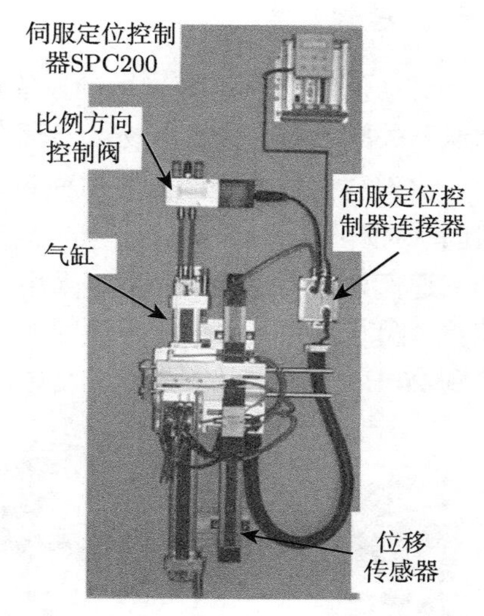

图 1.2　Festo 的气动伺服定位系统

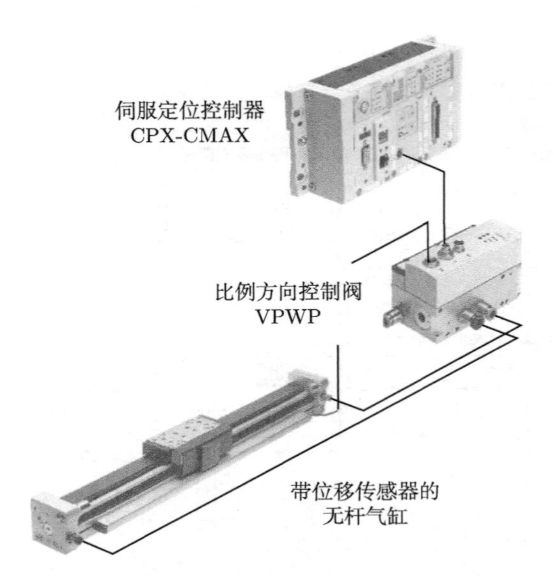

图 1.3　Festo 的新型气动伺服定位系统

1.3　气动位置伺服系统关键元件

1.3.1　控制元件

气动位置伺服系统采用的控制阀主要有比例方向控制阀、比例压力控制阀和高速开关阀三种，目前市场上已有大量技术成熟的产品可供选用。

比例方向控制阀的阀开口面积随控制信号成比例变化，代表性产品是 SMC 公司的 VEF 系列和 Festo 公司的 MPYE 系列。如图 1.4 所示，VEF 系列有二通阀和三通阀两种，滑阀式结构，采用比例电磁铁作为电–机械转换器，由弹簧实现被控量（阀芯位移）的机械反馈 [14]。受结构限制，该系列阀动态响应频率一般只能达到 20 Hz 左右，且所需驱动功率较大，需采用独立的比例放大器。

图 1.4　SMC 公司的 VEF 系列比例流量阀

MPYE 系列阀的结构如图 1.5 所示，其电–机械转换器是双向比例电磁铁，其动铁与阀芯固联。阀芯位移采用电反馈而非机械反馈，阀芯的位移经集成在阀内的位移传感器转换为电信号 U_{f}。反馈控制电路根据该电信号和输入电压信号 U_{e} 之差及阀芯的速度等信号计算出最佳的控制信号，并作用于双向电磁铁，使之产生推力或拉力，带动阀芯移动到与输入电压信号相对应的位置，从而实现了阀芯输出位移与输入电压之间的比例关系。因为采用的双向比例电磁铁具有较好的动态特性，该比例阀的动态响应频率可达到 100 Hz 左右。由于阀芯的复位是靠双向电磁铁的磁路实现的，所以阀中没有复位弹簧，电磁铁无须克服弹簧力负载，因而其功耗小，整套电控部分得以集成于阀上，使用时不再需要外加比例放大器。同时，由于阀芯与阀套之间的摩擦力和气流动力均在阀控制单元的大闭环之内，有效地减弱了这些因素对阀控制性能的影响 [15]。表 1.1 给出了 MPYE 系列比例方向控制阀的主要性能指标。VPWP 系列是 Festo 公司最近推出的带有压力传感器、具有自诊断功能的数字化比例方向控制阀，如图 1.3 所示，虽然仍采用 MPYE 系列的主体结构，但该新型阀配合同阶段推出的 CPX-CMPX 或 CPX-CMAX 控制器可以组成性能更加优异的伺服定位系统。

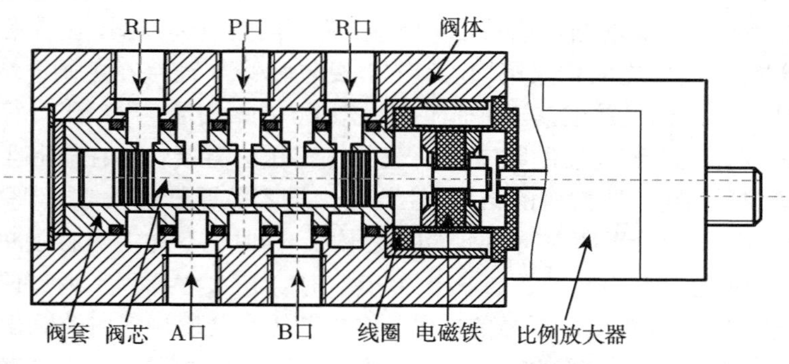

图 1.5 MPYE 系列比例方向阀结构简图

表 1.1 MPYE 系列比例方向控制阀的主要性能指标

性能指标	M5	1/8LF	1/8HF	1/4	3/8
公称流量/(L/min)	0 ～ 100	0 ～ 350	0 ～ 700	0 ～ 1400	0 ～ 2000
阀芯最大行程时频响应/Hz	125	100	100	90	65
响应时间/ms	3.0	4.2	4.2	4.8	5.2
滞环/%	0.4	0.4	0.4	0.4	0.4

注：控制信号为直流 0 ～ 10 V 或 4 ～ 20 mA。

比例压力控制阀产品比较丰富，Festo、SMC、NORGREN 和 Parker 公司都有大量相关产品。按照采用的电控驱动装置不同，常用的比例压力控制阀大致分为比例电磁铁式和开关电磁阀式。

比例电磁铁式最常用，如 SMC 公司的 VEP、VER 系列，Festo 公司的 MPPES 系列，与比例方向控制阀类似，有机械反馈式和电反馈式之分。如图 1.6 所示，VER 系列属于前者，一般采用滑阀结构，将输出压力经过内部气路作用于阀芯的另一端，产生反馈力 $F_{\rm f}$ 并与电磁力 $F_{\rm e}$ 相抵抗直至达到平衡，实现输出压力与输入控制信号呈比例关系 [14]。机械反馈式比例压力阀虽然结构简单，但动态、静态性能差，存在零位、死区，需要外加比例放大器，因此新一代比例压力阀普遍采用电反馈。

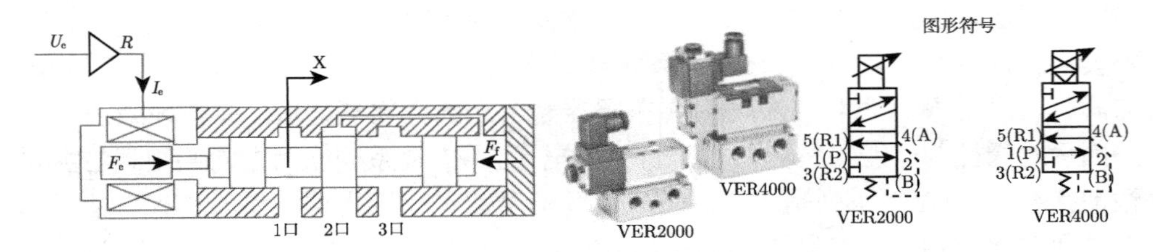

图 1.6 SMC 公司的 VER 系列比例压力阀

图 1.7 所示的 MPPES 系列是直动活塞式或先导驱动活塞式电反馈比例压力阀，其中直动活塞式阀的结构如图 1.8 所示。为了防止气体泄漏，上阀芯与主阀芯之间和主阀芯与阀体之间均采用橡胶密封。复位弹簧 6 连接在主阀下端，提供预紧力以阻止初始时的气体泄漏。在非工作状态下，BC 相通，出口压力等于大气压力。由于反馈弹簧安装在控制腔 5 中，气体输出压力直接作用在阀芯上，取消了压力反馈通道，简化了比例阀的结构。主阀芯上端容腔通过长孔与控制腔相连，使得两腔压力相等，部分平衡主阀芯下端所受压力，同时也有对主阀芯缓冲减震的作用。主阀芯的位置主要由电磁铁的输出力和出口压力的合力决定，通过调节比例电磁铁的输出力实现对阀出口压力的控制。阀内部压力传感器实时监测出口压力并将反馈电压与参考电压比较，经过控制器和数字式比例控制放大器改变输出电流大

图 1.7 MPPES 系列比例压力阀

小，构成闭环回路。出口压力小于设定压力时，电磁力推动上阀芯和主阀芯向下运动，使 AC 口相通，进气阀口开启，气体流入控制腔 5 中；当控制腔压力高于设定压力时，电磁力减小使两阀芯向上运动，主阀芯在弹簧作用下紧贴在阀体上，上阀芯和主阀芯脱离，控制腔气体经长孔排入排气腔 9，BC 口连通进行排气 [16]。

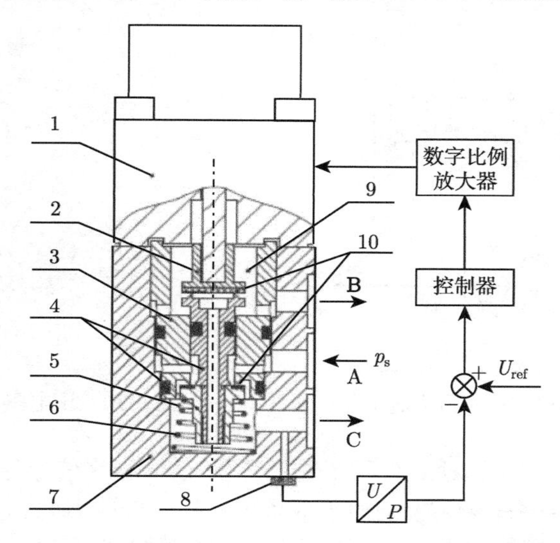

1-比例电磁铁 2-上阀芯 3-阀套 4-主阀芯组件 5-控制腔
6-弹簧 7-阀体 8-压力传感器 9-排气腔 10-密封橡胶
A-气源供气压力入口 B-排气口 C-控制压力出口

图 1.8 MPPES 比例压力阀结构示意图

开关电磁阀式比例压力阀工作原理如图 1.9 所示，该类型阀主要由集于一体的主阀、先导控制阀、压力传感器和电子控制回路组成。当压力传感器检测到控制输出口的气压 p_a 小于设定值时，数字电路输出控制信号打开先导控制阀 a，使主阀芯的上腔控制压力 p_0 增大，主阀芯下移，气源向控制口充气，p_a 升高。当输出口的气压 p_a 大于设定值时，数字电路输出控制信号打开先导控制阀 b，使主阀芯的控制压力 p_0 降低，主阀芯上移，控制输出排气，p_a 降低。上述的反馈调节过程一直持续到控制输出口的压力与设定压力相等为止。Festo 公司的 MPPE 系列 [16]、SMC 公司的 ITV 系列 [14]、Parker 公司的 P3P-R[17] 都是这一类型的阀。SMC 公司的 VY1 系列利用一个二位三通高速开关阀取代上述先导控制阀 a 和 b，其余工作原理类似 [14]。

近年来，国内外许多研究单位还进行了新型材料驱动的比例压力阀的开发，如压电驱动、超磁致伸缩材料驱动、形状记忆合金驱动和磁流变液驱动等，其中压电驱动比例压力阀已实现量产，如图 1.10 所示，但额定流量非常小（最大 20 L/min），其他研究仍大都停留在实验室阶段，暂没有实用的产品出现 [18]。比例压力阀常用于容器内气体压力的控制，或在工业生产中用于控制焊接、压铸、冲压、加紧等加工过程中的作用力，因为响应速度慢，很少单独用于执行机构的伺服位置控制 [19]。

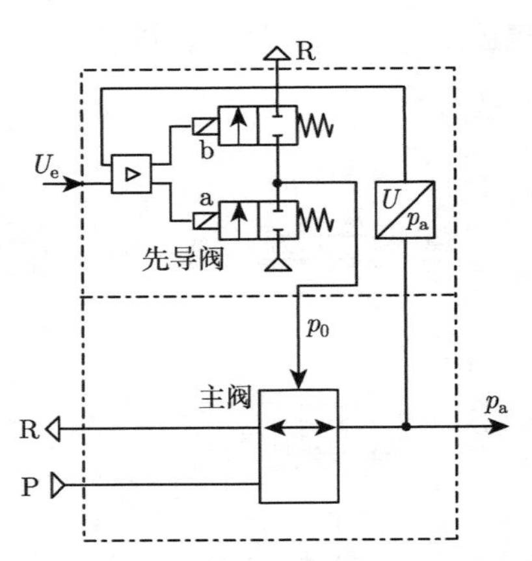

图 1.9　开关电磁阀式比例压力阀工作原理

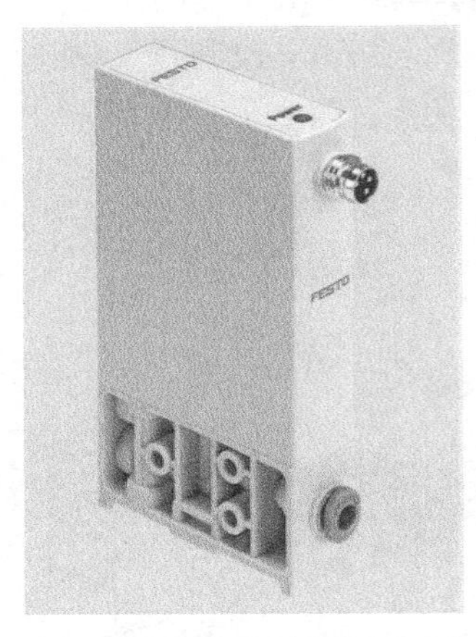

图 1.10　压电驱动比例压力阀

比例阀价格昂贵，且对工作环境要求严格，随着数字信号处理技术的发展，对开关阀的开关控制越来越容易，由于成本低、抗污染能力强、重复误差小、体积小，高速开关阀逐渐被越来越多地应用于气动伺服控制 [20,21]。具备高速开关阀生产能力的公司有德国 Festo 公司，日本 SMC、CKD 公司，美国 MAC 公司和意大利 MATRIX 公司等，而国内高速开关阀的研发起步较晚，20 世纪 90 年代才开始，研发工作主要在一些高校内进行，浙江大学流体动力与机电系统国家重点实验室在这方面处于领先地位，开发出了 ε 型电磁铁高速开关阀，目前处于进一步完善和商品化准备阶段 [22]。Festo 公司的高速开关阀产品规格最为齐全，有二位三通和二位二通两种，前者采用滑阀式结构，有 MH2、MH3 和 MH4 三个系列，额定流量分别为 100 L/min、200 L/min 和 300 L/min，图 1.11 为这类阀的工作原理；后者采用

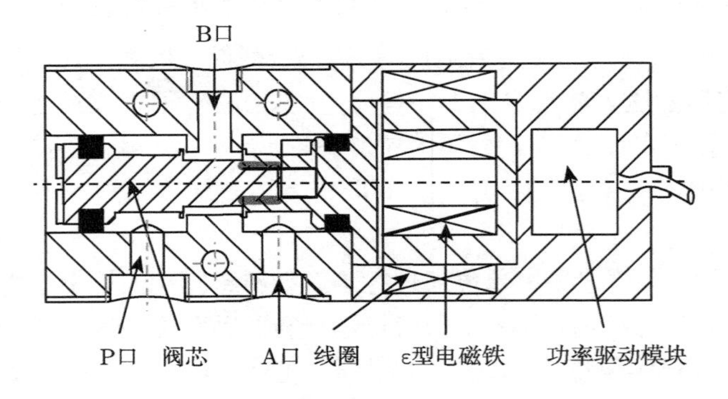

图 1.11　滑阀式高速开关阀工作原理

截止式结构，开关时间更短、寿命更长，有 MHJ9 和 MHJ10 两种，额定流量为 100 L/min，最高响应频率为 1000 Hz[23]，SMC 公司也有一款类似结构的产品，图 1.12 为 VQZ 型阀的工作原理。

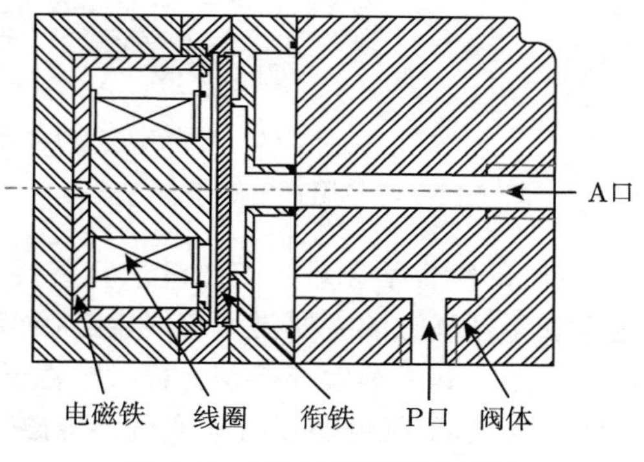

图 1.12 VQZ 型阀工作原理

1.3.2 执行元件

气动位置伺服系统常采用的执行元件是双作用式气缸和无杆气缸。图 1.13 所示为双作用式气缸，主要由活塞、缸筒、前后端盖、活塞杆、拉杆、密封圈等组成，活塞杆伸出和缩回动作都由压缩空气驱动。活塞杆伸出时，压力的作用面积为活塞面积，缩回时作用面积为活塞面积减去活塞杆的面积，同样压力下后退作用力比前进时小；从速度角度看，同样的流量，后退时比前进快。双作用式气缸的密封要求较高，在气缸内有两种密封方式，如图 1.14 所示，一种是静密封，主要是缸体和端盖间的密封、活塞杆和活塞间的密封，比较常用的是 O 形圈密封；另一种为动密封，主要是活塞和缸筒间的密封、活塞杆和前端盖间的密封，动密封直接决定气缸的性能，如泄漏量、摩擦力的大小，动密封采用的密封圈种类较多，常用的是 Y 形密封圈。

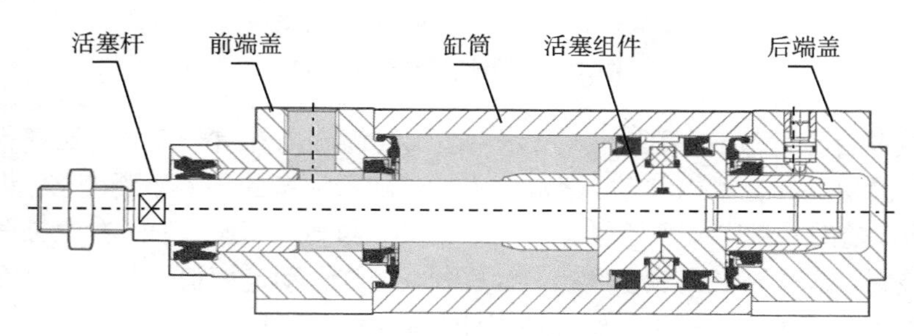

图 1.13 双作用式气缸结构示意图

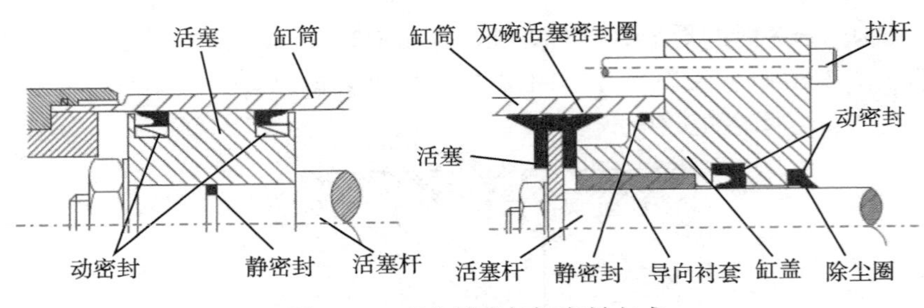

图 1.14 双作用式气缸密封方式

无杆气缸没有普通气缸的刚性活塞杆，它通过活塞直接或间接连接外界执行机构，跟随活塞往复运动。无杆气缸的主要类型有绳索连接型无杆气缸、磁性耦合无杆气缸、机械耦合无杆气缸。其中绳索连接型无杆气缸由于可靠性低，目前已经很少采用；磁性耦合无杆气缸由于磁钢随着时间变长会退磁，使用场合也在减少；机械耦合无杆气缸虽然结构复杂，但可靠性好，目前被大量采用。

磁性耦合无杆气缸的主要部件是几对高磁性的稀土磁钢，如图 1.15 所示，安装在活塞上的磁钢通过薄壁缸筒（非导磁不锈钢或铝合金材料）与缸筒外面安装在滑块上的另几对磁钢耦合，当活塞运动时带动外部滑块运动。这种气缸的优点是无外部泄漏，维护方便，行程不受限制，还可用于缸筒弯曲弧度不大的场合；缺点是当速度快、负载大时，内外磁环容易脱开，另外由于磁钢随着时间变长会退磁，驱动力会下降 [24]。

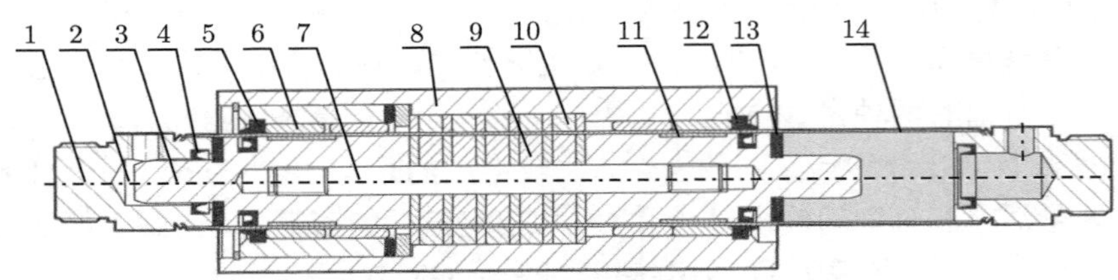

1-端盖 2-缓冲腔 3-缓冲活塞 4-缓冲密封 5-清洁环 6-支撑衬套
7-活塞拉杆 8-支撑架 9-活塞磁环 10-支撑架磁环 11-活塞轴承
12-活塞密封环 13-缓冲垫圈 14-不锈钢缸筒

图 1.15 磁性耦合无杆气缸

机械耦合无杆气缸如图 1.16 所示，在气缸筒轴向开有一条槽，活塞带动与负载相连的滑块一起在槽内移动，聚氨酯密封带随着活塞的移动不断变形，将缸筒密封，在开口槽的外部有一条不锈钢带用于防尘。与普通气缸一样，在气缸两端设置气缓冲装置。这种气缸安装空间小、行程长、气缸运动速度快，由于滑块没有导向装置，这种无杆气缸上一般需要安装直线导轨用于导向。

气缸复杂的摩擦力特性是影响气动位置伺服系统性能的重要因素，在需要高精度定位或低速运动轨迹跟踪的场合更为明显。使用摩擦力特性好的气缸，是克服

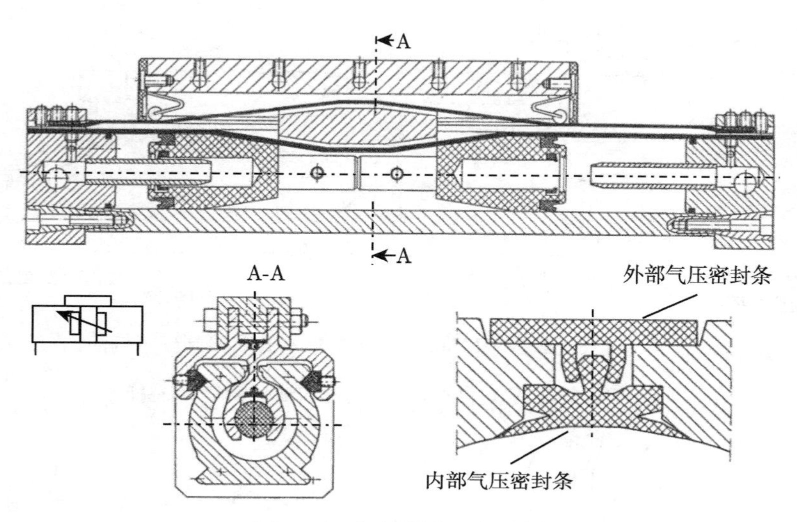

图 1.16 机械耦合无杆气缸

这一困难的一个重要途径，所以有必要了解一下低摩擦或无摩擦气缸的研究进展。传统低摩擦气缸通常采用提高气缸的加工精度、改变密封形式、采用特殊润滑脂和使用摩擦系数很小的材质等方法降低摩擦力，如 SMC 的平稳运动气缸（□ Y 系列）、Festo 的低摩擦气缸（气缸型号中有 S11）通过采用特殊的双向密封圈和特殊的润滑脂，可实现双向低摩擦动作，能使气缸以 5 mm/s 左右的速度平稳无爬行地运行；SMC 的低速气缸（□ X 系列）同样采用特殊的密封圈和润滑脂，能以 0.5 ～ 1 mm/s 速度平稳无爬行运行 [14]。

鉴于传统低摩擦气缸的密封结构为弹性密封，进一步改善其摩擦力特性比较困难，国内外科研人员在结构方面做了很多创新，开发了许多新型低摩擦气缸。如图 1.17 所示，SMC 的 MQQ、MQM 系列低摩擦气缸的活塞杆与导向套之间、活塞与导筒之间均使用间隙密封，同时采用滚珠导向套以提高承受横向负载的能力，最低平稳运行速度可达 0.3 mm/s[14]。法国 Kortis 公司、美国 ControlAir 公司和日本 Fujikura 公司的膜片式低摩擦气缸采用隔膜囊密封，其结构如图 1.18 所示。活塞和气缸内壁通过膜片相连，两者之间不产生直接接触，活塞杆前端采用直线滚珠轴承，不漏气，气缸无需润滑，摩擦力小，但行程一般不大。此外，美国 Airpot 公司、台湾成功大学和浙江浙江大学目前在尝试进行如图 1.19 所示的无摩擦气缸的研发。该无摩擦气缸通过一个与活塞杆相配的气浮轴承和一个根据气浮原理设计的活塞在接触面形成高压气膜，实现了气缸活塞杆和活塞的无摩擦支撑，为避免活塞卡死并提高气缸径向负载能力，用球铰连接活塞杆和活塞。气缸启动前要先对两个气浮轴承供气，待气浮轴承正常工作后方可启动气缸 [18]。

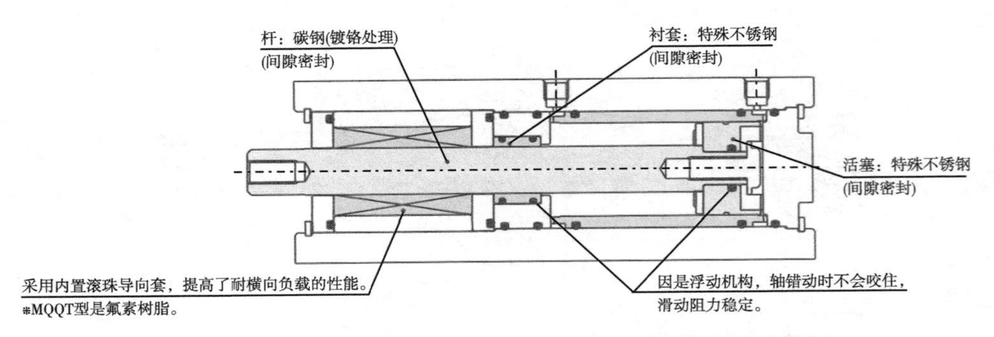

图 1.17 SMC 公司的 MQQ、MQM 系列低摩擦气缸结构简图

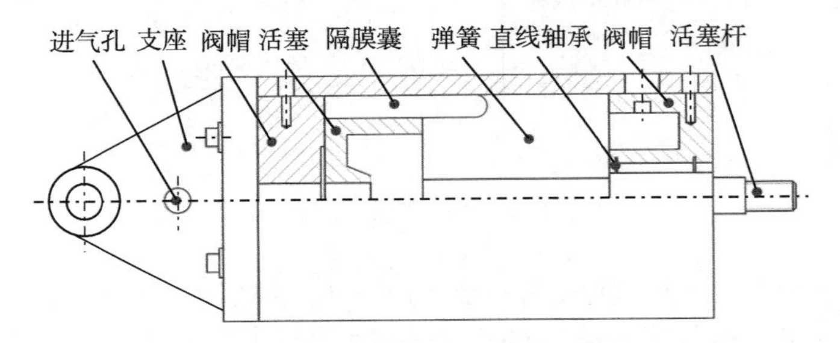

图 1.18 膜片式低摩擦气缸结构原理图

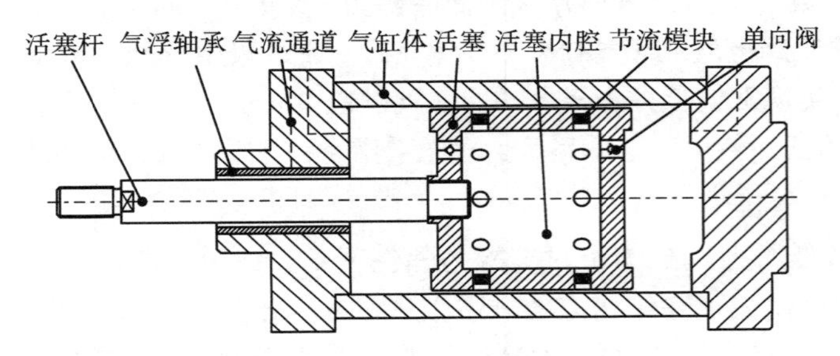

图 1.19 无摩擦气缸结构原理图

哈尔滨工业大学的 Gao 等 [25] 设计了如图 1.20 所示的低摩擦气缸，通过在气缸内嵌入压电振子，利用振子的振动降低摩擦。试验结果表明：振子弯曲振动时，气缸静摩擦力减小了 66.7%，动摩擦力减小了 50.8%；振子伸缩振动时，气缸静摩擦力减小了 47.4%，动摩擦力减小了 29.7%。

使用上述经过特殊设计的低摩擦或无摩擦气缸，气动位置伺服系统容易获得好的控制性能，但高昂的价格会让这项技术失去竞争力，所以现阶段研究普通气缸的伺服位置控制更有实际意义。最后需补充的一点是，目前市场上有许多集成位移传感器的气缸，如 Festo 的 DGPL 系列、SMC 的 ML2B 系列等，选用它们作为气动位置伺服系统的执行元件可以让系统更简洁。

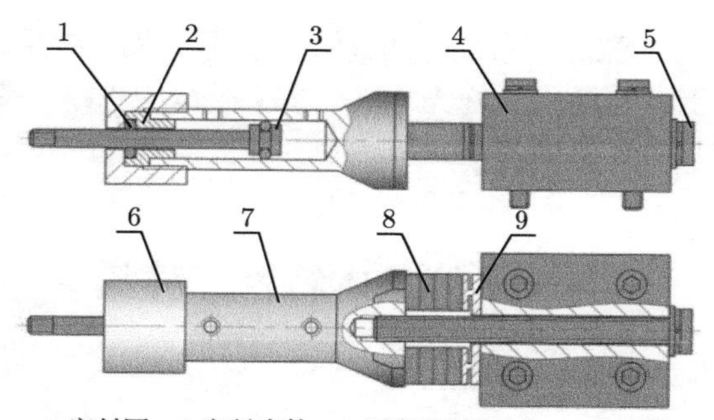

1-密封圈 2-密封壳体 3-活塞和活塞杆 4-夹持器
5-预紧螺钉 6-端盖 7-缸体 8-压电堆 9-柔性铰链

图 1.20 哈尔滨工业大学 Gao 等设计的低摩擦气缸结构简图

此外，许多学者还尝试采用“宏–微”驱动设计方案或将气压驱动与电驱动结合来提高控制精度。例如，Saravanakumar 等 [26] 针对气动位置伺服系统快和准通常难以兼顾的问题，提出用一大一小两个气缸驱动负载，大气缸用于快速驱动负载到达目标位置附近，小气缸用于精确定位，如图 1.21 所示；Bone 等 [27, 28] 设计了如图 1.22 所示的气–电复合驱动机器人关节，气缸通过齿轮齿条传动与伺服电机输出

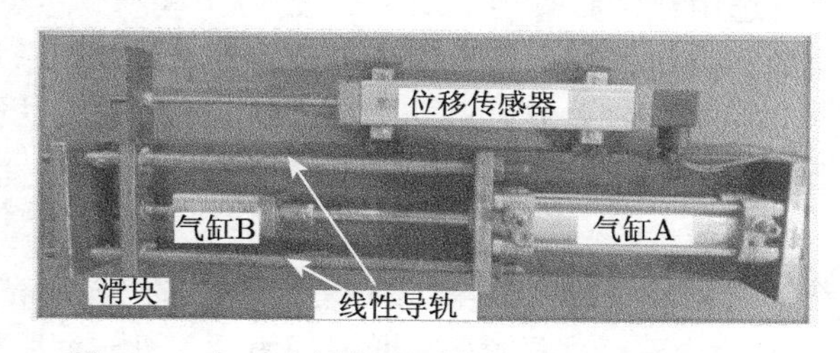

图 1.21 气动位置伺服系统的“宏–微”驱动方案

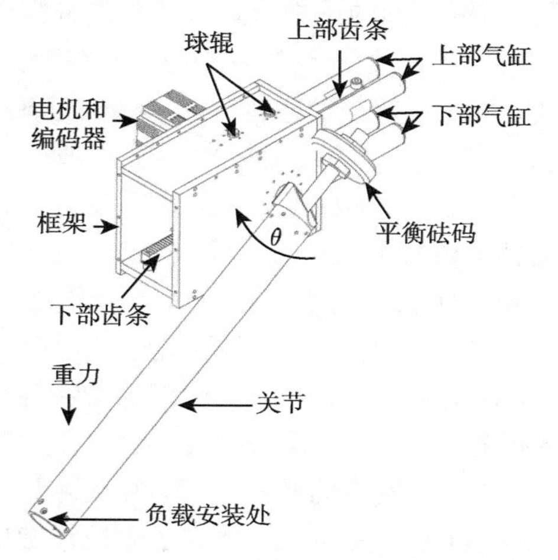

图 1.22 加拿大 McMaster 大学的气–电复合驱动方案

轴并联驱动外负载，由气缸提供大部分驱动力，伺服电机主要用于到达目标位置附近后的精确定位；上海交通大学施光林 [29] 基于类似的思路，设计了气–电复合驱动直线执行器。

1.4 系统基本特性和建模

1.4.1 建模方法

研究气动位置伺服系统基本特性、建立其数学模型的方法有三种，分别为机理建模、系统辨识及机理分析与系统辨识相结合的建模方法。

系统辨识是用系统的输入输出数据所提供的信息来直接建立系统的数学模型。国外学者 Zorlu 等 [30]、Hjalmarsson 等 [31]、Saleem 等 [32]，国内学者 Shih 和 Tseng[33]、王宣银 [34]、陶国良 [3]、吴强等 [35]、武卫等 [36]、刘延俊 [37]、柏艳红和李小宁 [38] 都做过气动伺服系统的辨识建模研究。因为气动位置伺服系统开环不稳定，上述学者都是直接对闭环系统进行辨识，采用 M 序列伪随机信号作为辨识实验输入信号，选用自回归滑动平均（ARMAX）模型、最小二乘辨识算法。部分学者还通过实验研究了采样周期及模型阶数对系统辨识所获模型的质量的影响 [33, 35]。但是，气动伺服系统是复杂的非线性系统，由辨识方法得到的简单线性模型掩盖了系统本质，在此基础上设计的控制器性能有限，抗干扰能力差，只能用于控制精度要求不高的场合。

气动伺服系统的机理建模研究最早可追溯至 MIT 的 Shearer 于 1956 年发表的两篇论文。Shearer 对由双活塞杆气缸、四通伺服阀和机械伺服控制器组成的伺服系统进行了分析，重点研究了阀的压力流量特性和气缸腔内的热力过程。他根据能量守恒定律、质量连续性方程、理想气体状态方程和牛顿第二定律推导出了若干非线性方程用来描述气动伺服系统的动态特性。Shearer 忽略了气缸摩擦力的影响，提出了基于气缸中点微小范围变化的线性化数学模型 [5, 39]。Burrows 和 Webb 于 1966 年和 1967 年发展了 Shearer 的模型，在假设气缸两腔的压差为零时，使修正后的模型适用于气缸的各个位置 [40, 41]。Liu 和 Bobrow 在 20 世纪 80 年代发表的气动伺服控制文章中，先后建立了适用于气缸活塞一系列位置的线性状态空间模型 [42]。1990 年之后，各国学者在进一步深入研究通过阀口的质量流量方程、气缸腔内的热力过程的同时，开始更多地关注气缸的摩擦力特性、气缸两腔之间的泄漏及控制阀与气缸之间连接管路等对气动伺服控制的影响，发表了大量的论文，其中比较著名的是 Richer 在 2000 年发表的两篇文章。为了利用比例方向阀精确控制单活塞杆气缸的输出力，Richer 和 Hurmuzlu 建立了系统详细的数学模型，该模型考虑了气缸两腔之间的泄漏、气缸两腔的死容积、控制阀和气缸之间连接管路的延时和压力衰减及控制阀的机械部分动态特性等方面的影响 [43, 44]。以 Thomas 为代表的部分学者提出用腔内气体质量取代压力和活塞的位移、速度作为状态变量来描述系统特性，可有利于许多先进控制方法的使用 [45]。但前提是必须假设气缸活塞匀速运动、气缸两腔内气体质量之和保持不变，这显然是不现实的。由机理分析建立气动伺服系统模型后，为获得比较精确的模型参数，通常还需要对控制阀 [46, 47]、气缸摩擦力 [48, 49] 和死容积 [50] 等进行参数辨识，相关研究很多。

基于上述分析，下文首先从气体通过阀口的流动、缸内气体的热力过程和气缸的摩擦力特性三个方面详细阐述系统建模的研究现状，然后简单总结一下与阀缸之间管路、气缸两腔间泄漏、气缸固定容积等方面建模有关的研究成果。

1.4.2 气体通过阀口的流动方程

Venant 和 Wantzel 在 1839 年对理想气体经过收缩喷管的一维定常等熵流动的描述是目前研究气体通过阀口的流动方程的基础，其表达式为 [19]

$$\dot{m}=\begin{cases} A\dfrac{p_{\mathrm{u}}}{\sqrt{T_{\mathrm{u}}}}\sqrt{\dfrac{2\gamma}{R(\gamma-1)}\left[\left(\dfrac{p_{\mathrm{d}}}{p_{\mathrm{u}}}\right)^{\frac{2}{\gamma}}-\left(\dfrac{p_{\mathrm{d}}}{p_{\mathrm{u}}}\right)^{\frac{\gamma+1}{\gamma}}\right]} & \dfrac{p_{\mathrm{d}}}{p_{\mathrm{u}}}>0.528 \\ A\dfrac{p_{\mathrm{u}}}{\sqrt{T_{\mathrm{u}}}}\left(\dfrac{2}{\gamma+1}\right)^{\frac{1}{\gamma-1}}\sqrt{\dfrac{2\gamma}{R(\gamma+1)}} & \dfrac{p_{\mathrm{d}}}{p_{\mathrm{u}}}\leqslant 0.528 \end{cases} \tag{1.1}$$

式中，$\dot{m}$ 为通过光滑收缩喷管的气体质量流量；A 是喷管喉部的节流面积；p_{u}、p_{d} 分别是收缩喷管上游、下游绝对压力；T_{u} 是收缩喷管上游气体热力学温度；γ 是比热比，空气为 1.4；R 是理想气体常数，对空气 $R=287\ \mathrm{N\cdot m/(kg\cdot K)}$。保持上游压力和温度不变，$\dfrac{p_{\mathrm{d}}}{p_{\mathrm{u}}}\leqslant 0.528$ 时，气体进入壅塞流态，这个值称为临界压力比。

实际阀内的节流口边缘一般是锐利的，不能等效为光滑的收缩喷管，气体流过这样的节流口有摩擦和动能损失，需引入一个修正系数 C_d 对式 (1.1) 进行修正，而且临界压力比不再是 0.528。气动研究人员习惯上把修正系数 C_d 称为流量系数，它表示气体通过锐利工作边节流口时由于流动损失造成的流量减少。国外学者对流量系数做过很多研究，Perry 在 1949 年通过实验测得边缘锐利的细节流口的流量系数与上下游压力比有关，压力比为 1 时 $C_d=0.6$，压力比为 0.1 时 $C_d=0.84$[51]。此后的研究中，Stenning、Blaine 和 McCloy 等学者也通过实验证实了流量系数与上下游压力比间的这种依赖关系 [19]，Mozer 等更是于 2003 年通过实验给出流量系数与上下游压力比之间关系的经验公式如下 [52]：

$$\begin{aligned} C_d=&0.8414-0.1002\left(\frac{p_{\mathrm{d}}}{p_{\mathrm{u}}}\right)+0.8415\left(\frac{p_{\mathrm{d}}}{p_{\mathrm{u}}}\right)^2 \\ &-3.9\left(\frac{p_{\mathrm{d}}}{p_{\mathrm{u}}}\right)^3+4.6001\left(\frac{p_{\mathrm{d}}}{p_{\mathrm{u}}}\right)^4-1.6827\left(\frac{p_{\mathrm{d}}}{p_{\mathrm{u}}}\right)^5 \end{aligned} \tag{1.2}$$

此外，一些学者认为流量系数与节流口的几何形状有关，Fleischer 在 1995 年给出了几种典型节流口的流量系数 [19]。

阀内部流道复杂，可看作是若干节流口的串联，因而流量系数 C_d 的值只能由实验确定，这给使用式 (1.1) 计算气体通过阀口的质量流量带来很大不便。Sanville 在 1971 年提出了一种近似计算方法，后来成为 ISO 6358的基础，目前被普遍采用。ISO 6358 中规定的质量流量表达式为 [53]

$$\dot{m}=\begin{cases} p_{\mathrm{u}}C\rho_0\sqrt{\dfrac{T_0}{T_{\mathrm{u}}}}\sqrt{1-\left(\dfrac{\dfrac{p_{\mathrm{d}}}{p_{\mathrm{u}}}-b}{1-b}\right)^2} & \dfrac{p_{\mathrm{d}}}{p_{\mathrm{u}}}>b \\ p_{\mathrm{u}}C\rho_0\sqrt{\dfrac{T_0}{T_{\mathrm{u}}}} & \dfrac{p_{\mathrm{d}}}{p_{\mathrm{u}}}\leqslant b \end{cases} \tag{1.3}$$

式中，C 为声速流导；b 为临界压力比，一般气动元件在 0.2~0.5；$T_0=293.15\ \mathrm{K}$；T_{u} 是阀口上游气体热力学温度；p_{u}、p_{d} 分别为阀口上游、下游绝对压力；ρ_0 是在 $T_0=293.15\ \mathrm{K}$、压力为 1 bar①、相对湿度为 65% 条件下气体的密度，值为 1.185。当 $\dfrac{p_{\mathrm{d}}}{p_{\mathrm{u}}}\leqslant b$，通过阀口的气体进入壅塞流态时，式 (1.3) 将此时的质量流量与压力比之间的关系近似为四分之一椭圆，所以气动研究人员习惯上将上式称为 Sanville 四分之一椭圆规律。

国际标准 ISO 6358 指明了如何在稳态流动时通过实验测量声速流导C 值和临界压力比b 值，建议的测试方案如图 1.23 所示，测试步骤如下：

（1）调节调压阀 2 使 p_{u} 稳定在绝对压力不低于 0.4 MPa 的某个值；

（2）由小到大调节节流阀 9，直至流量计 12 显示的流量值不再增大为止，这时气流开始壅塞流动，记下这时的 p_{u}、p_{d}、T_{u} 和壅塞流量 $\dot{m}^*$，代入式 (1.3) 可以求出 C 值；

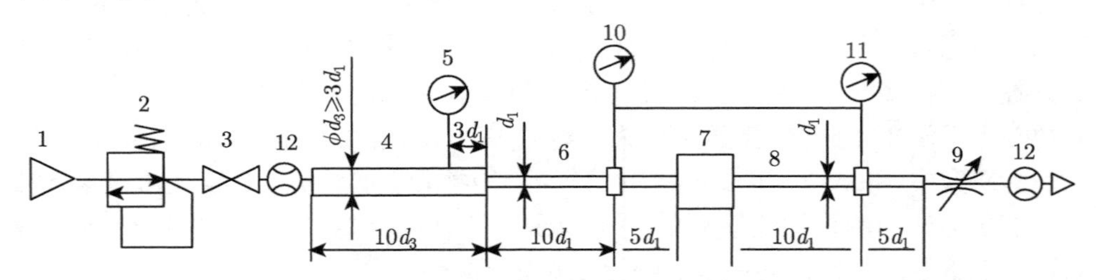

1-气源　2-调压阀　3-截止阀　4-测温管
5-温度计　6-上游测压管　7-被测元件　8-下游测压管
9-节流阀　10-上游压力表　11-差压表　12-流量计

图 1.23　ISO 6358 标准规定使用的流量特性测试装置

①1bar=10^5Pa。

(3) 在保持上游压力 p_u 不变的条件下，依次关小节流阀，调节流量 $\dot{m}/\dot{m}^*$ 的值，记下每次的 p_d、T_u 和 $\dot{m}$，代入式 (1.3) 计算，并取其平均值求出 b 值。

该测试方法的缺点是需要庞大的实验测试台，需要在稳态流动下测量压力和流量来计算 C 值和 b 值，测量时间长、耗气量大。我国参照这个标准制定了相应的国家标准 GB/T 14513—1993，根据在亚声速流动下元件的流量特性曲线是四分之一椭圆的假设，采用气动元件处于壅塞流态下的有效面积 S 值和临界压力比 b 值来表达气动元件的流量特性。壅塞流态下的有效面积 S 值与声速流导 C 值是一一对应的，两者之间仅计算单位不同，通过换算，存在 $S = 5.022C$ 关系 [式中 S 以 mm^2 计，C 以 $\mathrm{L/(s \cdot bar)}$ 计]。中国标准与国际标准的最大不同是采用串接声速排气法进行测量，标准的主要起草人徐文灿教授认为该方法更可靠，且成本低、耗气量小 [54]。国家标准 GB/T 14513—1993 给出的通过气动元件阀口的流量公式为 [55]

$$\dot{m} = \begin{cases} 0.0404\dfrac{p_\mathrm{u}}{T_\mathrm{u}}S\sqrt{1-\left(\dfrac{\dfrac{p_\mathrm{d}}{p_\mathrm{u}}-b}{1-b}\right)^2} & \dfrac{p_\mathrm{d}}{p_\mathrm{u}} > b \\ 0.0404\dfrac{p_\mathrm{u}}{T_\mathrm{u}}S & \dfrac{p_\mathrm{d}}{p_\mathrm{u}} \leqslant b \end{cases} \tag{1.4}$$

式中，S 为壅塞流态下的元件阀口有效面积。

其他有代表性的标准，如美国标准、Festo 标准等，同样是采用 Sanville 四分之一椭圆规律来描述气动元件的流量特性，与国际标准 ISO 6358 相比，主要是使用的符号、单位、计算公式和测量方法等不同，但是同中国标准情况类似，其参数可以按一定关系换算成国际标准 ISO 6358 的参数 [56]。虽然国际标准 ISO 6358 得到了普遍采用，但这一标准仍存在很多不严密之处。例如，滕燕和李小宁认为按此标准给出的流量特性对速度控制阀、消声器等气动元件来说，与实际有较大的偏差，可以通过导入 ISO 流量扩展式来解决 [57]；王涛等针对国际标准 ISO 6358 对连接口尺寸小于 M10 或 G1/8 的小型气动元件的流量特性的测量方法规定的欠缺，使用一种口径转换的基准接头连接小口径元件进行流量特性测量实验，并提出一种合成方法用以计算被测元件的流量特性 [58]。近年来，许多学者针对国际标准 ISO 6358 实验测试台庞大、测量时间长、耗气量大等缺点，提出了新的测试装置和方法，其中影响最大的是日本学者提出的等温容器法。塞满铁丝或铜丝的容器，因为有大的热传导面积或热传导系数，可以看成是等温容器，即向容器内充气或从容器内放气时，腔内的热力过程是等温过程，这样通过测量腔内压力随时间的变化曲线，利用曲线拟合可间接获得被测元件的 C、b 值 [59]。

如果要利用式 (1.3) 描述比例方向控制阀的流量特性，必须获得不同开度下的 C、b 值，而元件生产厂家一般只提供阀口全开时的测量值，其他开度下的值需要自己测量。这个过程不仅非常烦琐，而且因为阀内部流道复杂，部分阀口开度下临界压力比 b 值会很小，使测量变得异常困难。在这种情况下，以 Bobrow 和 McDonell[60]、陶国良等 [3,7] 为代表的一部分学者认为：可以将阀控制电压（阀口开度）保持在某一值不变，然后利用充放气时气缸腔内的压力微分值来估计该控制电压下的阀流量，获得质量流量与阀控制电压关系曲线后，再通过曲线拟合得到流量公式。Bobrow 和 McDonell[60] 通过实验发现向气缸腔充气时，通过阀口的质量流量与阀口的上、下游压差的开方成正比，排气时通过阀口的质量流量与阀口的上、下游压差成正比，进排气时通过控制阀阀口的质量流量与阀控制电压之间的关系为

$$\begin{cases} c_p T_{\mathrm{i}} \dot{m} = \sqrt{p_{\mathrm{s}} - p_{\mathrm{i}}}\left(c_{f1} u + c_{f2} u^2\right) & \text{充气} \\ c_p T_{\mathrm{i}} \dot{m} = \left(p_{\mathrm{i}} - p_0\right)\left(c_{e1} u + c_{e2} u^2\right) & \text{放气} \end{cases} \tag{1.5}$$

式中，c_p 为定压比热容；p_{s}、p_0 和 p_{i} 分别为供气压力、排气背压和容腔内压力；T_{i} 为容腔内气体温度；u 为阀控制电压；c_{f1}、c_{f2}、c_{e1} 和 c_{e2} 四个系数来自于对实验数据的最小二乘拟合。陶国良教授认为式 (1.1) 在亚临界状态时基本符合实际流量的变化，但在气体流动速度接近或超过音速时，需对其进行修正，修正后公式为

$$\dot{m} = \begin{cases} A(u)\dfrac{p_{\mathrm{u}}}{\sqrt{T_{\mathrm{u}}}}\sqrt{\dfrac{2\gamma}{R(\gamma-1)}\left[\left(\dfrac{p_{\mathrm{d}}}{p_{\mathrm{u}}}\right)^{\frac{2}{\gamma}} - \left(\dfrac{p_{\mathrm{d}}}{p_{\mathrm{u}}}\right)^{\frac{\gamma+1}{\gamma}}\right]} & \dfrac{p_{\mathrm{d}}}{p_{\mathrm{u}}} > C_{f1} \\ A(u) C_{f2} (p_{\mathrm{u}} - p_{\mathrm{d}})^{\lambda} & \dfrac{p_{\mathrm{d}}}{p_{\mathrm{u}}} \leqslant C_{f1} \end{cases} \tag{1.6}$$

式中，$A(u)$ 是控制阀的开口面积，与控制电压的关系为 $A(u) = k_1 u + k_2 u^2$，两个系数通过实验确定；λ 是修正系数，通过实验确定值为 0.25；C_{f1}、C_{f2} 可根据实验数据拟合得到，C_{f1} 相当于式 (1.1) 中的临界压力比，但实验发现其值大于 0.528；其余变量含义与式 (1.1) 相同。其实，Bobrow 和 McDonell[60]、陶国良等 [3,7] 的研究结果实际上是把气体通过阀口的流动和气缸腔内的热力过程当成一个整体，这从控制系统建模来说有其便利之处。但基于这个模型设计的控制算法不具有通用性，执行机构改变之后，必须重新进行拟合。另一部分学者回到起点式 (1.1)，提出如下的修正式用于描述气体通过比例方向阀阀口的流动 [43,46,61,62]：

$$\dot{m} = \begin{cases} A(u) C_d \dfrac{p_{\mathrm{u}}}{\sqrt{T_{\mathrm{u}}}}\sqrt{\dfrac{2\gamma}{R(\gamma-1)}\left[\left(\dfrac{p_{\mathrm{d}}}{p_{\mathrm{u}}}\right)^{\frac{2}{\gamma}} - \left(\dfrac{p_{\mathrm{d}}}{p_{\mathrm{u}}}\right)^{\frac{\gamma+1}{\gamma}}\right]} & \dfrac{p_{\mathrm{d}}}{p_{\mathrm{u}}} > b \\ A(u) C_d \dfrac{p_{\mathrm{u}}}{\sqrt{T_{\mathrm{u}}}}\left(\dfrac{2}{\gamma+1}\right)^{\frac{1}{\gamma-1}}\sqrt{\dfrac{2\gamma}{R(\gamma+1)}} & \dfrac{p_{\mathrm{d}}}{p_{\mathrm{u}}} \leqslant b \end{cases} \tag{1.7}$$

使用上式最难的是确定阀口开度跟控制电压的关系 $A(u)$，控制阀厂家一般不会提供，需要研究人员自己测量计算或通过实验确定；流量系数 C_d 值一般表示成

上、下游压力比的多项式，类似于 Mozer 等的研究成果 [52]；临界压力比 b 多采用产品手册提供的数据，一般远小于 0.528。将式 (1.7) 对阀口的上、下游压力比求导会发现，当 $\dfrac{p_{\rm d}}{p_{\rm u}}$ 趋近于 1 时，导数会趋近于无穷大，如果该模型用于仿真，会导致严重的数值计算问题，所以还需将亚音速流动再细分为层流和紊流 [19]。此外，如果亚音速流动采用与 ISO 6358、GB/T 14513—1993 相类似的四分之一椭圆处理方法，可得到如下形式的质量流量公式：

$$\dot{m}=\begin{cases}A(u)C_d\dfrac{p_{\rm u}}{\sqrt{T_{\rm u}}}\sqrt{\dfrac{\gamma}{R}\left(\dfrac{2}{\gamma+1}\right)^{\frac{\gamma+1}{\gamma-1}}} & \dfrac{p_{\rm d}}{p_{\rm u}}\leqslant b\\ A(u)C_d\dfrac{p_{\rm u}}{\sqrt{T_{\rm u}}}\sqrt{\dfrac{\gamma}{R}\left(\dfrac{2}{\gamma+1}\right)^{\frac{\gamma+1}{\gamma-1}}}\sqrt{1-\left(\dfrac{\dfrac{p_{\rm d}}{p_{\rm u}}-b}{1-b}\right)^2} & b<\dfrac{p_{\rm d}}{p_{\rm u}}<\lambda\\ A(u)C_d\dfrac{p_{\rm u}}{\sqrt{T_{\rm u}}}\sqrt{\dfrac{\gamma}{R}\left(\dfrac{2}{\gamma+1}\right)^{\frac{\gamma+1}{\gamma-1}}}\left(\dfrac{1-\dfrac{p_{\rm d}}{p_{\rm u}}}{1-\lambda}\right)\sqrt{1-\left(\dfrac{\lambda-b}{1-b}\right)^2} & \dfrac{p_{\rm d}}{p_{\rm u}}\geqslant\lambda\end{cases}\tag{1.8}$$

式中，λ 是发生层流的界，可任意指定，一般选 0.999。

1.4.3 气缸腔内热力学过程

对于如图 1.1 所示的阀控缸结构，缸内的热力学过程可以用压力微分方程式和温度微分方程式来描述。为便于研究和分析，一般假设气体为理想气体、忽略气体的动能和势能、忽略气缸的内外泄漏、缸内压力温度分布均匀。国内外学者对这部分建模的方法基本一致：首先根据理想气体状态方程、质量连续性方程和热力学第一定律来推导缸内压力和温度微分方程，然后对气缸腔内的热力学过程做某种假定，据此对模型做降阶或简化处理。很多文献都给出了全阶热力学模型的推导过程，在此不再赘述，气缸工作时腔内压力和温度变化可用如下微分方程描述 [3, 63, 64]：

$$\begin{cases}\dfrac{{\rm d}T_i}{{\rm d}t}=\dfrac{RT_i(\gamma T_{\rm s}-T_i)}{p_iV_i}\dot{m}_{i{\rm in}}-\dfrac{RT_i{}^2(\gamma-1)}{p_iV_i}\dot{m}_{i{\rm out}}+\dfrac{T_i(1-\gamma)}{V_i}\dfrac{{\rm d}V_i}{{\rm d}t}+\dfrac{T_i(\gamma-1)}{p_iV_i}\dot{Q}_i\\ \dfrac{{\rm d}p_i}{{\rm d}t}=\dfrac{\gamma R}{V_i}(\dot{m}_{i{\rm in}}T_{\rm s}-\dot{m}_{i{\rm out}}T_i)-\dfrac{\gamma p_i}{V_i}\dfrac{{\rm d}V_i}{{\rm d}t}+\dfrac{\gamma-1}{V_i}\dot{Q}_i\end{cases}\tag{1.9}$$

式中，$i=a,b$ 表示气缸左右两腔；T_i 和 p_i 分别是气缸左右两腔的温度和压力；$T_{\rm s}$ 是进气温度；γ 是空气的比热比；R 是理想气体常数；$m_{i{\rm in}}$ 和 $m_{i{\rm out}}$ 分别表示流进腔内和从腔内流出气体的质量流量；V_i 为气缸左右两腔的容积；Q_i 为腔内气体与外界的热交换。气缸筒通常由金属制成，其热容量比空气的热容量大很多，缸筒内壁的温度可假设为不受充放气影响，与室温相同，一般情况下还可假设进气温度 T_{s} 等于室温，这样容腔内空气与容腔内壁的热交换可用式 $Q_i = hS_h(T_{\mathrm{s}} - T_i)$ 计算，其中 h 是空气与气缸内壁间的热传导率，S_h 是热传导面积。式 (1.9) 已被大量学者通过实验证实能正确描述气缸充放气时腔内的压力和温度的变化 [65–67]。但是，热传导率 h 是时变的，无法直接测量，且跟压力、温度和气缸活塞速度等因素有关。为降低模型阶次以简化控制器设计，气动研究人员通常忽略温度的动态并假设缸内温度与压力之间的关系为绝热、等温或多变过程，以下三种简化模型比较常见。

1）绝热过程

Bobrow 和 McDonell[60]、Ning 和 Bone[46]、陶国良等 [7] 学者认为气动位置伺服系统工作时，气缸速度很快，充放气时间很短，缸内气体与气缸壁来不及进行热交换，可以将其状态变化简化为绝热过程，这一观点得到了相当多气动研究人员的认同。为进一步简化模型，同时还假设缸内气体温度在充放气过程中保持不变，且等于进气温度，于是模型 (1.9) 被简化为

$$\begin{cases} T_i = T_{\mathrm{s}} \\ \dfrac{\mathrm{d}p_i}{\mathrm{d}t} = \dfrac{\gamma R T_{\mathrm{s}}}{V_i}(\dot{m}_{i\mathrm{in}} - \dot{m}_{i\mathrm{out}}) - \dfrac{\gamma p_i}{V_i}\dfrac{\mathrm{d}V_i}{\mathrm{d}t} \end{cases} \tag{1.10}$$

2）等温过程

以 Outbib 和 Richard[68] 为代表的部分学者认为缸内气体的状态变化可简化为等温过程，将模型 (1.9) 简化为

$$\begin{cases} T_i = T_{\mathrm{s}} \\ \dfrac{\mathrm{d}p_i}{\mathrm{d}t} = \dfrac{R T_{\mathrm{s}}}{V_i}(\dot{m}_{i\mathrm{in}} - \dot{m}_{i\mathrm{out}}) - \dfrac{p_i}{V_i}\dfrac{\mathrm{d}V_i}{\mathrm{d}t} \end{cases} \tag{1.11}$$

3）多变过程

Richer 和 Hurmuzlu[43]、曹剑 [12] 等学者认为气缸充气时状态变化接近绝热过程，放气时状态变化接近等温过程，而活塞运动引起的压缩/膨胀是多变过程，且多变指数 n 建议选 1.2，并提出如下所示的简化模型：

$$\begin{cases} T_i = T_{\mathrm{s}} \\ \dfrac{\mathrm{d}p_i}{\mathrm{d}t} = \dfrac{R T_{\mathrm{s}}}{V_i}(\gamma\dot{m}_{i\mathrm{in}} - \dot{m}_{i\mathrm{out}}) - \dfrac{n p_i}{V_i}\dfrac{\mathrm{d}V_i}{\mathrm{d}t} \end{cases} \tag{1.12}$$

Carneiro 和 Almeida[69] 通过仿真对式 (1.9)、式 (1.10)、式 (1.11) 和式 (1.12) 表示的缸内热力过程进行比较，得出结论：三种简化模型因为忽略缸内气体温度的变化，对压力变化的预测精度都有所不足，其中式 (1.12) 最为糟糕。对于式 (1.9)，

即使将空气与气缸内壁间的热传导率按经验取常值、忽略温度动态、假设缸内温度与压力之间是多变关系，也能比上述三个简化模型更精确。Carneiro 和 Almeida 推荐的热力过程模型是

$$\begin{cases} T_i = T_{\mathrm{s}}\left(\dfrac{p_i}{p_{\mathrm{bal}}}\right)^{\frac{n-1}{n}} \\ \dfrac{\mathrm{d}p_i}{\mathrm{d}t} = \dfrac{\gamma R}{V_i}(\dot{m}_{i\mathrm{in}}T_{\mathrm{s}} - \dot{m}_{i\mathrm{out}}T_i) - \dfrac{\gamma p_i}{V_i}\dfrac{\mathrm{d}V_i}{\mathrm{d}t} + \dfrac{\gamma-1}{V_i}\dot{Q}_i \end{cases} \tag{1.13}$$

式中，p_{bal} 为阀芯处于中位时气缸两腔的平衡压力。

Carneiro 和 Almeida 设计了一个如图 1.24 所示的实验装置来间接测量热传导率，气缸 2 行程固定，用它快速推动气缸 1 运动到某个位置，同时测量、记录下气缸 1 左腔内压力的变化，利用压力响应的时间常数推算空气和气缸内壁的热传导率 [65]。这种方法的缺点是：气缸泄漏对测量精度有很大影响，气缸 2 速度要快且运行至行程末端时不能有振荡，测量得到的是平均意义上的热传导率，没有考虑到充气和放气过程的差异。另一种相对精确的做法是将活塞固定在某个位置，然后测出充放气过程中缸内温度、压力的变化曲线，直接利用式 (1.9) 计算热传导率。缺点是缸内平均温度的直接测量十分困难，日本学者曾尝试用热电偶直接测量，但由于空气热容量相比金属材料来说极小，为不对测量结果造成影响并保证足够快的响应速度，需使用几个微米粗细的热电偶。在气缸内部设置这样细的热电偶操作起来非常困难，而且因气缸内存在温度分布，为测量平均值，还需在不同位置安装多个热电偶，使得这种方法在实际中难以被采用 [59, 63]。值得庆幸的是，气动研究中可以采用止停法间接测量缸内空气的平均温度。该方法的测量原理为在

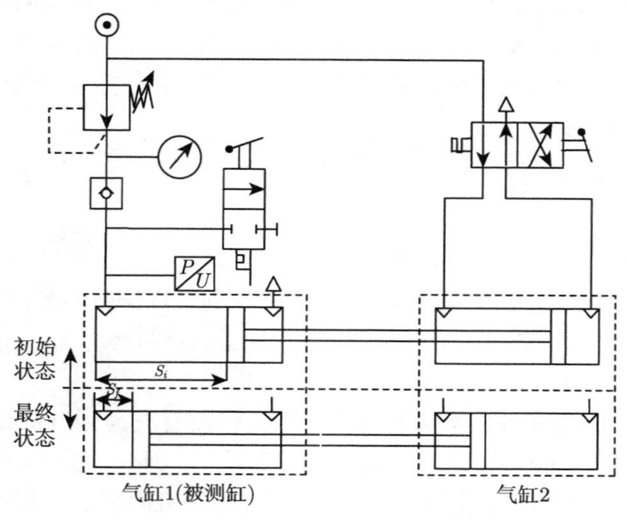

图 1.24 Carneiro 和 Almeida 的测量热传导率实验装置

被测时刻停止充气或放气，使缸内空气处于封闭状态并使其温度逐渐恢复到室温，记录停止时刻的压力和最终恢复到的压力，即可利用状态方程式计算出停止时刻容腔内空气的平均温度。

1.4.4 气缸的摩擦力特性

根据牛顿第二定律，可写出气缸的运动学方程为

$$m\ddot{x} = (p_a - p_b)A - F_f - F_L \tag{1.14}$$

式中，m 是气缸运动部件及惯性负载的质量；x 是气缸运动部件的位移；F_L 为外负载力；F_f 是气缸摩擦力。气缸复杂的摩擦力特性是影响气动位置伺服系统性能的重要因素，在需要高精度定位或低速运动轨迹跟踪的场合更为明显。气缸摩擦力受很多因素影响，如工作压力、活塞的运动速度、缸筒与活塞杆的材料和表面粗糙度、密封的大小与形状、密封材料、润滑状况、安装过程中气缸的变形及气缸各零件的工作温度。

基于模型的摩擦力补偿是克服摩擦力对系统性能不利影响的主要途径，因此需要研究气缸摩擦力特性，建立其数学模型。摩擦力现象非常复杂，没有统一的建模方法，但是随着研究手段的不断进步，人们对摩擦现象的认识逐步深入，摩擦力模型被不断完善。现有的摩擦力模型分为静态摩擦力模型和动态摩擦力模型，静态摩擦力模型包括古典摩擦力模型（即最大静摩擦力、库仑摩擦力、黏性摩擦力的任意组合）、Karnopp 模型和 Armstrong 模型等，动态摩擦力模型有 Dahl 模型、刚毛模型、置零积分模型、LuGre 模型、Bliman-Sorine 模型等 [70, 71]。动态摩擦力模型一般较复杂，有较多的系数需要通过实验确定，而且这些系数会随着润滑、温度、压力等外部环境的改变而改变，使用起来非常不方便，所以目前气动伺服控制研究中仍广泛采用静态气缸摩擦力模型，如常见的“静摩擦 + 库仑摩擦 + 黏性摩擦 +Stribeck”模型：

$$F_f = \begin{cases} \left[F_{\mathrm{C}} + (F_{\mathrm{S}} - F_{\mathrm{C}})\mathrm{e}^{-\left(\frac{\dot{x}}{\dot{x}_{\mathrm{s}}}\right)^{\delta}}\right]\mathrm{sgn}(\dot{x}) + b\dot{x} & 当\ \dot{x} \neq 0 \\ F_e & 其他 \end{cases} \tag{1.15}$$

式中，F_{C} 是库仑摩擦力；F_{S} 是最大静摩擦力；b 是黏性摩擦力系数；$\dot{x}_{\mathrm{s}}$ 为 Stribeck 速度；δ 为经验系数，常取 0.5 ~ 2，与摩擦表面的材料等有关；F_e 是作用在活塞上的外力。

模型 (1.15) 虽然简单，系数也容易确定，但没有考虑到气缸摩擦力的一些特有性质。从 20 世纪 80 年代开始，各国学者开始深入研究气缸摩擦特性。Belforte 等 [72, 73] 利用恒速工作的液压缸带动气缸，研究了气缸的摩擦力与其两腔工作压力及活塞运动速度之间的关系，通过对实验数据进行曲线拟合给出了气缸摩擦力的经

验公式为 $F_f = F_a + (1+K_1v^a)(K_2|p_1-p_2|)+K_3p_2$，其中 F_a 为不通气时气缸最大静摩擦力，v 为活塞运动速度，p_1 和 p_2 为驱动腔和背压腔压力，K_1、K_2、K_3 和 a 为拟合系数。Eschmann[19] 对该公式做了进一步改进，使其更适合动态仿真。Schroeder 和 Singh[74] 给出了若干跟气缸两腔压差有关的摩擦力经验模型并通过实验比较了它们的精度。Raparelli 等 [75]、Belforte 等 [76] 采用有限元方法分析了气缸中常见的双 O 形密封圈和唇形密封圈在不同润滑和工作压力条件下的受力状况和摩擦力的变化。

国内浙江大学、北京理工大学、南京理工大学等高校也对气缸摩擦力进行过测试研究，并建立了相应的静态和动态模型。例如，曹剑 [12] 提出了一个能反映随停滞时间和压力上升速率而变化的极限静摩擦力、Stribeck 效应与衰减的黏性摩擦系数等现象的摩擦力模型；陈剑锋等 [49,77] 提出了用 LuGre 模型描述气缸低速时的摩擦力特性，并搭建了基于伺服电机速度控制的气缸摩擦力测试台，研究了如何辨识模型的静态和动态参数及供气压力和两腔压差对这些参数的影响，不足之处是仅根据活塞转向过程中，在很短的一段位移内气缸驱动力与位移的关系来确定动态参数，估计的准确性差；张百海等 [78]、黄俊和李小宁 [79,80]、钱鹏飞等 [81] 研究了气缸的爬行，并通过实验分别建立了气缸爬行的判别公式。

综上所述，目前国内外文献中的气缸摩擦力模型大都是通过对测量数据的曲线拟合获得的，通用性差。本书作者认为，一个简单易用的气缸摩擦力模型同在线参数辨识相结合所构成的自适应摩擦力补偿才是气动伺服技术发展所急需的。

1.4.5 其他方面的建模研究

下面简单总结一下国内外对控制阀与气缸间连接管路、控制阀机械部分的特性、气缸泄漏和气缸的死容积等方面的研究现状。

气动伺服系统的控制阀通常安装于执行元件附近，两者之间连接管路很短，气管的影响可以忽略。但在某些场合，控制阀需设置于远离执行元件的位置，长气管的存在使系统的整体特性变得复杂。通过假定管路内气体流动为一维流动，应用流体力学相关理论，可以建立一个普遍适用的精确的一维管道气体流动模型 [82]。为了对上述模型进行计算机仿真，国内外学者提出了许多模型离散化或简化的方法 [82–84]。但精确的管道气体流动模型非常复杂，即使经过上述简化，仍难以用于控制器设计。Richer 和 Hurmuzlu[43] 求取了一维管道气体流动模型的稳态解，用于计算气管出口流量相对于进口流量的延时和衰减，该简化模型随后被一些学者用于控制器设计 [44,85]。Turkseven 和 Ueda[86] 利用实验证明 Richer 的简化模型无法用于描述长于 2 m 的气管特性，并通过将气管假定为串联于阀缸之间的容腔提出一种简化的气管模型。Peter[19] 研究了长管道和接头的稳态压力损失，并建立了管道时域和频域的数学模型。Yang 等 [87] 提出可以用一个一阶传递函数描述 9 m 气管的流量时延特性，但不知出于何种考虑，该模型并未被用于其后续控制器设计。姜明和明亚莉 [88] 从信号传递的角度研究了长管道特性，建立了管道出口压力与入口压力之间的传递函数模型。对于管道的 C、b 值，国外学者 Eckersten、Gidlund 和 Eschmann 先后给出了有效的经验计算公式 [19]。李林等针对 ISO 6358 国际标准不能正确描述气管流量特性的缺陷，提出流量特性参数扩展表达式，并采用最小二乘法来求解管道的 C、b 值 [89, 90]。

气缸两腔之间、气缸与外界之间必然有泄漏，而且随着气缸的磨损不断增加，一般无杆缸的泄漏比有杆缸大，低摩擦缸的比标准缸大。虽然 ISO 10099 规定了气缸泄漏的测试方法和最大允许的泄漏量，但生产厂家通常不会向用户提供这方面数据，只能通过向气缸充气然后封闭进排气口来观察缸内压力变化，定性估计气缸泄漏程度，然后对系统模型进行修正。

因为控制阀的频率一般远高于气动伺服系统的带宽，建模时通常忽略阀机械部分的动态，特殊情况下可用二阶传递函数模型描述控制电压（电流）与阀芯位移之间的关系 [19, 43]。气缸的死容积一般无法直接测量，除了可以向厂家索取这方面的数据外，还可通过灌入清水或润滑油间接测量，或利用曹剑等提出的向缸内充气测压力上升曲线方法来间接辨识 [50]。

1.5　气动伺服位置控制策略的研究现状

国内外研究的以直线气缸为执行元件的气动位置伺服系统主要有气缸两腔联动控制和气缸两腔独立控制两种结构形式。前者用一个五通比例方向阀控制一个气缸，如图 1.1 所示，一腔充气时另一腔放气，系统结构简单，缺点是耗气量大、背压腔压力和系统的闭环刚度不可控；后者采用两个比例方向阀或两组高速开关阀控制一个气缸，如图 1.25[91–93] 和图 1.26[94] 所示，由于气缸两腔的充放气过程被独立控制，系统具有两个控制自由度，多出来的一个自由度可以用于控制系统的闭环刚度或其他变量。此外，Song 和 Ishida[95]、朱春波等 [96, 97] 和薛阳等 [98] 尝试过用比例压力阀作为后一种结构形式系统的控制元件，但由于阀频率响应慢，轨迹跟踪控制效果不好。

从 Liu 和 Bobrow[42]、Lai 等 [99] 的文章可以看出，直至 20 世纪 90 年代初，气动研究人员大都将系统模型在气缸中点或其他名义工作点进行局部线性化，利用极点配置等方法设计固定增益线性控制器，由于气动系统是强非线性、时变系统，建模时通常做大量假设和简化，导致该控制器性能很差。此后，寻找适合的控制策略就成了气动伺服位置控制研究的关键，时至今日，国内外学者几乎尝试了所有的现代控制算法，发表了大量的学术论文。查阅大量文献后发现，有两大类控制策略获得了广泛使用，分别是用增益调度、最优控制、人工智能等技术改进后的线性控制器和非线性鲁棒控制。因此，下文将从这两个方面详细介绍气动伺服位置控制策略的研究现状。

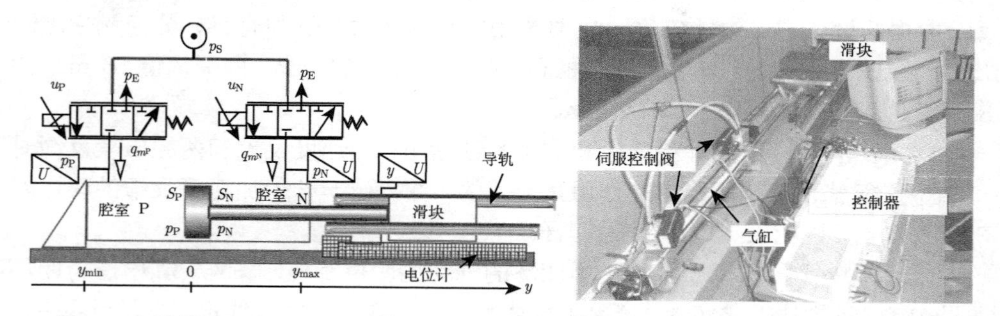

图 1.25 法国 INSA de Lyon 的 Smaoui 等的气动位置伺服系统原理图及实验台照片

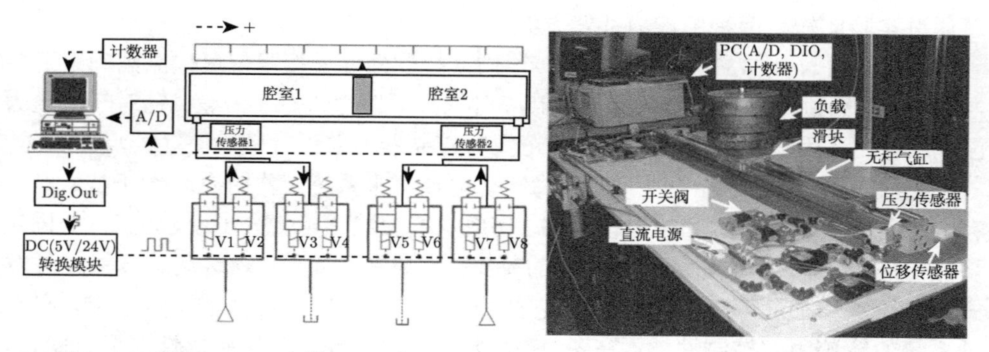

图 1.26 韩国 Ulsan 大学 Ahn 和 Yokota 的气动位置伺服系统原理图及实验台照片

1.5.1 改进后的线性控制策略

因为算法实现容易，研究人员一直都没有放弃 PID、状态反馈等线性控制策略，提出通过使用增益调度、最优控制、线性鲁棒控制、人工智能等手段来弥补其不足。

Shih 和 Tseng[33, 100] 利用系统辨识方法获得了气动位置伺服系统的线性时不变模型，并分析了采样周期、模型阶数、激励信号幅值、供气压力等对模型质量的影响。根据时间误差绝对值（ITAE）最优控制原理，设计了一个 PID 控制器。为了提高伺服系统性能，提出了一种自校正 PID 控制器，利用极点配置方法根据在线辨识的系统模型随时调整控制器参数，对负载和模型参数变化具有强的鲁棒性 [33]。

Gross 和 Rattan[101–103] 提出采用多层神经网络技术设计前馈控制器来补偿气动系统的非线性后，用简单的 PID 反馈控制器就可达到好的效果。

Varseveld 和 Bone[104] 研究了基于高速开发阀的气动位置伺服系统，首先提出了一种新型脉宽调制（PWM）方法，使开环控制时控制器输出和气缸稳态速度之间具有非常好的线性关系；然后通过系统辨识获得了气缸在中位时的系统线性模型，并据此设计了 PID 控制器，同时利用库仑摩擦力补偿和有界积分控制来进一步减小稳态定位误差。实验表明：稳态定位误差为 0.21 mm，跟踪幅值 64 mm 的 S 曲线时，最大跟踪误差小于 2 mm。

Wang 等 [105] 通过理论分析和实验验证指出，加速度反馈和两腔压差反馈对气动位置伺服系统闭环稳定的作用是一致的，并提出一种带加速度反馈的改进型 PID 控制器，性能比传统 PID 控制好。

Lee 等 [106] 提出了一种带压力闭环的气动伺服位置控制策略，其中压力闭环通过 PID+反馈线性化实现，消除了气体可压缩造成的模型非线性，位置闭环中采用 PID 控制算法，同时基于神经网络或非线性观测器补偿了气缸的摩擦力，最后还通过实验比较了两种摩擦力补偿方案。

Situm 和 Novakovic[107] 设计了一个 PID 控制器并根据阻尼最佳原则确定了控制器增益，为进一步提高位置控制精度，对气缸摩擦力进行了补偿；针对气源压力波动带来的不利影响，提出采用模糊逻辑对控制器增益进行调度。

Karpenko 和 Sepehri[108–111] 针对气动位置伺服系统工作时有较大干扰、模型存在显著参数不确定性和未建模动态，使用定量反馈理论（QFT）设计了一个固定增益 PI 控制器，保证系统具有良好的鲁棒控制性能；此外，还运用速度误差触发式积分重置和加速度超调减小算法克服了阀死区和气缸摩擦力的不利影响，提高了系统的轨迹跟踪控制性能；在图 1.27 所示的实验台上对控制器性能进行验证，气缸在中位附近工作时，稳态定位误差小于 1 mm，气缸在大范围工作时，稳态定位误差小于 4 mm。

图 1.27 加拿大 Manitoba 大学 Karpenko 和 Sepehri 的气动位置伺服系统实验台照片

Gao 和 Feng[112] 针对控制元件是比例压力阀的气动位置伺服系统，提出一种模糊 PD 控制器，基于模糊逻辑实现了控制器增益的调度和气缸摩擦力的补偿。

Cho[113] 提出一种 PID+神经网络的气动伺服位置控制策略，其中神经网络用于学习并补偿系统的非线性。

Takosoglu 等 [114] 提出一种基于模糊逻辑的 PD 控制器，并进行了仿真研究。

Taghizadeh 等 [115] 针对负载在较大范围内变动的气动位置伺服系统，提出了一种基于多模型的 PD 控制策略，其基本思想是：将整个负载变化范围划分为若干段，辨识每个节点负载下的系统模型，并通过控制器调试获得每个节点负载下满意的 PD 控制器增益；PD 控制器工作时，通过比较活塞实际速度和各模型计算速度来判断当前的负载情况，进而实现增益调度。该控制器采用卡尔曼滤波器获取速度信号，有效消除了测量噪声的影响。

Kaitwanidvilai 和 Olranthichachat[116] 研究了长行程气缸的 PID 控制，采用模糊辨识方法建立了系统模型，提出了一种基于鲁棒回路成形和粒子群算法的控制器增益调度方法。

李宝仁等 [117] 针对高压气动位置伺服系统，提出采用变增益单神经元自适应 PID 控制器来实现活塞位移的实时控制，并通过仿真验证了该控制器的性能。

朱春波等 [96] 使用两个比例压力阀控制一个无杆气缸，研究了神经网络 PID 控制器，根据连续 10 次幅值为 20 mm 的阶跃响应，得到均方根定位误差为 0.09 mm，重复定位精度为 ± 0.27 mm。高翔等 [118] 也对上述结构形式的系统进行了研究，提出了一种新型的自适应模糊+PD 控制器和一种新的基于模糊推理的摩擦力补偿算法，通过一个自适应模型参数 M_a 的实时调整，提高了气动位置伺服系统的控制精度。

薛阳等 [98,119] 研究的气动位置伺服系统采用两个比例压力阀控制一个有杆缸，针对气缸两腔物理结构和摩擦力特性不对称这一特点，提出了一种基于非对称模糊策略的模糊 PID 控制算法，获得了满意的重复定位精度且超调量小、过渡过程时间短；为进一步提高系统对于惯性负载变化的自适应性，又提出一种新型的带 α 因子的非对称模糊 PID 控制策略 [120]。

国内上海交通大学、天津大学、重庆大学、湖南大学、东华大学、中国石油大学、昆明理工大学等单位都有人研究过 PID 控制算法在气动位置伺服系统中的应用。研究方法大同小异，基本都是将 PID 与模糊推理或神经网络技术结合，利用后者实现 PID 控制器参数的在线调整，以获得满意的控制效果。

Brun 等 [61] 利用如图 1.25 所示的实验台比较了固定增益状态反馈控制、带增益调度的状态反馈和一个利用反馈线性化方法设计的非线性控制器，得到非线性控制器在重复定位精度方面明显高于前两种方法。

陶国良 [3] 研究了最优状态反馈+PI 控制策略，并对气缸摩擦力进行了前馈补偿，有效克服了系统起动时间长、抗干扰性差、控制精度低等缺陷，其方法在模块化电–气比例/伺服机械手单元上得到了实现，定位精度达到 ± 0.2 mm，跟踪精度达到 ± 0.28 mm。

Ning 和 Bone 建立了如图 1.28 所示系统的详细非线性模型，通过位置 + 速

度 + 加速度（PVA）反馈实验和理论分析，指出系统稳态误差主要是由气缸静摩擦力和阀的死区特性造成的，因此提出了一种气缸摩擦力和阀死区补偿方法，与 PVA 控制结合，稳态定位精度达到 0.01 mm。他们还通过实验证实 PVA+ 前馈 + 死区补偿控制方法能以较高精度跟踪水平和垂直两个方向上的多重圆形和正旋曲线，对负载变化具有鲁棒性 [46,121]。

图 1.28　加拿大 McMaster 大学 Ning 和 Bone 的气动位置伺服系统原理图及实验台照片

Schulte 和 Hahn[122] 采用五通比例方向阀控制一个垂直放置气缸，通过系统辨识获得若干个工作点附近的系统线性模型后，用三角隶属度函数在这些模型间插值进而建立系统的全局 T-S 模糊模型，在此基础上，设计了状态反馈控制律和进行控制器增益调度的模糊规则。实验表明该控制器在气缸全行程均具有较好的控制性能，对负载变化不敏感。

Ahn 和 Yokota[94] 研究的高速开关阀式气动位置伺服系统结构示意图和照片如图 1.26 所示，因为阀额定流量小，导致每个通路需并联使用两个阀。Ahn 和 Yokota 提出了一种改进脉宽调制（PWM）方法，消除了阀的死区，采用位置 + 速度 + 加速度反馈控制，稳态定位误差可达 0.2 mm，通过学习向量量化型神经网络对控制器增益进行调度，有效克服了外负载变化对系统性能的影响。

王祖温等 [123] 研究了开关阀控气动位置伺服系统的鲁棒控制，针对模型参数不确定、摄动量大和负载变化范围大等问题，采用包含小闭环的 2 自由度控制结构（反馈控制 + 前馈控制，前者用来保证稳定性，后者用来保证轨迹跟踪性能）和定量反馈理论（QFT），设计了线性鲁棒控制器和摩擦力补偿器。为进一步提高闭环系统性能，基于系统辨识模型设计了零相位误差前馈控制器（ZPETC），ZPETC 将闭环系统带宽拓宽为 100 rad/s 左右 [124]。

1.5.2 非线性鲁棒控制

由 1.4 节可知，气动位置伺服系统建模时通常要做大量假设和简化，即模型存在参数不精确性和未建模动态，控制器设计时必须明确地对待它们。两个主要且互补的解决模型不确定性的方法是鲁棒控制和自适应控制，而鲁棒控制的一个简单实现途径就是采用滑模控制（SMC）方法，所以与此相关的气动伺服位置控制策略研究文献非常多。

Drakunov 等 [125] 建立了气动系统四阶非线性状态空间模型，提出用滑模控制来补偿气缸的黏性摩擦力和库仑摩擦力。

Surgenor 和 Vaughan[126] 研究了连续滑模控制在第一种结构类型的气动位置伺服系统中的应用，定位精度达到 ±0.2 mm，负载在非常大范围内变化时，系统控制性能不受影响。

Song 和 Ishida[127] 针对采用比例压力阀分别控制气缸两腔的系统，提出一种鲁棒滑模控制方法，通过使用李雅普诺夫稳定性理论和系统的一些结构特性来设计该控制器，当时间趋向无穷大时，保证跟踪误差进入任意的边界层领域内，系统响应对不确定性不敏感。

Pandian 等 [128] 采用两个比例方向阀控制一个气缸，建立了以活塞位移、速度和气缸两腔压差为状态变量的三阶线性模型，然后设计了滑模控制器并使用压差反馈代替加速度反馈。通过实验证实该控制器对负载变化不敏感，能很好地实现定位和轨迹跟踪，稳态定位误差可达 ±0.2 mm。Pandian 等还进一步构造了压力观测器来观测气缸腔内压力，由于不再需要压力传感器，节约了成本 [129]。

Righettini 和 Giberti[130] 采用两个比例方向阀控制一个单杆气缸，建立了以活塞位移、速度和气缸两腔压力为状态变量的四阶非线性模型，设计了一个基于滑模的非线性控制器，使得在气缸任意行程和较大负载变化范围内均可达到较高的轨迹跟踪精度。

Ning 和 Bone[121] 通过实验比较了滑模控制器和“PVA 反馈 + 前馈 + 死区补偿”控制策略，得出前者的性能更优越的结论。Bone 和 Ning[131] 还通过大量实验比较了基于线性系统模型的滑模控制器和基于非线性系统模型的滑模控制器，后者性能优于前者。负载为 5.8 kg 时，基于非线性系统模型的滑模控制器对 0.5 Hz、70 mm 正弦期望轨迹的最大跟踪误差小于 0.4 mm。

Korondi 和 Gyeviki[132] 首先建立了如图 1.29 所示的气动位置伺服系统的非线性模型，然后按照选择滑动曲面、反馈控制规律和无颤振实现方法三个步骤设计了滑模控制器，实验证实该控制器对负载和气源压力变化具有强鲁棒性。

Lee 和 Li[133] 利用正交 Haar 小波建立了如图 1.30 所示气动位置伺服系统的模型，并基于一个与模型预测误差相关的李雅普诺夫函数构造了各级小波系数的自适应律，在此基础上，设计了自适应滑模控制器，对模型误差和干扰具有强鲁棒性；通过对多种期望轨迹的跟踪实验验证了控制器的性能，例如，跟踪幅值 100 mm、频率 0.25 Hz 的正弦轨迹时，最大跟踪误差在 ±1.2 mm，负载增大一倍后，最大跟踪误差在 ±1.8 mm，跟踪 0.5 Hz、幅值逐渐衰减的正弦轨迹时，最大跟踪误差在 ±2 mm。

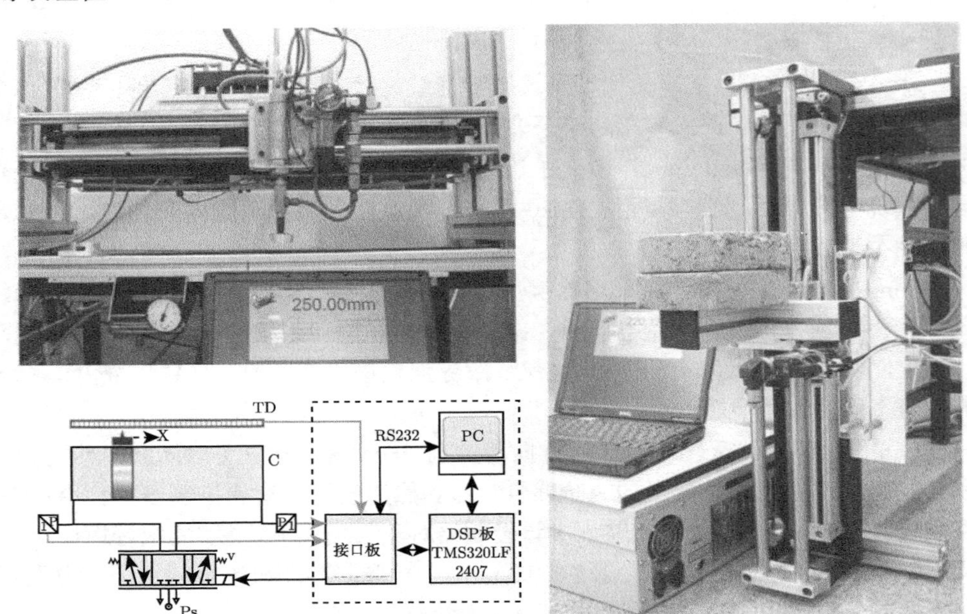

图 1.29 匈牙利 BUTC 大学 Korondi 和 Gyeviki 的气动位置伺服系统原理图及实验台照片

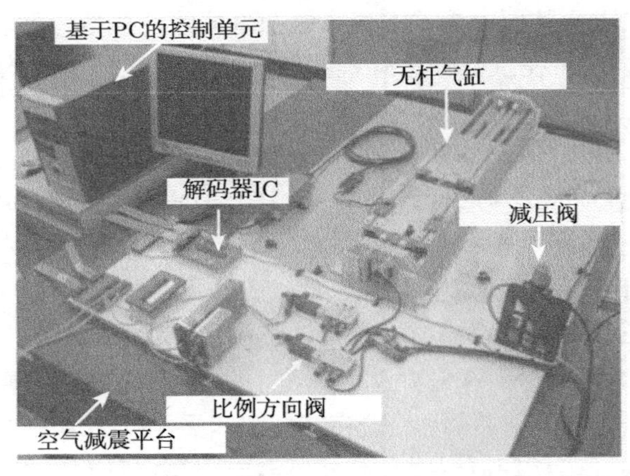

图 1.30 中国台湾龙华科技大学 Lee 和 Li 的气动位置伺服系统

鉴于滑模控制算法需要知道系统的全部状态变量，即气缸两腔压力、活塞位移和速度，Wu 等 [134] 通过理论分析证明了气缸两腔压力是可观测的，即可通过构建状态观测器来重构压力，为构建压力观测器来估计气缸两腔压力、降低系统成本奠定了理论基础。Gulati 和 Barth[135] 在研究如图 1.31 气动位置伺服系统的滑模控制时，提出基于李雅普诺夫稳定性理论，利用腔内气体压力微分方程，设计一个不受外负载变化影响、全局稳定、响应快的状态观测器来观测气缸腔内压力，无需昂贵的压力传感器，降低了成本。

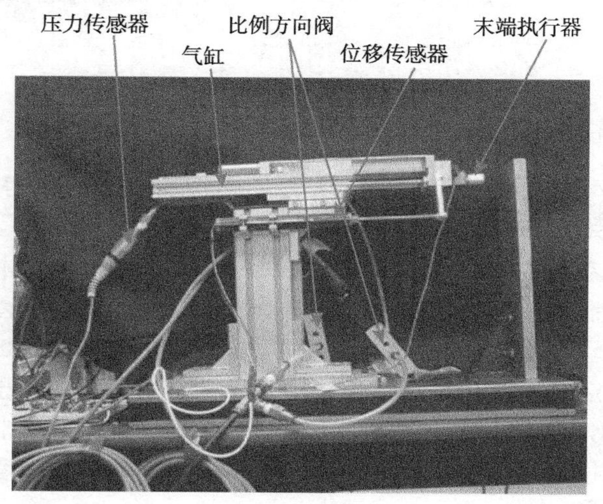

图 1.31 美国 Vanderbilt 大学 Gulati 和 Barth 的气动位置伺服系统

国内空军工程大学的钱坤等 [136] 和上海交通大学的刘春元 [137] 也对滑模控制方法在气动位置伺服系统中的应用做了探讨。

Barth 等 [138, 139]、Shen 等 [140]、Nguyen 等 [141] 研究了基于高速开关阀 PWM 控制的气动位置伺服系统的建模和滑模控制，提出采用线性状态空间平均技术将非连续开关模型转化成一个连续模型，进而建立整个系统的连续模型，然后据此设计滑模控制器。Hodgson 等 [142] 在 Nguyen 等的研究基础上，提出采用每腔两个、总共四个两位两通型高速开关阀控制一个气缸，如图 1.32 所示，四个阀有 16 种工作模式，从中挑出 7 个功能迥异的工作模式与滑模控制器结合，组成一种新的控制策略，大大提高了这类系统的控制精度。

Smaoui 等 [91–93] 对两个比例方向阀控制一个气缸的气动位置伺服系统进行了持续的研究，其搭建的实验台如图 1.25 所示。针对一阶滑模控制（标准滑模控制）容易导致控制颤振的缺点，提出采用超螺旋算法设计二阶滑模控制器，实验表明：在建模不准确情况下，二阶滑模控制器不仅保证了闭环系统稳定，又在一定程度上消除了控制颤振 [91]。但该研究中将两个比例方向阀当成一个五通比例方

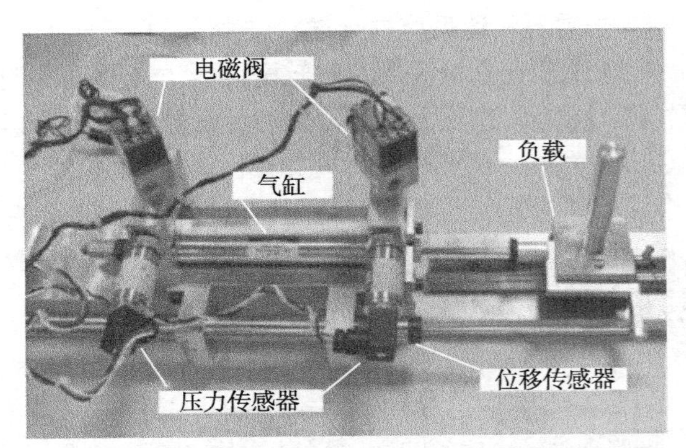

图 1.32　加拿大 Alberta 大学 Hodgson 等的气动位置伺服系统

向阀来用，两个阀的控制电压大小相同符号相反，系统结构形式等同于气缸两腔联动控制，白白浪费了一个控制自由度。针对前述情况，Smaoui 等提出一种对气缸进气腔压力和活塞位置同时控制的策略，即利用一个标准滑模控制器和一个二阶滑模控制器分别控制气缸进气腔压力和活塞位置，该控制器要求期望位置轨迹至少三次连续可微、期望压力轨迹至少一次连续可微。控制算法通过 dSPACE 的 DS1104 系统实现，最大定位误差为 0.23 mm，最大位置轨迹跟踪误差小于 3 mm，最大压力轨迹跟踪误差为 0.06 bar[92]。为进一步提高系统性能、减小控制颤振，Smaoui 等设计了三阶滑模控制器，并利用滑模技术设计微分器来获取加速度信号，以减弱测量噪声的影响 [93]。

Girin 等 [143,144] 进一步深入研究了高阶滑模控制策略在气动位置伺服系统中的应用，实验表明高阶滑模控制器可以提高位置控制精度，但受控制阀性能限制，闭环系统带宽距离期望值仍有差距，且系统工作时需消耗大量的压缩空气。Girin 等认为只需用传感器测量气缸一腔内压力和活塞位移，系统其他状态变量可通过状态观测器来观测，据此设计了一个高增益状态观测器和一个滑模状态观测器并对它们的性能进行了比较 [145]。Taleba 等 [146] 在 Girin 等的研究基础上，提出了一种自适应二阶滑模控制器设计方案，由于控制器增益是动态自适应的，无需确切知道模型不确定性和外干扰的界；在图 1.33 所示的实验台上对该控制器的有效性进行了验证，与固定增益二阶滑模控制器相比，其瞬态响应性能、稳态控制精度和控制颤振都有所改善。Shtessel 等 [147] 在 Girin 等的研究基础上，为气动位置伺服系统设计了一种增益自适应超螺旋（supertwisting）滑模控制器，并证明了闭环系统的有限时间收敛性，在如图 1.34 所示的实验台上验证了控制器的性能。在前述 Girin、Shtessel、Taleba 等的研究基础上，Plestan 等 [148] 提出了一种非线性 MIMO 系统的增益自适应滑模控制算法，该算法能在气动伺服系统的不确定性/干扰未知但有界情况下保证控制器增益不被高估，从而减小控制颤振，获得了良好的位置–压力控制性能。

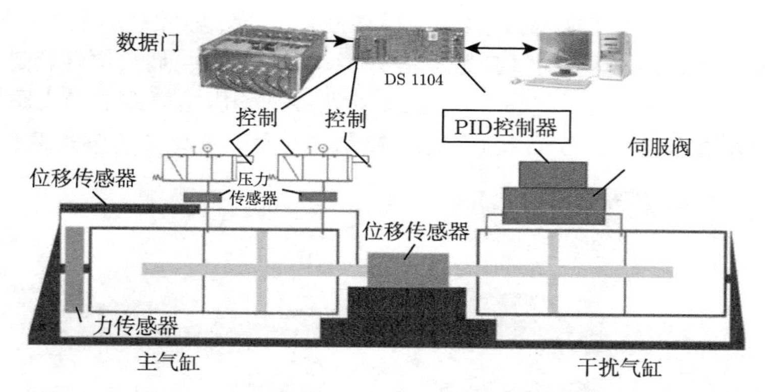

图 1.33 法国 LUNAM 大学 Taleba 等的气动位置伺服系统原理图

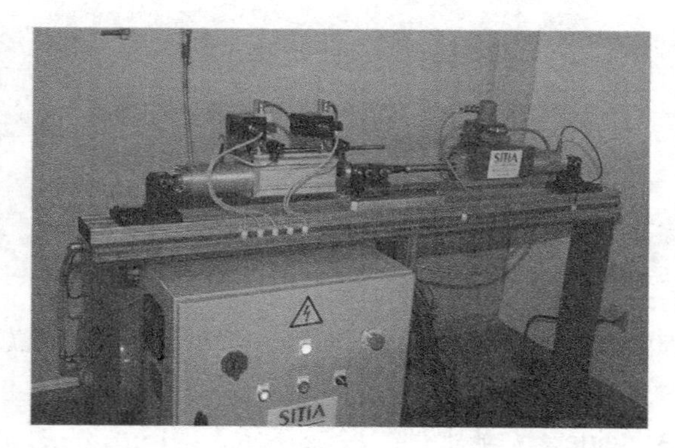

图 1.34 法国 LUNAM 大学的气动位置伺服系统实验台照片

近年来，一些文献中提出将反步法用于非线性鲁棒控制器设计以进一步减小跟踪误差，获得了良好的效果 [149–154]。

Smaoui 等 [149, 150] 利用反步法设计了非线性控制器对单活塞杆气缸进行控制，跟踪幅值为 0.25 m、最大速度为 0.6 m/s 的光滑阶跃轨迹时，最大误差为 1.62 mm，但没有测试控制器对于参数不确定性的性能鲁棒性。

Rao 和 Bone[151] 采用上述类似的控制策略对小尺寸单活塞杆气缸（活塞直径 9.5 mm，活塞杆直径 3.2 mm，行程 25.4 mm）进行控制，跟踪 7.5 mm、1 Hz 的正弦期望轨迹时，最大误差在 0.5 mm 左右，但负载发生变化时，系统会不稳定。

Tsai 和 Huang[152] 提出了一种多滑动曲面形式的滑模控制策略，对负载变化和模型不确定具有强鲁棒性，该控制器本质上就是一个用反步法设计的非线性鲁棒控制器。

Schindele 和 Aschemann[153] 针对如图 1.35 所示的气动位置伺服系统，利用反步法设计了一个非线性控制器实现了活塞位置和气缸两腔平均压力的同时控制，并研究了基于 LuGre 模型的气缸摩擦力补偿，实验表明：最大位置轨迹跟踪误差为 7 mm，最大稳态定位误差小于 1 mm，对两腔平均压力轨迹的最大跟踪误差为 0.2 bar，最大稳态误差在 0.05 bar 左右，控制器对负载变化具有强鲁棒性。

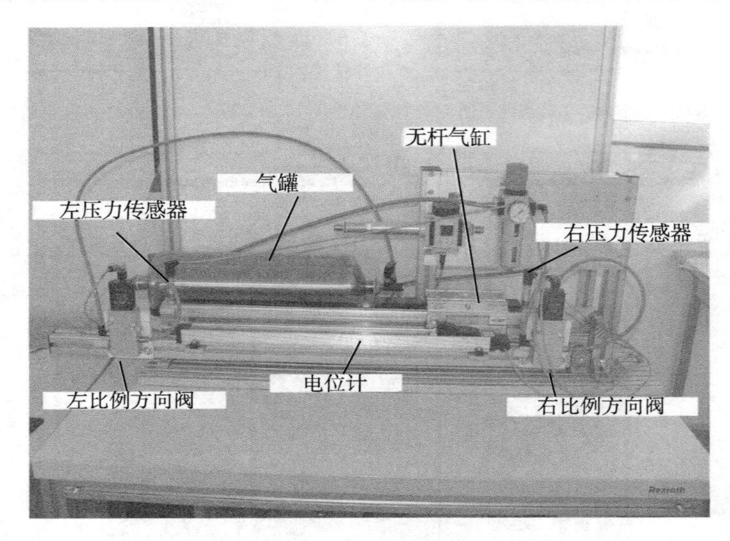

图 1.35　德国 Rostock 大学 Schindele 和 Aschemann 的气动位置伺服系统

Cameiro 和 Almeida[154] 基于神经网络建立了如图 1.36 所示气动位置伺服系统的数学模型，然后采用与反步法类似的设计思想，提出了一种由三个模块（运动

图 1.36　葡萄牙 Porto 大学 Cameiro 和 Almeida 的气动位置伺服系统

控制器、力分配模块和力控制器）组成的气动伺服位置控制策略，跟踪 0.16 m、0 ～ 0.5 Hz 的正弦期望轨迹时，最大误差在 6 mm 左右。为进一步提高控制性能，Cameiro 和 Almeida[155] 采用积分滑模控制方法改进了运动控制器的设计。

Ren 和 Fan[156] 利用反步法为如图 1.37 所示的气动位置伺服系统设计了一自适应滑模控制器，不需要模型参数信息和压力状态，也无需假设模型未知参数有界，实验结果表明该控制器具有较好的低速运动轨迹跟踪性能。

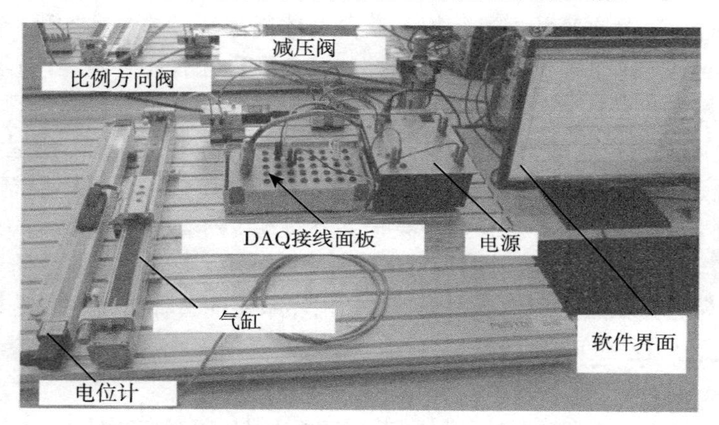

图 1.37 西安理工大学的气动位置伺服系统实验台照片

Zhao 等搭建了如图 1.38 所示的实验台并对气动伺服位置控制方法展开了持续的研究，首先设计了一种无需气缸腔内压力信息的自抗扰控制器，利用扩展状态观测器估计模型非线性，阶跃响应稳态误差小于 0.05 mm[157]；为改进定位速度，又提出了一种复合控制策略，利用反步控制器提高收敛速度，通过非线性鲁棒控制器保证位置控制精度 [158]。

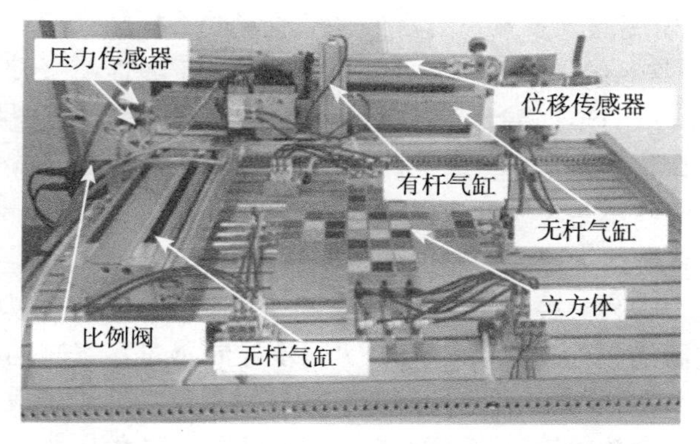

图 1.38 燕山大学的气动位置伺服系统实验台照片

Soleyman 等 [159] 采用反步法为气动位置伺服系统设计了一个“多滑模面”滑

模控制器（multiple-surface sliding mode controller），为降低系统成本，提出利用高增益观测器估计气缸的运动速度。

需要指出的是，上述大部分研究存在两个方面不足：其一，由于控制器没有自适应补偿系统不确定量的功能，跟踪精度仅靠高增益反馈来保证，消耗了过多的控制能量，而且实际应用中，因为未建模动态的存在，选取反馈增益时需要在跟踪精度和动态性能之间进行折中，其值不可能设置得太大。其二，没有对阀的死区进行补偿，建模时通过对实验数据进行拟合获得气体通过阀口的流动方程，没有考虑到由于制造和装配误差，即使同一型号的控制阀之间也会有显著差异，尤其是死区特性，会造成控制算法的可移植性差。

除了上述两类控制策略，研究人员还尝试过自校正控制 [160]、模型参考自适应控制 [161]、模糊控制 [162–165]、神经网络控制 [96, 166]、模糊神经网络控制 [37, 167]、模型预测控制 [27] 等，虽取得了一些成果但并不理想。随着微电子技术的进步和各种计算能力强、价格低的控制器硬件不断涌现，作者认为未来应该着重研究非线性鲁棒控制，因为这类算法的理论更严谨，而且闭环系统的鲁棒稳定性和鲁棒性能已得到理论证明和广泛的实验证实。

1.6 气动同步系统国内外研究现状

本书研究的气动同步系统是指气动位置同步系统，系统采用多个无机械耦合的直线气缸为执行元件，各气缸输出位移要求能精确同步，研究的关键是寻找一种合适的同步控制策略。近年来，气动同步系统在自动化生产线、半导体加工装备、航天和航空驱动装置、医疗器械等领域具有广泛的市场需求，国内外学者也开始重视对它的研究，但是这项技术还很不成熟，离实用化还有较大差距。

Jang 等 [168] 研究的同步系统由两个水平放置的无杆气缸和一个垂直安装的单活塞杆气缸组成，将系统非线性当作干扰来处理，基于线性模型设计了单个气缸的位置控制器，为减小同步误差利用比例同步控制器对各气缸位置控制器的输出进行修正；还进一步将干扰分成静态干扰和动态干扰，分别设计观测器进行补偿。实验表明这种控制策略不是很理想，最大同步误差达 40 mm。图 1.39 是 Shibata 等研究的气动同步系统结构示意图和采用的同步控制策略，气缸垂直安装，各气缸的两腔采用比例压力阀独立控制。Shibata 为每个气缸设计了一个模糊控制器来实现单个气缸的轨迹跟踪控制，然后利用 PD 同步控制器对各气缸的模糊控制器输出进行修正，以减小同步误差。调节控制器和模糊虚拟参考轨迹生成器两个模块的作用是通过对各气缸期望轨迹的修正来进一步提高同步精度 [169]。

赵弘对如图 1.40 所示的气动同步系统进行了研究，两个无杆气缸水平安装，其中一个气缸的滑块通过滑轮连接重物，用来模拟外界干扰，气缸两腔由一个比例方向阀联动控制。他提出了一种基于双层滑模变结构控制的同步控制策略，无外界力输入时，对阶跃信号跟踪的相对同步误差为幅值的 3%，有外界力输入时则为 6%；无外界力输入时，对正弦信号跟踪的相对同步误差为幅值的 5%，当有 34 N 外界力输入时，对正弦信号跟踪的相对同步误差为幅值的 8%[11]。

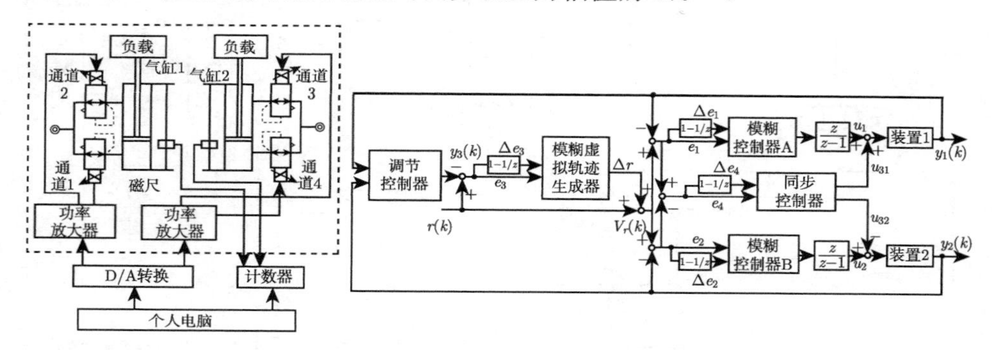

图 1.39 日本 Ehime 大学 Shibata 等的气动同步系统原理图及同步控制策略

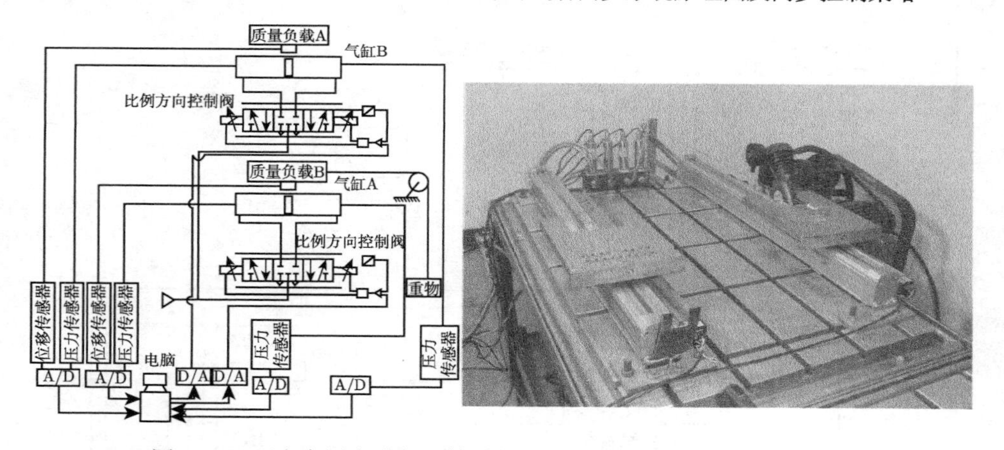

图 1.40 西安交通大学赵弘等的气动同步系统原理图及实验台照片

浙江大学 Festo 气动技术中心 2008 年起承担了国家自然科学基金项目“基于运动和压力独立控制的气动同步系统研究”，开始涉足气动同步系统研究领域。曹剑提出了基于运动与压力独立控制的气动同步运动节能控制方法，如图 1.41 所示，采用自适应鲁棒压力控制器使气缸在运动过程中保持压力等级不变，从而确保气缸摩擦力的变化率不大；采用自适应鲁棒运动控制器对气缸摩擦力进行精确的模型补偿，并通过速度逼近位移修正的控制方式确保速度不反向来提高运动轨迹的跟踪精度；根据同等方式和主从方式相结合的复合控制方式，将同步误差作为输入，经过同步控制器叠加到自适应鲁棒运动控制器中，进一步提高同步精度。经实验证实，可以达到最大同步误差为 3.3 mm、平均同步误差为 0.9 mm、稳态同步误差为

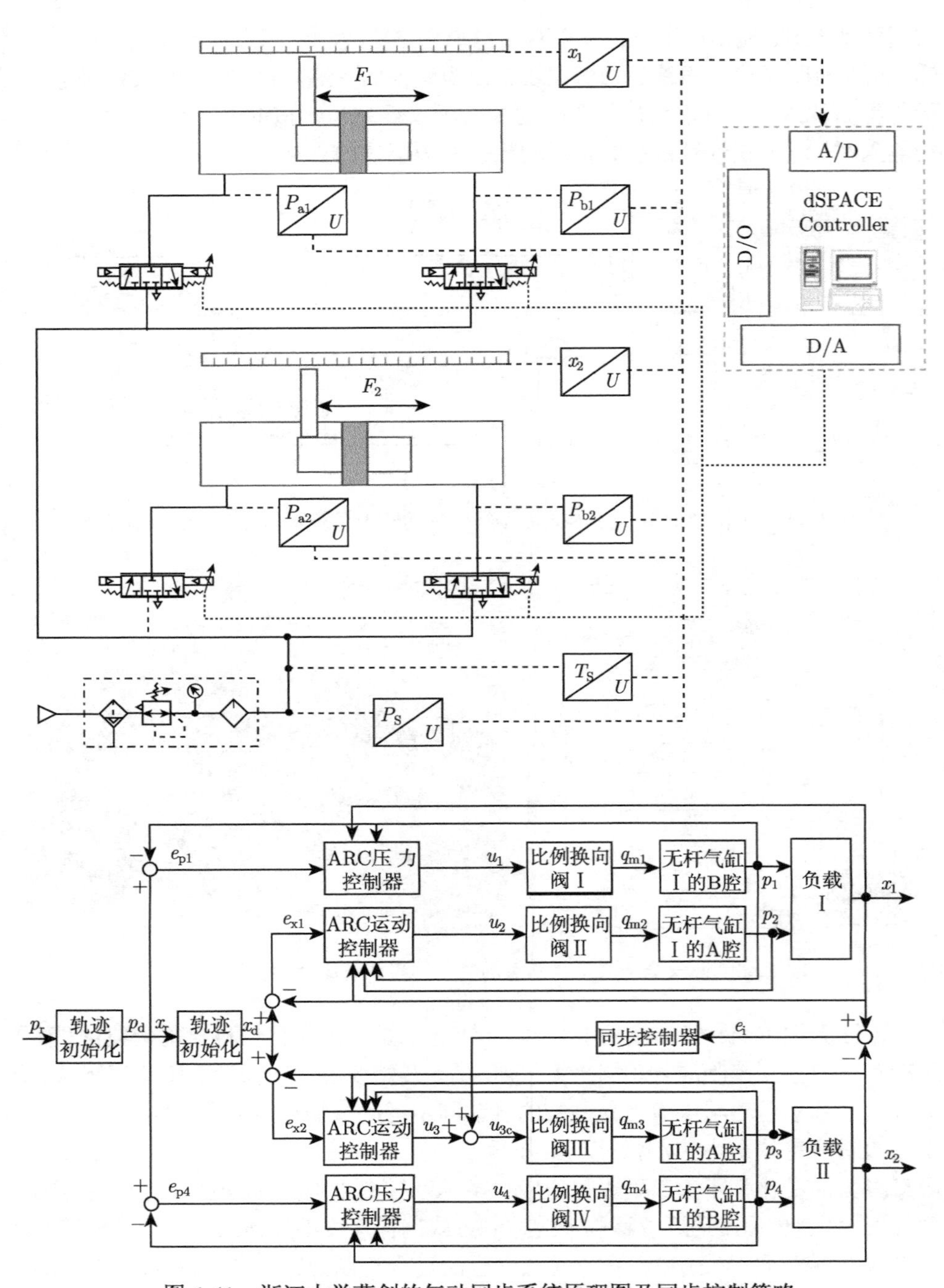

图 1.41　浙江大学曹剑的气动同步系统原理图及同步控制策略

0.2 mm、最大同步误差为最大行程的 1.1%[12]。不足之处包括：①单缸控制器调试麻烦且能达到的轨迹跟踪控制精度较差，没有通过实验验证该控制器对外干扰、模型不确定性的鲁棒性能；②只通过一个缓慢变化的期望轨迹跟踪实验来验证同步控制策略，说服力不够，同样也没有通过实验验证该同步系统在出现外干扰和建模误差后，是否还具有鲁棒性性能。总之，该同步系统距离实用化有很大距离，需要进一步深入研究。

第 2 章　气动位置伺服系统建模

本章描述气动伺服位置控制试验装置的硬件组成；研究气体通过控制阀阀口的流动、气缸两腔内气体的热力过程和气缸的摩擦力特性等问题，并建立气动位置伺服系统的非线性模型，为控制器设计做好准备；通过参数辨识，获得控制阀阀口开度与控制电压的关系及缸内空气与气缸内壁间的热传导率；为满足高精度气动伺服位置控制时基于模型的摩擦力补偿需要，建立气缸的 LuGre 动态摩擦模型并对其中参数进行辨识。

2.1　系统模型概述

为设计基于模型的非线性控制器，实现单气缸的高精度运动轨迹跟踪控制和多气缸的精确位置同步控制，有必要通过研究气体通过控制阀阀口的流动、气缸两腔内气体的热力过程和气缸的摩擦力特性等问题，建立气动同步系统比较精确的数学模型。根据 1.4.2 节的分析，本章采用改进后的 ISO 6358 质量流量公式描述气体流经比例方向阀阀口的流动，忽略温度动态，按照传热过程建立缸内气体的压力微分方程。系统模型主要由气缸活塞的运动学方程、气缸两腔的压力微分方程和气体通过控制阀阀口的质量流量公式三部分组成。然后，通过对比例方向阀进行测试，获得控制阀阀口开度与控制电压的关系；通过设计止停法试验，间接测量充放气过程中缸内气体的温度变化，进而估计缸内空气与气缸内壁间的热传导率。

气缸复杂的摩擦力特性是影响系统性能的重要因素，在需要高精度定位或低速运动轨迹跟踪的场合更为明显，基于模型的摩擦力补偿是克服摩擦力对系统性能不利影响的主要途径，因此需要研究气缸摩擦力特性，建立精确的数学模型。目前，气动伺服研究通常基于静态摩擦模型进行摩擦力补偿，常用的有库仑 + 黏性摩擦模型、Stribeck 摩擦模型等，由于假设气缸摩擦力是活塞运动速度的函数、忽略气缸两腔工作压力等因素的影响，补偿效果不理想。对气缸摩擦力的深入研究始于 20 世纪 80 年代，Belforte 等 [72,73] 研究了气缸的摩擦力与其两腔工作压力及活塞运动速度之间的关系，基于实验数据，采用曲线拟合给出了气缸摩擦力的经验公式；Eschmann[19] 对该公式做了改进，使其更适合动态仿真；张百海等 [78] 利用二次曲线对空载下的气缸摩擦力和速度关系进行了拟合，研究了气缸摩擦力与两腔压差及压差的方向之间的关系。随着对摩擦力补偿精度要求的不断提高，前述学者建立的气缸静态摩擦模型已不能满足要求，Canudas 等 [170,171] 在 Dahl 模型的基础上提出的 LuGre 动态摩擦模型因为能较真实地描述目前在实验中能观测到的大部分摩擦现象，可以精确描述摩擦力的稳态、瞬态特性，具有数学形式紧凑和物理意义明确的优点，得到了越来越多的应用。Khayati 等 [172] 在进行大摩擦力气缸定位控制研究时，通过实验证实了基于 LuGre 模型的摩擦力补偿性能优于基于静态模型的摩擦力补偿。其对模型参数的估计仍采用 Canudas 等 [170, 171] 提出的方法，动态参数的估计需要十分烦琐的计算，且没有考虑气缸摩擦力的一些特有性质，即气缸两腔工作压力等因素的影响。陈剑锋等 [49, 77] 搭建了基于伺服电机速度控制的气缸摩擦力测试台，辨识了某一无杆气缸的 LuGre 摩擦模型的静态和动态参数，并研究了供气压力和两腔压差对参数的影响。不足之处是没有测试有杆气缸的情况，同时仅根据活塞转向过程中，在很短的一段位移内气缸驱动力与位移的关系来确定动态参数，估计的准确性差。针对上述问题，本章改进了该气缸摩擦力测试台，通过两组实验分别辨识无杆、有杆气缸 LuGre 摩擦模型的静态和动态参数，同时进一步深入研究气缸两腔工作压力对各参数的影响，其中动态参数的辨识采用频域分析法，避免了烦琐的计算，并且通过仿真和实验的对比，验证模型参数估计的准确性。

2.2 气动位置伺服系统的试验装置

图 2.1 是本课题组搭建的气动伺服位置控制试验装置原理图，由两个结构一致的单缸气动位置伺服系统组成。无杆气缸（DGC-25-500-G-PPV-A）1、2 是系统的执行元件，分别由 Festo 公司的两个比例方向控制阀（MPYE-5-1/8-HF-010B）控制。气缸两腔压力及控制阀供气口的压力由 Festo 公司的压力传感器（SDET-22T-D10-G14-I-M12）检测，采用 MTS 公司的磁致伸缩位移传感器（RPS0500MD601V810050）测量气缸活塞的位移和速度。位移测量重复精度小于 ±0.001%FS（最小 ±2.5 μm），速度测量精度为 0.1 mm/s，压力测量精度为 ±1%FS。单活塞杆缸（DNC-32-500-P-S11）通过拉压力传感器（永正 101BH）与无杆气缸滑块相连，其两腔压力分别由比例压力阀和减压阀调节，并对无杆气缸施加外负载力或干扰。外负载力或干扰大小由拉压力传感器检测，重复测量精度小于 ±0.017%FS。环境温度利用北京赛亿凌科技有限公司的 Pt100 检测，精度为 0.2%FS。气源压力由三联件调节，并利用一个 14 L 的气容保证比例方向控制阀在工作时供气口压力不出现大的波动。各传感器信号的读取和控制算法的实现利用 dSPACE（DS1103）系统完成。dSPACE 的代码生成工具 ——TargetLink 可以直接从 MATLAB/Simulink/Stateflow 生成代码，ControlDesk 试验工具软件包可以与实时控制系统进行交互操作，如调整参数、显示系统的状态、跟踪过程响应曲线等，提高了研究效率。图 2.2 是试验装置的照片。

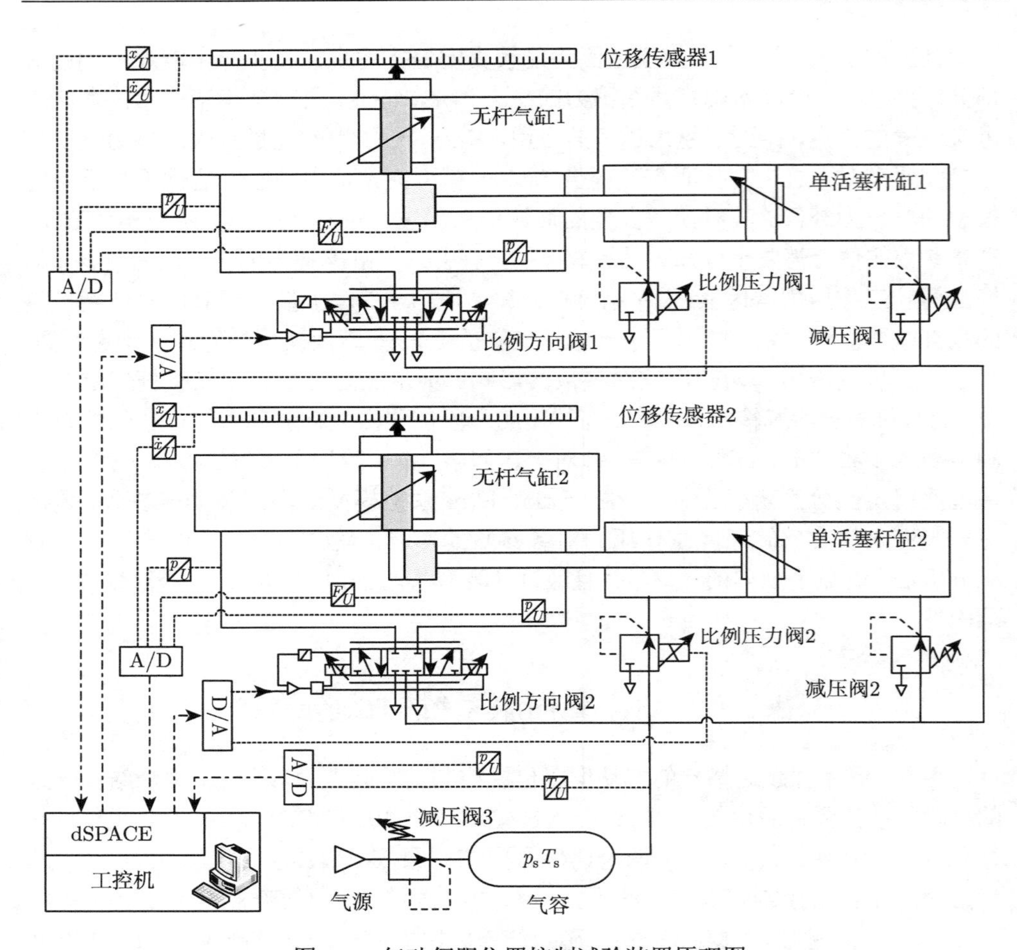

图 2.1 气动伺服位置控制试验装置原理图

图 2.2 气动伺服位置控制试验装置照片

2.3 气动位置伺服系统的数学模型

上述试验装置的两个单缸气动位置伺服系统结构一致，都可简化为如图 2.3 所示的阀控缸结构。为节省篇幅，本节只给出其中一个单缸气动位置伺服系统的数学模型。

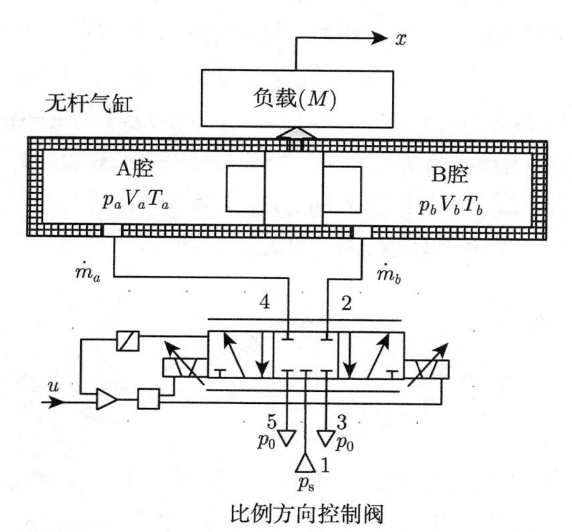

图 2.3 比例方向阀控制无杆气缸机构原理图

1~5 表示比例方向阀的工作口

2.3.1 气缸的运动学方程和压力微分方程

气缸的运动学方程为

$$M\ddot{x} = (p_a - p_b)A - F_f - F_L + f_n + \tilde{f}_0 \tag{2.1}$$

式中，M 是气缸运动部件及惯性负载的质量；$\ddot{x}$ 是气缸运动部件的加速度；p_a 和 p_b 分别为气缸左右两腔的压力；A 为活塞的面积；F_f 为气缸摩擦力；F_L 为外负载力；$(f_n + \tilde{f}_0)$ 表示建模误差及其他干扰的影响，其中 f_n 为它的标称值。通常用模型 (1.15) 描述气缸摩擦力，其中参数 F_{C}、F_{S}、$\dot{x}_{\mathrm{s}}$ 和 b 可通过测量活塞匀速运动时摩擦力与活塞速度的关系来辨识。但是，气缸摩擦力受很多因素影响，如两腔气体压力、工作温度、润滑状况等，上述辨识得到的参数值仅在某一特定条件下适用。式 (1.15) 在速度为零时不连续，无法基于该模型进行气缸摩擦力补偿。因此，本书采用如下光滑的摩擦力模型来近似表示气缸摩擦力：

$$\bar{F}_f = A_f S_f(\dot{x}) + b\dot{x} \tag{2.2}$$

式中，A_f 是幅值；$S_f(\dot{x})$ 是对 Stribeck 曲线的近似，是活塞速度的连续、光滑函数，如可以选择

$$S_f(\dot{x}) = \frac{2}{\pi}\arctan(1000\dot{x}) \tag{2.3}$$

为获得描述缸内压力和温度变化的热力学模型，特作如下假设：系统工作介质为理想气体，缸内气体的压力、温度分布均匀，忽略气体的动能和势能，忽略气缸的内外泄漏和连接管路的影响。根据理想气体状态方程、质量连续性方程和热力学第一定律可推导得出腔内压力和温度的微分方程式 (1.9)。实际应用中，为了简化控制器设计，经常忽略温度动态，假定热力学过程为绝热或等温变化且腔内温度等于室温，常用的降阶热力学模型有式 (1.10) ～式 (1.12)。根据 Carneiro 和 Almeida[69] 的研究结果，上述三个降阶热力学模型对气缸压力变化的预测精度都有所不足，因此，本书采用下述较为准确的压力微分方程：

$$\begin{cases} T_i = T_{\rm s}\left(\dfrac{p_i}{p_{\rm bal}}\right)^{\frac{n-1}{n}}, p_{\rm bal} = 0.8077p_{\rm s} \\ \dfrac{{\rm d}p_i}{{\rm d}t} = \dfrac{\gamma R}{V_i}(\dot{m}_{i{\rm in}}T_{\rm s} - \dot{m}_{i{\rm out}}T_i) - \dfrac{\gamma p_i}{V_i}\dfrac{{\rm d}V_i}{{\rm d}t} + \dfrac{\gamma-1}{V_i}\dot{Q}_i + d_{in} + \tilde{d}_{i0} \end{cases} \tag{2.4}$$

式中，$i = a, b$ 表示气缸左右两腔；T_i 和 p_i 分别是气缸左右两腔的温度和压力；$T_{\rm s}$ 是进气温度；$p_{\rm bal}$ 为阀芯处于中位时气缸两腔的平衡压力；$p_{\rm s}$ 是控制阀进气口压力；$n = 1.35$ 为多变指数；γ 是空气的比热比；R 是理想气体常数；V_i 为气缸左右两腔的容积；$\dot{m}_{i{\rm in}}$ 和 $\dot{m}_{i{\rm out}}$ 分别表示流进腔内和从腔内流出气体的质量流量；$\dot{Q}_i$ 为腔内气体与外界的热交换；$(d_{in} + \tilde{d}_{i0})$ 表示建模误差及其他干扰的影响，其中 d_{in} 为它的标称值。选择气缸中位为活塞位移的零点，则

$$V_i = V_{0i} + A\left(\frac{L}{2} \pm x\right) \tag{2.5}$$

式中，V_{0i} 为气缸左右两腔的死容积；L 为活塞行程；x 为活塞位移。鉴于气缸缸筒的热容量比空气的热容量大很多，气缸内壁的温度可假设不受充放气过程影响，与室温相同，气缸腔内空气与外界的热交换可表达为

$$\dot{Q}_i = hS_{hi}(x)(T_{\rm s} - T_i) \tag{2.6}$$

式中，h 是空气与气缸内壁间的热传导率；$S_{hi}(x)$ 是热传导面积，可由下式近似计算：

$$S_{hi}(x) = 2A + \pi D\left(\frac{L}{2} \pm x\right) \tag{2.7}$$

式中，D 是活塞直径。

空气与气缸内壁间的热传导率h可用如图 2.4 所示的测量回路间接估计，具体方法是：将活塞推至气缸行程末端，打开高速开关阀对左腔开始充气或放气，用压力传感器测量气缸腔内压力在充放气过程中随时间的变化，同时用止停法间接测量充放气过程中腔内平均温度的变化，然后根据测量数据和式 (1.9) 利用最小二乘参数辨识方法即可求出热传导率 h。止停法的测量原理为：在被测时刻停止充气或放气，使容腔内空气处于封闭状态并使其温度逐渐恢复到室温，测量停止时刻的压力和最终恢复到的压力，即可利用状态方程式计算出停止时刻容腔内空气的平均温度。以充气过程为例，具体的测量步骤为：①关闭高速开关阀 1，打开高速开关阀 2 直至气缸左腔排气充分；②打开高速开关阀 1，关闭高速开关阀 2，开始对气缸左腔充气，同时开始采集压力数据；③充气时间达到被测时刻 t_1 时，关闭两个高速开关阀，停止充气，直到压力不再变化为止；④从采集的压力数据中读取时刻 t_1 的压力 p_1 和稳定后的压力 p_∞，然后测量室温 $T_{\rm s}$；⑤根据式 (2.8) 计算时刻 t_1 时容腔内空气的平均温度；⑥重复上述步骤，改变关闭两个高速开关阀的时刻，即可测量得到其他时刻的平均温度；不断重复上述过程，即可测量得到腔内气体平均温度在整个充气过程中随时间的变化。利用上述方法，测量得到充放气过程中气缸 DGC-25-500-G-PPV-A 腔内气体与内壁间的热传导率 h 如图 2.5 所示。

$$T_{t_1} = \frac{p_1}{p_\infty} T_{\rm s} \tag{2.8}$$

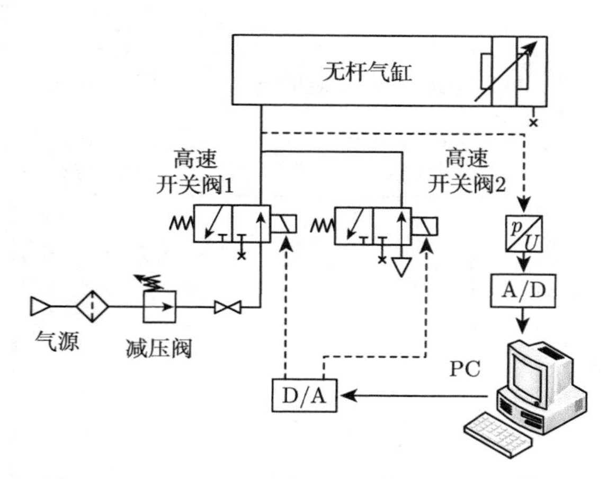

图 2.4 空气与气缸内壁间热传导率的测量回路

已通过实验证明，即使取某一固定值，式 (2.4) 也能比其他常见的简化模型更精确地预测腔内压力变化。图 2.6 是用高频响流量传感器测量得到的某一段时间内流进流出气缸左腔的气体体积流量（标准状态下），根据这一已知条件和起始时刻腔内的压力，用式 (1.10) ～式 (1.12) 分别求解出腔内压力的变化，如图 2.7 所示。从图中

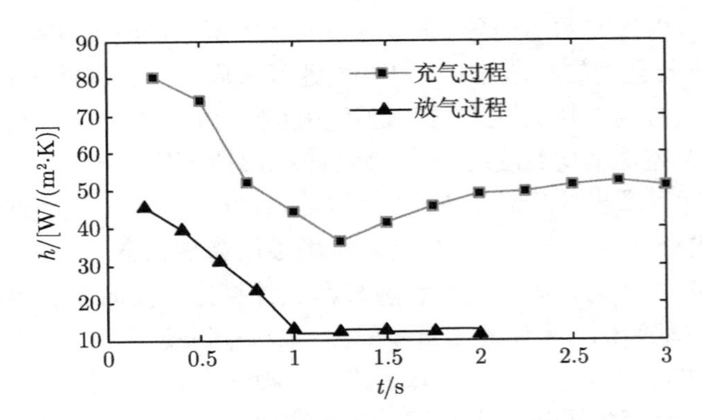

图 2.5　实验间接测量得到的热传导率

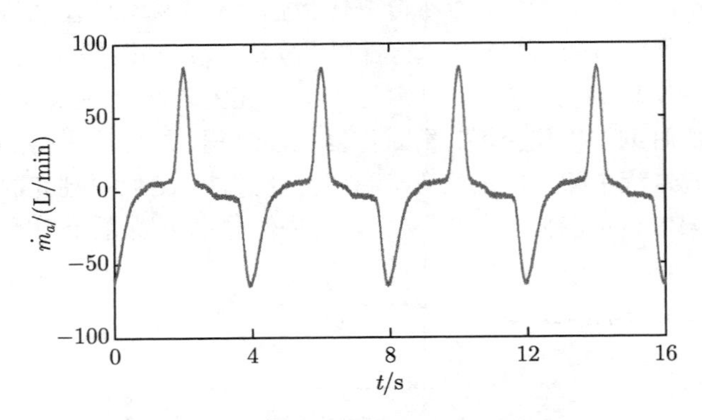

图 2.6　流进流出 A 腔的气体体积流量测量值

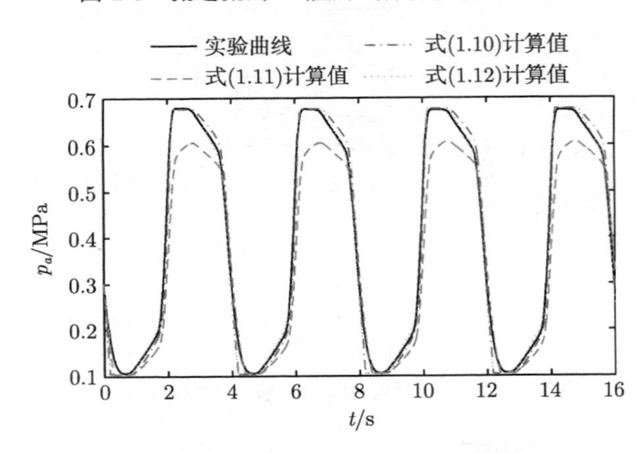

图 2.7　腔内压力的计算值与实测值的对比 I

可以看出，利用简化热力学模型得到的计算结果与测量值有较大差异。与之形成鲜明对比的是，即使将充放气过程中热传导率取某一固定值 [充气时取 60 $\mathrm{W/(m^2\cdot K)}$，放气时取 30 W/(m^2 · K)]，式 (2.4) 也能很精确地预测腔内压力变化，如图 2.8 所示。

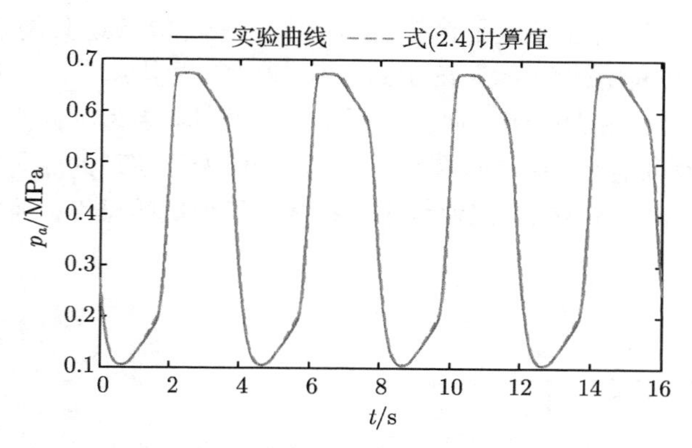

图 2.8 腔内压力的计算值与实测值的对比 II

2.3.2 比例方向控制阀的模型

比例方向控制阀的模型可以分为机械部分和气动部分，机械部分描述阀芯位移与控制电压之间的动态关系，气动部分描述通过阀口的气体质量流量与阀芯位移的函数关系。为了探究比例方向阀的阀芯动态特性，对其进行系统辨识。首先用 MATLAB 的 idinput 命令产生幅值分别为 0.5 V、1 V、2.5 V 和 5 V、频率从 1 Hz 到 1 kHz 的正弦扫频信号作为控制阀的输入信号，并通过激光位移传感器采集阀芯位移输出，然后用 MATLAB 的系统辨识工具箱对输入输出信号进行处理，得到阀芯动态的幅频特性和相频特性，如图 2.9 所示。可以看出，阀芯最大运动行程时的系统频宽在 100 Hz 左右，这与 Festo 公司给出的技术指标基本一致。

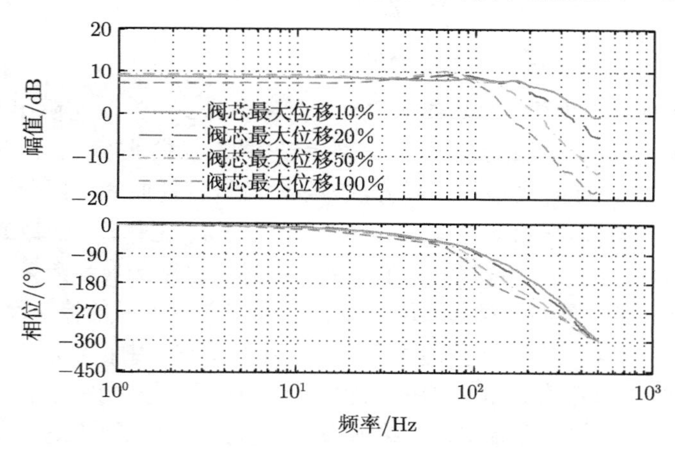

图 2.9 MPYE 比例方向阀的频域特性

MPYE 阀机械部分的固有频率远高于气动位置伺服系统的带宽，故其阀芯的动态可忽略，阀芯位移与控制电压之间可假设为静态函数关系。由于忽略了阀芯动态，对比例方向控制阀建模就是选择合适的公式来计算通过其阀口的气体质量流量。虽然目前通常采用国际标准 ISO 6358 中规定的质量流量公式来描述气动元件的流量特性，但将其用于比例方向控制阀是不合适的。因为不同阀口开度下，该控制阀的声速流导和临界压力比必然不同，需要进行十分烦琐的测量和计算；而且该阀的内部流道复杂，临界压力比值很小，更增加了测试的难度。因此，本书采用如下形式的质量流量公式：

$$\dot{m}=A(u)K_q(p_{\mathrm{u}},p_{\mathrm{d}},T_{\mathrm{u}})=\begin{cases}A(u)C_dC_1\dfrac{p_{\mathrm{u}}}{\sqrt{T_{\mathrm{u}}}} & \dfrac{p_{\mathrm{d}}}{p_{\mathrm{u}}}\leqslant p_{\mathrm{r}}\\ A(u)C_dC_1\dfrac{p_{\mathrm{u}}}{\sqrt{T_{\mathrm{u}}}}\sqrt{1-\left(\dfrac{\dfrac{p_{\mathrm{d}}}{p_{\mathrm{u}}}-p_{\mathrm{r}}}{1-p_{\mathrm{r}}}\right)^2} & p_{\mathrm{r}}<\dfrac{p_{\mathrm{d}}}{p_{\mathrm{u}}}<\lambda\\ A(u)C_dC_1\dfrac{p_{\mathrm{u}}}{\sqrt{T_{\mathrm{u}}}}\left(\dfrac{1-\dfrac{p_{\mathrm{d}}}{p_{\mathrm{u}}}}{1-\lambda}\right)\sqrt{1-\left(\dfrac{\lambda-p_{\mathrm{r}}}{1-p_{\mathrm{r}}}\right)^2} & \lambda\leqslant\dfrac{p_{\mathrm{d}}}{p_{\mathrm{u}}}\leqslant 1\end{cases}\tag{2.9}$$

式中，$\dot{m}$ 是通过阀口的气体质量流量；$A(u)$ 为阀的有效开口面积，它是控制电压的函数；C_d 为修正项，类似于液压中的流量系数；p_{u} 和 p_{d} 分别为阀口的上、下游绝对压力；T_{u} 是阀口上游气体的温度；p_{r} 为临界压力比；C_1 为常值，大小等于

$$C_1=\sqrt{\frac{\gamma}{R}\left(\frac{2}{\gamma+1}\right)^{\frac{\gamma+1}{\gamma-1}}}=0.0404\tag{2.10}$$

λ 是出现层流时的压力比，大小接近 1。质量流量公式 (2.9) 实际上是式 (1.7) 和 ISO 6358 中质量流量公式的结合，其壅塞流动时式 (2.9) 与式 (1.7) 相同，亚音速流动时采用与 ISO 6358 类似的处理方法，假设流量特性曲线是四分之一椭圆。

保持比例方向阀供气口（1 口）压力为 0.7 MPa、工作口（2 口或 4 口）压力为 0.5 MPa，测量得到不同控制电压条件下流过进气通路的质量流量，如图 2.10 所示。可以看出，因为是同一型号、同一批次，系统中两个阀的流量特性基本一致；该类阀是负开口形式，阀的流量曲线存在很大中位死区，中位电压有偏置，不是理想的 5 V。保持上游压力为 0.7 MPa，测量得到阀在不同控制电压和不同下游压力（或上下游压力比）条件下流过各通路的质量流量，如图 2.11 所示，然后，将临界压力比设为固定值 0.29，利用式 (2.9) 对实验数据进行拟合获取 $A(u)$ 和 C_d。测试

中发现 MPYE 比例方向控制阀可认为是对称但不匹配的，因此，如图 2.12 所示，本书只给出了进气通路（1-2 或 1-4）和排气通路（2-3 或 4-5）节流口面积与控制电压的关系。为便于后续控制器的设计，利用多项式和分式函数分段拟合图 2.12 中 $A(u)$ 曲线。受文献 [52] 启发，将 C_d 表示为上下游压力比的二次多项式：

$$C_d = 0.8153 + 0.0933\left(\frac{p_\mathrm{d}}{p_\mathrm{u}}\right) - 0.1038\left(\frac{p_\mathrm{d}}{p_\mathrm{u}}\right)^2 \tag{2.11}$$

为了验证式 (2.9) 的准确性，保持上游压力为 0.6 MPa，测量不同控制电压和下游压力条件下流过进气、排气通路的质量流量，并将测量数据同计算值进行比较，如图 2.13 所示，可见该模型是准确的。

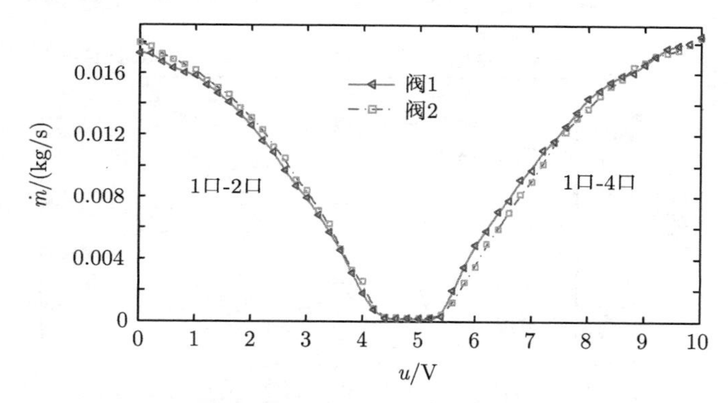

图 2.10 不同控制电压下流经阀进气通路的质量流量

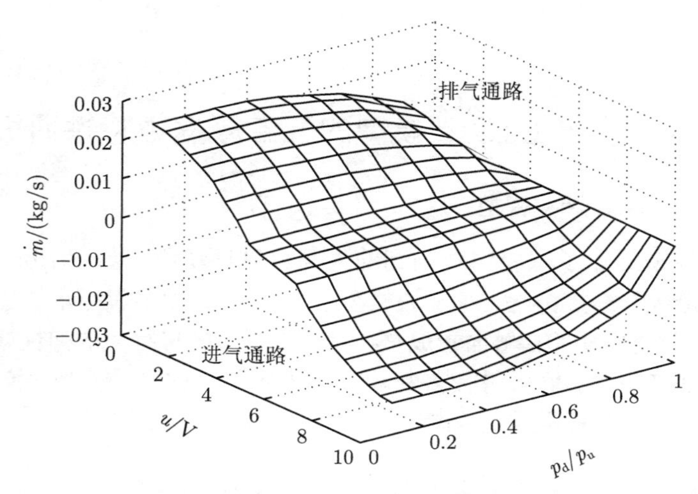

图 2.11 不同控制电压和压力比条件下通过阀的质量流量

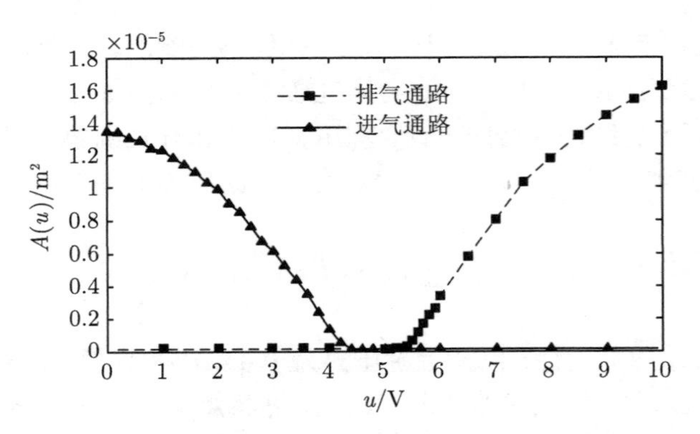

图 2.12 阀口开度与控制电压的关系曲线

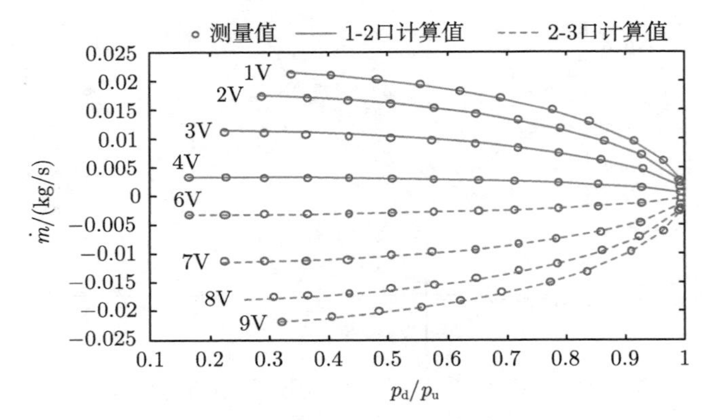

图 2.13 质量流量测量值与计算值比较

2.4 基于 LuGre 模型的气缸摩擦力特性研究

2.4.1 气缸 LuGre 摩擦模型

LuGre 模型描述了试验中观测到的大部分摩擦现象，如 Stribeck 现象、预滑动和可变最大静摩擦力等，基于该模型进行气缸摩擦力特性研究更符合实际情况。LuGre 模型将摩擦的接触面看成是在微观下具有随机行为的弹性鬃毛，摩擦力由鬃毛的挠曲产生，一般采用状态变量 z 来表示鬃毛的平均变形，模型由非线性状态方程和摩擦力方程组成，形式为

$$\begin{cases} \dfrac{\mathrm{d}z}{\mathrm{d}t} = \dot{x} - \sigma_0 \dfrac{|\dot{x}|}{g(\dot{x})} z \\ F_f = \sigma_0 z + \sigma_1 \dfrac{\mathrm{d}z}{\mathrm{d}t} + b\dot{x} \end{cases} \tag{2.12}$$

式中，$\dot{x}$ 为两表面的相对滑动速度，即活塞的运动速度；σ_0 为鬃毛的刚度，可以理解为气缸密封圈的轴向刚度；σ_1 为鬃毛的微观阻尼系数，可以理解为气缸密封圈的轴向阻尼系数；b 为黏性摩擦系数；函数 $g(\dot{x})$ 决定了模型的稳态形式，Canudas 等 [170] 建议选择如下形式以描述摩擦力的 Stribeck 现象：

$$g(\dot{x}) = F_{\mathrm{C}} + (F_{\mathrm{S}} - F_{\mathrm{C}})\mathrm{e}^{-\left(\frac{\dot{x}}{\dot{x}_{\mathrm{s}}}\right)^2} \tag{2.13}$$

式中，F_{C} 为库仑摩擦力；F_{S} 为最大静摩擦力；$\dot{x}_{\mathrm{s}}$ 为 Stribeck 速度。

当气缸活塞的运动速度恒定时，可假设其内部接触表面间鬃毛的平均变形处于稳态，即 $\dot{z} = 0$，此时平均变形量为 $g(\dot{x})\mathrm{sgn}(\dot{x})/\sigma_0$。显然此时气缸摩擦力达到一个稳态值：

$$F_{ss} = \left[F_{\mathrm{C}} + (F_{\mathrm{S}} - F_{\mathrm{C}})\mathrm{e}^{-\left(\frac{\dot{x}}{\dot{x}_{\mathrm{s}}}\right)^2}\right]\mathrm{sgn}(\dot{x}) + b\dot{x} \tag{2.14}$$

综上所述，气缸 LuGre 摩擦模型由 6 个参数确定，其中 σ_0 和 σ_1 是动态参数，b、F_{C}、F_{S} 和 $\dot{x}_{\mathrm{s}}$ 是静态参数。如果假设气缸的运动学方程中没有模型不确定性，气缸活塞的运动方程可重新写为

$$M\ddot{x} = F_e - F_f \tag{2.15}$$

式中，F_e 是作用在活塞上的外力，即气缸腔内气体产生的驱动力和活塞所受的外负载力之和。

2.4.2 气缸 LuGre 摩擦模型参数辨识方法及试验装置

静态参数的辨识相对比较简单：驱动活塞做匀速运动，此时气缸摩擦力处于稳态，并且由活塞运动方程式 (2.15) 可知其大小等于气缸腔内气体产生的驱动力和活塞所受的外负载力之和；保持气缸腔内压力不变，进行多次测量，获得稳态摩擦力与活塞速度的关系曲线，进而根据式 (2.14) 进行最小二乘曲线拟合即可求得此状态下模型静态参数值。

动态参数的辨识比较复杂，如果按照 Canudas 等提出的方法估计动态参数存在以下困难：①需控制气缸做爬行运动，试验过程烦琐；②计算复杂，一般需要根据位移数据重构活塞速度、加速度，易引入噪声。陈剑锋等 [49,77] 将 σ_0 理解为气缸密封圈的轴向刚度，通过控制气缸做低速小行程往复运动，根据活塞转向过程中气缸驱动力与位移的关系来确定气缸密封圈的平均刚度，即动态参数 σ_0，准确性差，且利用经验公式确定 σ_1，而非从试验数据直接估计它的值。上述弊端促使本节寻找一种更为简便的动态参数辨识方法：如图 2.14 所示，当力 F_e 小于最大静摩擦力时，可以观测到明显的预滑动现象，此时可以认为 $x = z$、$\dot{x} = \dot{z}$ 成立，利用广义微分将活塞的运动方程式 (2.15) 在平衡点 $[x\ v\ z] = \mathbf{0}$ 附近线性化并将上面两个

等式代入可得到

$$M\ddot{x}+(\sigma_1+b)\dot{x}+\sigma_0 x=F_e \tag{2.16}$$

对上式进行傅里叶变换，可得 x 和 F_e 两个变量之间的频率响应函数为

$$H(\mathrm{j}\omega)=\frac{X(\mathrm{j}\omega)}{F_e(\mathrm{j}\omega)}=\frac{1}{-M\omega^2+(\sigma_1+b)\mathrm{j}\omega+\sigma_0} \tag{2.17}$$

注意到，活塞预滑动阶段的作用力 F_e 和位移 x 之间的频域关系能通过简单的系统辨识实验获得，对测量得到的频率响应曲线的低频段进行分析，利用最小二乘法寻找与之吻合最好的二阶系统，结合式 (2.17) 即可估计出动态参数 σ_0 和 σ_1 的值。

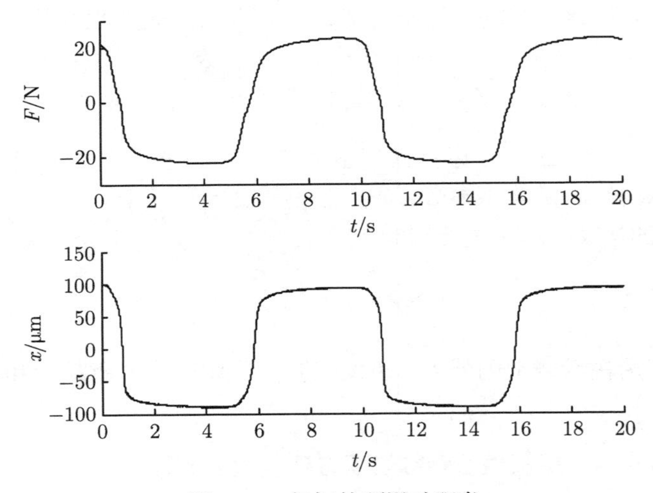

图 2.14　气缸的预滑动现象

为按上述方法完成气缸 LuGre 摩擦模型中参数的辨识，本小节搭建的测试台如图 2.15 所示。BALDOR 公司的伺服电机 BSM-80A-275B 经过小齿隙减速箱和丝杠减速后驱动被测气缸活塞，电机的输出力矩和转速由 Festo 公司的伺服控制器 SEC-AC-305 闭环精确控制，能方便地带动活塞在较大的速度范围内做匀速运动或给活塞施加按一定规律变化的外激励力。试验时能提供的电机拖动活塞的最低稳定速度为 0.5 mm/s。气缸两腔的压力分别通过精密减压阀来设定，并且两腔各串接一个大容量的气罐以减小活塞运动造成的腔内压力波动。气缸两腔压力测量采用 BD SENSOR 公司的 DMP113 压力传感器。静态参数辨识时采用光栅尺测量活塞位移，精度为 ±5 μm，量程为 2 m；动态参数辨识时采用激光位移传感器，精度为 ±0.25 μm，量程为 1 mm。力传感器采用日本共和公司的 LUH-F 高精度拉压力传感器，量程为 ±500 N，非线性误差小于 0.02%FS。丝杠缸与被测气缸间用球铰连接，以消除偏心的影响。伺服电机控制信号的生成和各传感器信号的读取利用 dSPACE 完成。

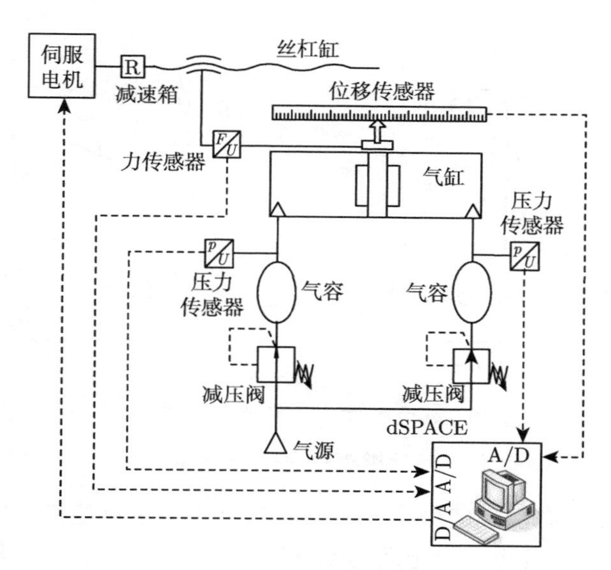

图 2.15 气缸摩擦力测试台

2.4.3 模型参数的辨识及气缸腔内压力对摩擦特性的影响

2.4.3.1 模型静态参数的辨识

在室温下对同步系统中的无杆气缸和单活塞杆气缸进行测试，下文将这两个气缸分别称为气缸 A 和气缸 B。电机拖动活塞做匀速运动，根据式 (2.15) 可知此时气缸摩擦力为

$$F_f = F_e = F_l + (p_a - p_b)A \tag{2.18}$$

式中，F_l 为活塞所受的外驱动力，由力传感器测量得到；p_a、p_b 为气缸左右两腔压力；A 为活塞左右两侧的有效面积。图 2.16 为气缸 A 两腔直通大气情况下，经过多次测量得到的摩擦力–速度关系。根据式 (2.14) 所示的气缸 LuGre 摩擦模型的稳态解，利用最小二乘法对试验数据进行曲线拟合，得到此工况下各静态参数为 $b = 64.5\ \mathrm{N\cdot s/m}$，$F_{\mathrm{C}}$=20.2 N，$F_{\mathrm{S}}$=28.9 N，$\dot{x}_{\mathrm{s}}$=5.03 mm/s。需注意的是，活塞长时间以较低速度运动时，会改变气缸润滑条件，导致摩擦力变大、测试重复性变差，鉴于本小节只关心润滑状况良好时气缸的摩擦特性，上述测试按照从高速到低速顺序进行，在每次低速测试开始前让气缸以较高速度往复运动几次，以使气缸润滑恢复到正常状态。用同样的方法测得气缸 B 两腔直通大气工况下各静态参数为 $b = 74.5\ \mathrm{N\cdot s/m}$，$F_{\mathrm{C}}$=2.4 N，$F_{\mathrm{S}}$=4.8 N，$\dot{x}_{\mathrm{s}}$=1.42 mm/s。

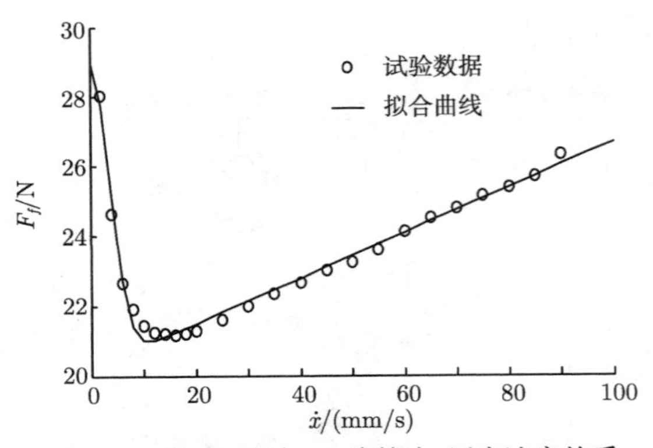

图 2.16　稳态时气缸 A 摩擦力–活塞速度关系

2.4.3.2　气缸腔内气体压力对模型静态参数的影响

通过两组试验研究气缸腔内气体压力对气缸 LuGre 摩擦模型静态参数的影响，为了排除温度变化的干扰，以下所有测试都在室温下进行。第一组试验是在气缸两腔相通工况下，调节减压阀改变气缸腔内压力，测量气缸在不同腔内压力下的稳态摩擦力–速度曲线并估计此时 LuGre 摩擦模型静态参数，两气缸的测量结果如图 2.17 所示。可见，随着供气压力的增大，气缸的库仑摩擦力、最大静摩擦力和黏性

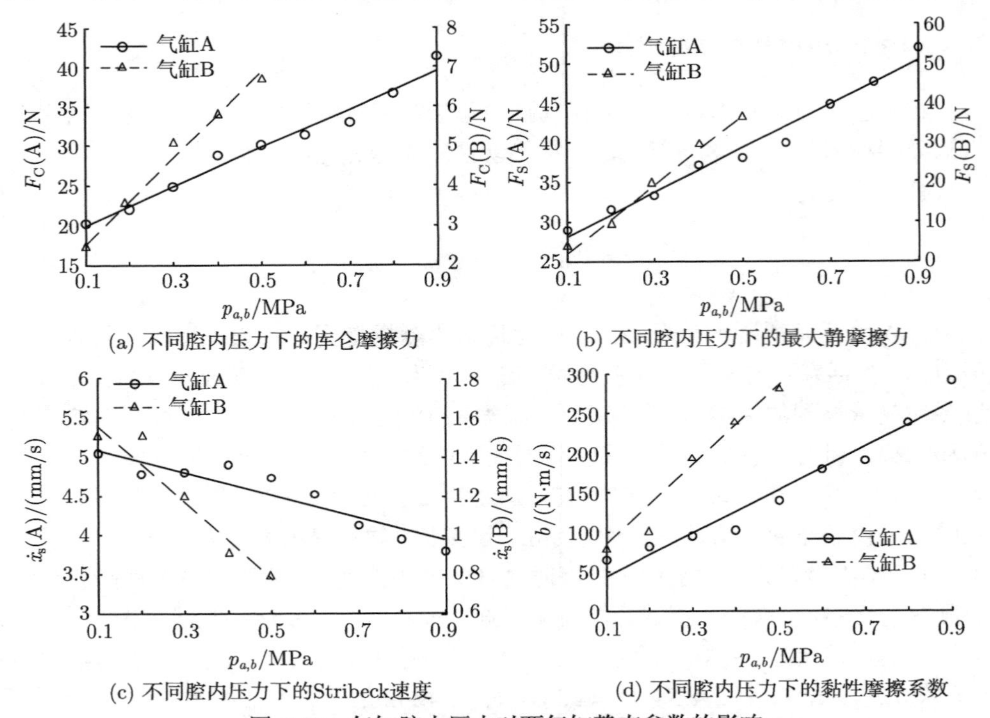

图 2.17　气缸腔内压力对两气缸静态参数的影响

摩擦系数都随之增大，且与供气压力近似呈线性关系。这是由于供气压力的增大使密封圈的正压力变大，密封圈更加紧贴气缸内壁。Stribeck 速度略有减小，当气缸腔内压力变化不是很大时，可取平均值。

第二组试验研究气缸两腔压差 Δp 对气缸 LuGre 摩擦模型静态参数的影响，保持气缸左腔压力为 0.4 MPa 不变，调节减压阀改变右腔的压力，测量气缸在不同压差下的稳态摩擦力–速度曲线并估计此时的静态参数，两气缸的测量结果如图 2.18 所示。单出杆气缸 B 的测试结果在意料之中，压差增大，意味着右腔压力的减小、密封圈对缸筒和活塞杆的正压力变小，库仑摩擦力、最大静摩擦力和黏性摩擦系数随之显著减小；Stribeck 速度仍然基本不受压差变化的影响。无杆气缸 A 的特性和有杆缸恰好相反，气缸的库仑摩擦力、最大静摩擦力和黏性摩擦系数都随着两腔压差增大呈线性增大，而 Stribeck 速度基本不受影响，具体机理有待进一步研究。

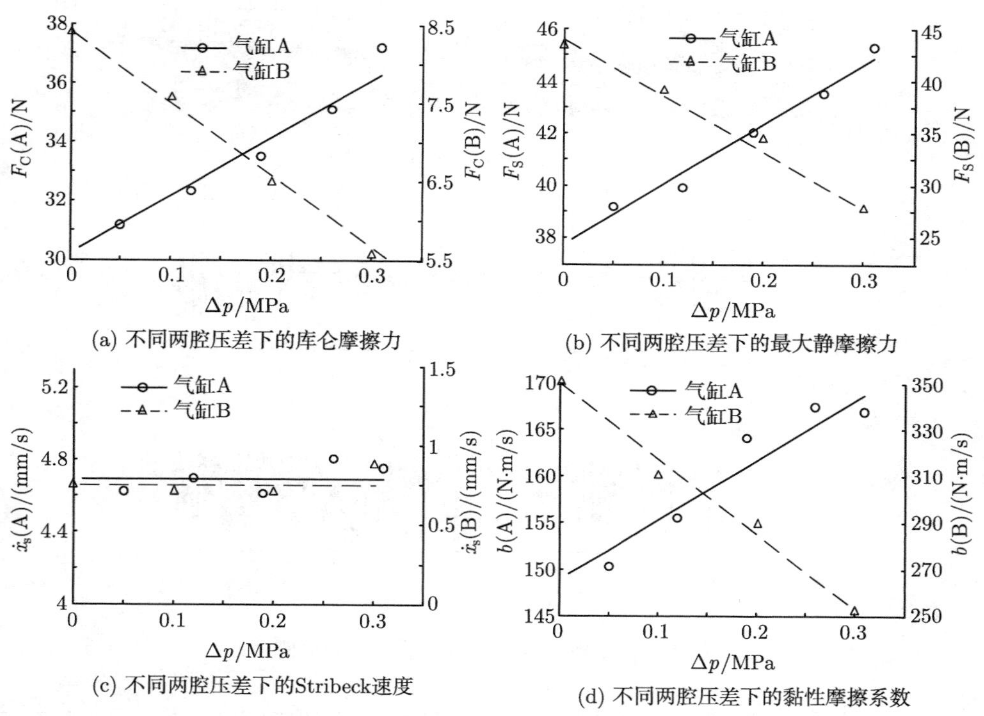

图 2.18 气缸两腔压差对两气缸静态参数的影响

2.4.3.3 模型动态参数的辨识

如图 2.19 所示，通过系统辨识试验测定活塞预滑动阶段的作用力 F_e 和位移 x 之间的频率响应。设置伺服控制器闭环控制伺服电机的输出转矩，利用 dSPACE

给电机伺服控制器提供 M 序列伪随机信号作为辨识输入，信号幅值应保证电机经传动机构驱动活塞的力和腔内气体作用在活塞上的力之和 F_e 小于气缸最大静摩擦力，M 序列的脉冲时间间隔为 5 ms，信号长度为 255。记录试验过程中活塞位移 x 和作用力 F_e 如图 2.20 所示，采样频率设为 10 kHz。在气缸全行程多个位置进行相同的辨识试验，取所有试验数据的平均值进行谱分析。气缸 A 两腔直通大气时活塞位移 x 和作用力 F_e 两者间的频率响应如图 2.21 所示。

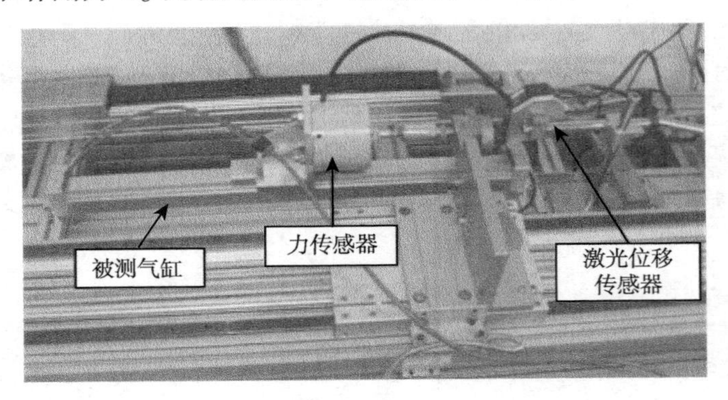

图 2.19　动态参数的辨识试验

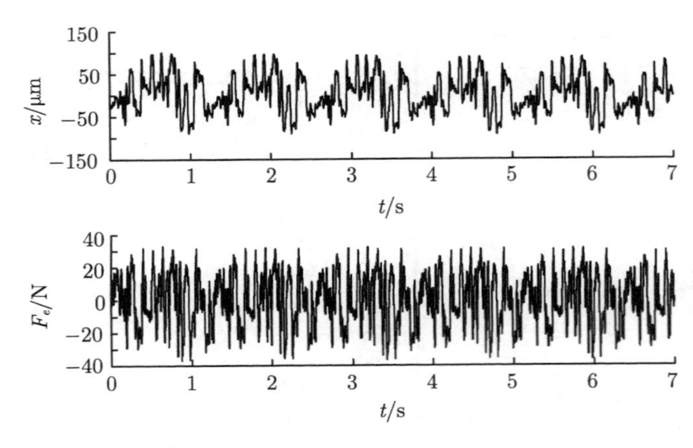

图 2.20　动态参数辨识实验的输入输出信号

鉴于活塞预滑动阶段的频率响应主要与图 2.21 中的低频段相关，在该频率范围，利用最小二乘法对试验曲线进行二阶频率响应函数拟合，进而根据式 (2.17) 间接估计动态参数为 $\sigma_0 = 0.52 \times 10^6$ N/m 和 $\sigma_1 = 709$ N · s/m，同时 M 的估计值为 5.5 kg，与实际情况比较吻合。同样的步骤测得气缸 B 两腔直通大气工况下动态参数为 $\sigma_0 = 0.61 \times 10^6$ N/m 和 $\sigma_1 = 596$ N · s/m。

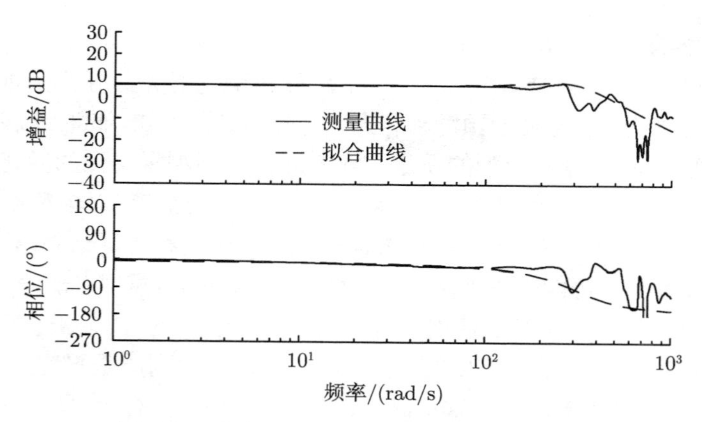

图 2.21　气缸 A 预滑动阶段的频率响应曲线

2.4.3.4　气缸腔内压力对模型动态参数的影响

气缸 A 两腔经同一个大容量气罐通入压力气体时，活塞预滑动阶段的频率响应如图 2.22 所示。在很宽的频率范围内，几条曲线基本重合，据此可认为气缸腔内压力对动态参数基本没有影响。该实验结果从侧面验证了气缸 LuGre 摩擦模型动态参数 σ_0 可以理解为气缸密封圈的轴向刚度，σ_1 可以理解为气缸密封圈的轴向阻尼系数，两者主要和密封圈材料特性及温度有关，受腔内压力变化影响很小。

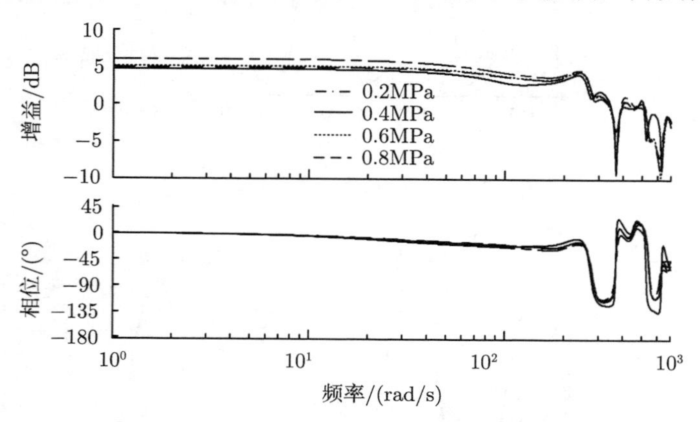

图 2.22　气缸腔内压力对动态参数的频率响应曲线

2.4.4　气缸 LuGre 摩擦模型验证

通过给气缸活塞施加按正弦变化的激励力来比较活塞位移计算曲线和实验曲线，以验证前述参数估计的准确性和建立的气缸动态摩擦模型的有效性。两腔直通大气时，气缸 A LuGre 摩擦模型中各参数的估计值为 $b = 64.5\ \mathrm{N\cdot s/m}$，$F_{\mathrm{C}}=$

20.2 N，F_{S}=28.9 N，$\dot{x}_{\mathrm{s}}$=5.03 mm/s，$\sigma_0 = 0.52 \times 10^6$ N/m，$\sigma_1 = 709$ N · s/m。

给气缸活塞施加按 $F_e = 15\sin(10\pi t)$ N 规律变化的力，由于驱动力始终小于活塞最大静摩擦力，活塞处于预滑动状态。由式 (2.12) 可知，此时动态参数的准确性决定了气缸 LuGre 摩擦模型的质量。图 2.23 为实际测量得到的活塞位移和根据式 (2.15)、式 (2.12) 得到的计算值，两者基本吻合，可见前述对模型动态参数的估计是准确的。当驱动力较大或预滑动方向改变时，实验和仿真结果出现明显偏差，具体原因尚不明确，可能与以下两个方面相关：①LuGre 模型有缺陷，没有考虑接触表面的塑性变形，因而对迟滞现象描述得不充分；②气缸 LuGre 摩擦模型的动态参数是状态变量 z 或活塞速度的函数，而本节辨识得到的是平均意义上的值。

给气缸活塞施加按 $F_e = 40\sin(2\pi t)$ N 规律变化的力时，活塞在 ±14 mm/s 速度范围内做低速往复运动，活塞位移的仿真与实验的对比如图 2.24 所示，结果表明本书建立的气缸动态摩擦模型能很好地预测摩擦力变化，尤其是能准确描述低速时气缸的摩擦特性。

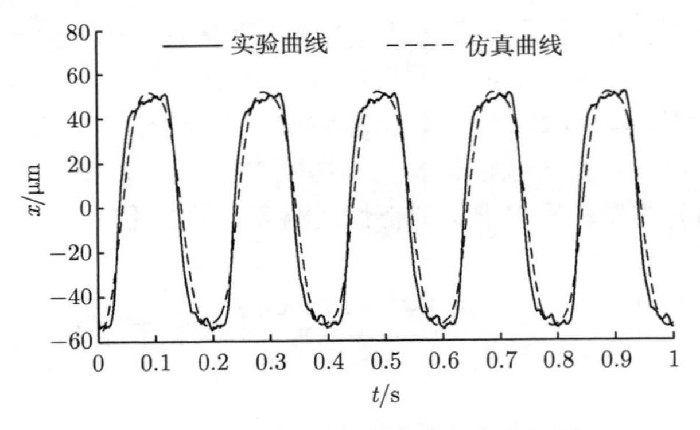

图 2.23　气缸预滑动仿真和实验结果

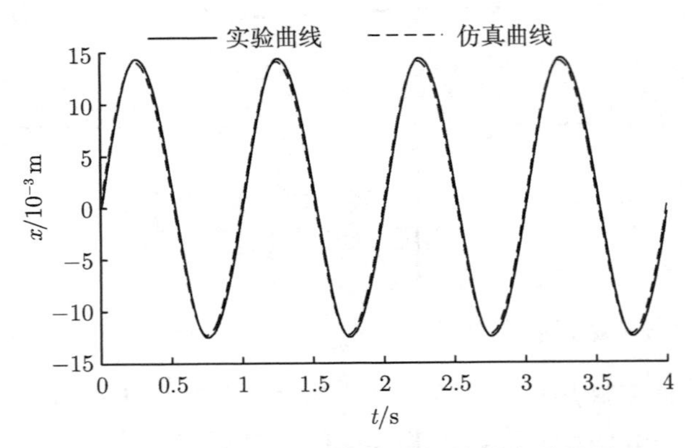

图 2.24　低速时活塞位移的仿真和实验结果

第3章　气动位置伺服系统的自适应鲁棒控制研究

本章给出单轴气动位置伺服系统的非线性状态空间模型，并分析系统的控制难点，归纳出为实现气缸的高精度运动轨迹跟踪控制，所采用的控制方法必须考虑模型的参数不确定性和不确定非线性的影响。首先为气动位置伺服系统设计一个鲁棒自适应控制器和一个确定性鲁棒控制器，在分析两者的优缺点后考虑将它们有机结合，提出一种气动位置伺服系统的自适应鲁棒运动轨迹跟踪控制策略。它采用在线参数的自适应调节减小模型参数不确定性，同时通过鲁棒控制律抑制不确定非线性的影响，从而达到较好的动态性能和较高的稳态跟踪精度。试验证明，自适应鲁棒控制器是有效的，控制性能高于文献中已有的研究成果，且对系统参数变化和干扰具有较强的性能鲁棒性。

3.1　控制难点

定义状态变量 $\boldsymbol{x}=[x_1,x_2,x_3,x_4]^{\mathrm{T}}=[x,\dot{x},p_a/S_p,p_b/S_p]^{\mathrm{T}}$，前一章建立的单轴气动位置伺服系统的完整非线性模型为

$$\begin{cases}\dot{x}_1=x_2\\ M\dot{x}_2=\bar{A}(x_3-x_4)-bx_2-A_fS_f(x_2)-F_L+f_n+\tilde{f}_0\\ \dot{x}_3=\dfrac{\gamma R}{S_pV_a}(\dot{m}_{a\mathrm{in}}T_{\mathrm{s}}-\dot{m}_{a\mathrm{out}}T_a)-\dfrac{\gamma A}{V_a}x_2x_3+\dfrac{\gamma-1}{S_pV_a}\dot{Q}_a+d_{an}+\tilde{d}_{a0}\\ \dot{x}_4=\dfrac{\gamma R}{S_pV_b}(\dot{m}_{b\mathrm{in}}T_{\mathrm{s}}-\dot{m}_{b\mathrm{out}}T_b)+\dfrac{\gamma A}{V_b}x_2x_4+\dfrac{\gamma-1}{S_pV_b}\dot{Q}_b+d_{bn}+\tilde{d}_{b0}\end{cases}\tag{3.1}$$

式中，$S_p=10^5$，引入该系数为便于调试控制器；$\bar{A}=AS_p$。

由式 (3.1) 可以看出，气动位置伺服系统的主要控制难点包括：①由于气体的可压缩性、质量流量公式的强非线性等原因，系统是强非线性系统，所以直接基于该模型设计非线性控制器应该是实现高精度轨迹跟踪的首选；②系统模型具有严重的参数不确定性，如参数 b、A_f、F_L、f_n、h、d_{an}、d_{bn} 等的值都是难以精确测量或时变的，因此需要采用能在线自适应参数估计的控制策略；③系统模型存在不确定非线性 $\tilde{f}_0$、$\tilde{d}_{a0}$、$\tilde{d}_{b0}$，它们主要由未建模动态（缸内气体的温度动态、控制阀的机械部分动态等）、建模误差（气缸摩擦力、泄漏、质量流量方程等）和干扰造成，因此需要采用能抑制这些不确定非线性影响的控制策略；④系统模型中的不确定

性是非匹配的，即系统模型中的参数不确定性、不确定非线性与阀控制电压不都是出现在同一个方程中，为有效处理参数不确定性和不确定非线性，需要采用反步法来设计非线性控制器。

滑模控制方法作为鲁棒控制的一个简单途径，在过去二十年间的气动位置伺服系统研究中获得了大量的应用，但跟踪性能一直不理想。原因一方面在于控制器设计时没有充分利用系统模型信息，即模型中的参数不确定性和不确定非线性虽是未知的，但均是有界的，设计切换控制规律时并没有利用这些界的信息；另一方面在于滑模控制器没有自适应补偿系统不确定性的能力，控制精度仅靠高增益反馈来保证，即以极高的控制功率为代价，而在实际应用中，为避免激发未建模动态和消除控制颤振，控制器增益不可能无限大。Smaoui 等 [149, 150]、Rao 和 Bone[151]、Tsai 和 Huang[152] 等正是意识到滑模控制方法在上述第一方面的不足，才提出了用反步法（backstepping design）设计鲁棒控制器。由于反步法是通过一个迭代过程来设计控制器，在设计的每一步中，通过结合模型不确定性的界，可以设计出更高效的切换控制规律，既保证系统稳定又提高了跟踪性能。但是，基于反步法的确定性鲁棒控制器仍没有有效补充模型不确定性的能力，选取反馈增益时需要在跟踪精度和动态性能之间进行折中。

综上所述，为实现气缸的高精度运动轨迹跟踪控制，有必要采用更高级的控制算法。近些年来，Yao 和 Tomizuka[173, 174] 针对存在参数不确定性和不确定非线性的系统的高性能鲁棒控制，提出并发展了一种自适应鲁棒控制（adaptive robust control，ARC）方法。该方法有效地结合了鲁棒自适应控制（robust adaptive control，RAC）和确定性鲁棒控制（deterministic robust control，DRC）的设计技巧，在不失去自适应控制的优点的情况下，能保证闭环系统具有期望的鲁棒瞬态性能和稳态跟踪精度。自适应鲁棒控制已成功地应用于电液伺服系统 [175–177]、直线电机驱动定位平台 [178–181] 和气动肌肉并联关节 [182–185] 等。本节针对气动位置伺服系统，设计了自适应鲁棒控制器，以实现气缸的高精度运动轨迹跟踪。该控制器由在线参数估计和基于反步法设计的非线性鲁棒控制器两部分组成，由于运用了标准投影映射以保证参数估计有界，控制器的两个部分可以独立进行设计。自适应鲁棒控制器通过在线自适应参数调节来补偿模型参数的不确定，利用鲁棒反馈来抑制未建模动态和干扰的影响，从而保证良好的动态性能和较高的轨迹跟踪精度。首先为气动位置伺服系统设计一个鲁棒自适应控制器和一个确定性鲁棒控制器，通过分析如何将两者有机结合，更好地阐述自适应鲁棒控制器的设计思想。最后通过试验比较上述三个控制器的性能，证明自适应鲁棒控制器的实际有效性。

定义未知参数向量 $\boldsymbol{\theta} = [\theta_1, \theta_2, \theta_3, \theta_4, \theta_5]^{\mathrm{T}}$ 为 $\theta_1 = b$，$\theta_2 = A_f$，$\theta_3 = -F_L + f_n$，$\theta_4 = d_{an}$，$\theta_5 = d_{bn}$，式 (3.1) 可以写成其线性参数化形式：

$$\begin{cases} \dot{x}_1 = x_2 \\ M\dot{x}_2 = \bar{A}(x_3 - x_4) - \theta_1 x_2 - \theta_2 S_f(x_2) + \theta_3 + \tilde{f}_0 \\ \dot{x}_3 = \dfrac{\gamma R}{S_p V_a}(\dot{m}_{a\text{in}} T_\text{s} - \dot{m}_{a\text{out}} T_a) - \dfrac{\gamma A}{V_a} x_2 x_3 + \dfrac{\gamma - 1}{S_p V_a}\dot{Q}_a + \theta_4 + \tilde{d}_{a0} \\ \dot{x}_4 = \dfrac{\gamma R}{S_p V_b}(\dot{m}_{b\text{in}} T_\text{s} - \dot{m}_{b\text{out}} T_b) + \dfrac{\gamma A}{V_b} x_2 x_4 + \dfrac{\gamma - 1}{S_p V_b}\dot{Q}_b + \theta_5 + \tilde{d}_{b0} \end{cases} \tag{3.2}$$

虽然参数向量 $\boldsymbol{\theta}$ 未知，但是其不确定性的范围在实际中却是可以预测的，所以假设系统中的参数不确定性和不确定非线性均是有界的，并且满足：

$$\begin{cases} \boldsymbol{\theta} \in \boldsymbol{\Omega_\theta} \triangleq \{\boldsymbol{\theta} : \boldsymbol{\theta}_{\min} \leqslant \boldsymbol{\theta} \leqslant \boldsymbol{\theta}_{\max}\} \\ \left|\tilde{f}_0(t)\right| \leqslant f_{\max}, \left|\tilde{d}_{a0}(t)\right| \leqslant d_{a\max}, \left|\tilde{d}_{b0}(t)\right| \leqslant d_{b\max} \end{cases} \tag{3.3}$$

式中，$\boldsymbol{\theta}_{\min} = [\theta_{1\min}, \theta_{2\min}, \theta_{3\min}, \theta_{4\min}, \theta_{5\min}]^\text{T}$ 和 $\boldsymbol{\theta}_{\max} = [\theta_{1\max}, \theta_{2\max}, \theta_{3\max}, \theta_{4\max}, \theta_{5\max}]^\text{T}$ 分别为未知参数向量的最小值和最大值；$f_{\max}$，$d_{a\max}$ 和 $d_{b\max}$ 为已知的正值。

本章设计的几个气动伺服位置控制器的目标都是构建一个比例方向阀的控制输入 u，使得气缸活塞位移 x 尽可能准确地跟踪期望轨迹 $x_{1d}(t)$，同时保证系统具有良好的瞬态性能。

为表述方便，下文中用到的一些符号规定如下：$\bullet_i$ 指的是向量 $\bullet$ 的第 i 个分量，两个向量间的 $\leqslant$ 关系表示的是它们对应元素间具有这种关系，$\hat{\bullet}$ 代表 $\bullet$ 的估计值，$\tilde{\bullet}$ 表示 $\bullet$ 的估计误差，即 $\tilde{\bullet} = \hat{\bullet} - \bullet$。

3.2 鲁棒自适应控制

假设气动位置伺服系统只具有参数不确定性，即式 (3.2) 中 $\tilde{f}_0 = \tilde{d}_{a0} = \tilde{d}_{b0} = 0$，基于调节函数的自适应反步方法（tuning function based adaptive backstepping design）为其设计鲁棒自适应控制器。

3.2.1 步骤 1

定义一个类似滑模面的变量为

$$e_2 = \dot{e}_1 + k_1 e_1 = x_2 - x_{2eq}, \qquad x_{2eq} \triangleq \dot{x}_{1d} - k_1 e_1 \tag{3.4}$$

式中，$e_1 = x_1 - x_{1d}$ 为轨迹跟踪误差；k_1 为正的反馈增益。由于 e_2 到 e_1 的传递函数 $G_{e_1 e_2}(s) = 1/(s + k_1)$ 是稳定的，当 e_2 趋近于零时，e_1 必定也趋近于零。将式 (3.4) 对时间微分，并与系统 (3.2) 中的第二个方程结合，可得

$$M\dot{e}_2 = \bar{A}(x_3 - x_4) - \theta_1 x_2 - \theta_2 S_f(x_2) + \theta_3 - M\dot{x}_{2eq} \tag{3.5}$$

将 $p_L = x_3 - x_4$ 看成是式 (3.5) 的虚拟控制输入，因此，步骤 1 的任务是通过设计该虚拟控制输入保证 e_2 趋近于零，以使轨迹跟踪误差 e_1 趋近于零。

定义一个半正定函数

$$V_2 = \frac{1}{2}Me_2^2 + \frac{1}{2}\tilde{\boldsymbol{\theta}}^{\mathrm{T}}\boldsymbol{\Gamma}^{-1}\tilde{\boldsymbol{\theta}} \tag{3.6}$$

式中，$\boldsymbol{\Gamma}$ 为正定对称自适应率矩阵。微分 V_2 并将式 (3.5) 代入可以得到

$$\dot{V}_2 = e_2\left[\bar{A}p_L - \theta_1 x_2 - \theta_2 S_f(x_2) + \theta_3 - M\dot{x}_{2eq}\right] + \tilde{\boldsymbol{\theta}}^{\mathrm{T}}\boldsymbol{\Gamma}^{-1}\dot{\tilde{\boldsymbol{\theta}}} \tag{3.7}$$

设计期望的虚拟控制输入 p_{Ld} 为

$$\begin{aligned} p_{Ld} &= p_{Lda} + p_{Lds}, \\ p_{Lda} &= \frac{1}{\bar{A}}\left[\hat{\theta}_1 x_2 + \hat{\theta}_2 S_f(x_2) - \hat{\theta}_3 + M\dot{x}_{2eq}\right], \\ p_{Lds} &= -\frac{1}{\bar{A}}k_2 e_2, k_2 > 0 \end{aligned} \tag{3.8}$$

式中，p_{Lda} 是模型补偿项；$\hat{\theta}_1$、$\hat{\theta}_2$ 和 $\hat{\theta}_3$ 分别是参数 θ_1、θ_2 和 θ_3 的估计值；p_{Lds} 是鲁棒反馈项，选择为 e_2 的简单比例反馈。令 $e_3 = p_L - p_{Ld}$ 表示实际和期望虚拟控制输入之间的误差，将式 (3.8) 代入式 (3.7)，可得

$$\dot{V}_2 = \bar{A}e_2e_3 - k_2e_2^2 + \tilde{\boldsymbol{\theta}}^{\mathrm{T}}\boldsymbol{\Gamma}^{-1}(\dot{\hat{\boldsymbol{\theta}}} - \boldsymbol{\Gamma}\boldsymbol{\varphi}_2 e_2) \tag{3.9}$$

式中，$\boldsymbol{\varphi}_2 = [-x_2, -S_f(x_2), 1, 0, 0]^{\mathrm{T}}$ 为第一回归向量。定义第一调整函数 $\boldsymbol{\tau}_2 = \boldsymbol{\varphi}_2 e_2$。

3.2.2　步骤 2

将 e_3 对时间微分，并与式 (3.2) 中的后两个方程结合，可得

$$\dot{e}_3 = q_L - \left(\frac{\gamma A}{V_a}x_2x_3 + \frac{\gamma A}{V_b}x_2x_4\right) + \frac{\gamma-1}{S_pV_a}\dot{Q}_a - \frac{\gamma-1}{S_pV_b}\dot{Q}_b + \theta_4 - \theta_5 - \dot{p}_{Ldc} - \dot{p}_{Ldu} \tag{3.10}$$

其中，$q_L = \frac{\gamma R}{S_pV_a}(\dot{m}_{\mathrm{ain}}T_{\mathrm{s}} - \dot{m}_{\mathrm{aout}}T_a) - \frac{\gamma R}{S_pV_b}(\dot{m}_{\mathrm{bin}}T_{\mathrm{s}} - \dot{m}_{\mathrm{bout}}T_b)$；$\dot{p}_{Ldc} = \frac{\partial p_{Ld}}{\partial x_1}x_2 + \frac{\partial p_{Ld}}{\partial x_2}\hat{\dot{x}}_2 + \frac{\partial p_{Ld}}{\partial \hat{\boldsymbol{\theta}}}\boldsymbol{\Gamma}\boldsymbol{\tau}_2 + \frac{\partial p_{Ld}}{\partial t}$；$\hat{\dot{x}}_2 = \frac{1}{M}[\bar{A}(x_3 - x_4) - \hat{\theta}_1 x_2 - \hat{\theta}_2 S_f(x_2) + \hat{\theta}_3]$；$\dot{p}_{Ldu} = \frac{1}{M}\frac{\partial p_{Ld}}{\partial x_2}[\tilde{\theta}_1 x_2 + \tilde{\theta}_2 S_f(x_2) - \tilde{\theta}_3] + \frac{\partial p_{Ld}}{\partial \hat{\boldsymbol{\theta}}}(\dot{\hat{\boldsymbol{\theta}}} - \boldsymbol{\Gamma}\boldsymbol{\tau}_2)$。式中，$\dot{p}_{Ldc}$ 是 p_{Ld} 微分的可计算部分；$\hat{\dot{x}}_2$ 是 $\dot{x}_2$ 的估计值；$\dot{p}_{Ldu}$ 是 p_{Ld} 微分的不可计算部分。定义一个半正定函数

$$V_3 = V_2 + \frac{1}{2}e_3^2 \tag{3.11}$$

微分 V_3 并将式 (3.9) 和式 (3.10) 代入可以得到

$$\dot{V}_3 = -k_2 e_2^2 + \bar{A} e_2 e_3 + \tilde{\boldsymbol{\theta}}^{\mathrm{T}} \boldsymbol{\Gamma}^{-1}(\dot{\tilde{\boldsymbol{\theta}}} - \boldsymbol{\Gamma}\boldsymbol{\tau}_2) + e_3 \dot{e}_3 \tag{3.12}$$

将 q_L 作为第二层的虚拟控制输入，与式 (3.8) 类似，它的期望值设计为

$$\begin{aligned} q_{Ld} &= q_{Lda} + q_{Lds}, \\ q_{Lda} &= -\bar{A} e_2 + \left(\frac{\gamma A}{V_a} x_2 x_3 + \frac{\gamma A}{V_b} x_2 x_4\right) \\ &\quad - \frac{\gamma - 1}{S_p V_a} \dot{Q}_a + \frac{\gamma - 1}{S_p V_b} \dot{Q}_b - \hat{\theta}_4 + \hat{\theta}_5 + \dot{p}_{Ldc} + \nu, \\ q_{Lds} &= -k_3 e_3, k_3 > 0 \end{aligned} \tag{3.13}$$

式中，q_{Lda} 是模型补偿项；$\hat{\theta}_4$ 和 $\hat{\theta}_5$ 分别是参数 θ_4 和 θ_5 的估计值；q_{Lds} 是鲁棒反馈项，选择为 e_3 的简单比例反馈；ν 为待定的修正项。假设流量公式是精确的，将式 (3.13) 代入式 (3.12)，可得

$$\dot{V}_3 = -k_2 e_2^2 - k_3 e_3^2 + e_3(\nu - \tilde{\boldsymbol{\theta}}^{\mathrm{T}} \boldsymbol{\varphi}_3) - \frac{\partial p_{Ld}}{\partial \hat{\boldsymbol{\theta}}}(\dot{\hat{\boldsymbol{\theta}}} - \boldsymbol{\Gamma}\boldsymbol{\tau}_2) + \tilde{\boldsymbol{\theta}}^{\mathrm{T}} \boldsymbol{\Gamma}^{-1}(\dot{\hat{\boldsymbol{\theta}}} - \boldsymbol{\Gamma}\boldsymbol{\tau}_2) \tag{3.14}$$

式中，$\boldsymbol{\varphi}_3 = \left[\frac{1}{M}\frac{\partial p_{Ld}}{\partial x_2} x_2, \frac{1}{M}\frac{\partial p_{Ld}}{\partial x_2} S_f(x_2), -\frac{1}{M}\frac{\partial p_{Ld}}{\partial x_2}, 1, -1\right]^{\mathrm{T}}$ 为第二回归向量。为确定修正项和设计参数自适应律，将上式整理重新表达为

$$\begin{aligned} \dot{V}_3 &= -k_2 e_2^2 - k_3 e_3^2 + e_3 \left(\nu - \frac{\partial p_{Ld}}{\partial \hat{\boldsymbol{\theta}}} \boldsymbol{\Gamma} \boldsymbol{\varphi}_3 e_3\right) \\ &\quad - \frac{\partial p_{Ld}}{\partial \hat{\boldsymbol{\theta}}} \left(\dot{\hat{\boldsymbol{\theta}}} - \boldsymbol{\Gamma}\boldsymbol{\tau}_3\right) + \tilde{\boldsymbol{\theta}}^{\mathrm{T}} \boldsymbol{\Gamma}^{-1}(\dot{\hat{\boldsymbol{\theta}}} - \boldsymbol{\Gamma}\boldsymbol{\tau}_3) \end{aligned} \tag{3.15}$$

式中，$\boldsymbol{\tau}_3 = \boldsymbol{\tau}_2 + \boldsymbol{\varphi}_3 e_3$ 为第二调整函数。选择修正项为

$$\nu = \frac{\partial p_{Ld}}{\partial \hat{\boldsymbol{\theta}}} \boldsymbol{\Gamma} \boldsymbol{\varphi}_3 e_3 \tag{3.16}$$

选择参数自适应律为

$$\dot{\hat{\boldsymbol{\theta}}} = \boldsymbol{\Gamma}\boldsymbol{\tau}_3 \tag{3.17}$$

系统未知参数可认为是缓慢变化的，即 $\dot{\hat{\boldsymbol{\theta}}} = \dot{\tilde{\boldsymbol{\theta}}}$，则式 (3.15) 简化为

$$\dot{V}_3 = -k_2 e_2^2 - k_3 e_3^2 \leqslant 0 \tag{3.18}$$

因此，误差 e_2、e_3 和参数估计误差均是渐进收敛于零的，最终系统跟踪误差渐进收敛于零，闭环系统中所有信号都是有界的。但是，上述结论必须以系统模型不存在不确定非线性为前提。

3.2.3 步骤 3

在获得 q_{Ld} 后，期望的控制阀阀口开度 $A(u)$ 为

$$A(u)=\begin{cases}\dfrac{S_p q_{Ld}}{\gamma RT_{\rm s}K_q(p_{\rm s},p_a,T_{\rm s})/V_a+\gamma RT_bK_q(p_b,p_0,T_b)/V_b} & q_{Ld}>0\\ \dfrac{S_p q_{Ld}}{-\gamma RT_aK_q(p_a,p_0,T_a)/V_a-\gamma RT_{\rm s}K_q(p_{\rm s},p_b,T_{\rm s})/V_b} & q_{Ld}\leqslant 0\end{cases} \tag{3.19}$$

式中，p_0 为大气压力。然后可根据阀口开度与控制电压的关系曲线（图 2.12）确定比例方向阀的控制电压 u。

3.3 确定性鲁棒控制

确定性鲁棒控制利用参数不确定性和不确定非线性的界信息，通过非线性反馈同时抑制它们的影响，以保证一定的鲁棒瞬态性能和稳态轨迹跟踪控制精度。采用反步法为系统 (3.2) 设计确定性鲁棒控制器的步骤与 3.2 节类似，控制器设计时需要用到未知参数的离线估计值 $\hat{\boldsymbol{\theta}}_0=[\hat{\theta}_{10},\hat{\theta}_{20},\hat{\theta}_{30},\hat{\theta}_{40},\hat{\theta}_{50}]^{\rm T}$，且满足 $\hat{\boldsymbol{\theta}}_0\in\boldsymbol{\Omega}_{\boldsymbol{\theta}}$。

3.3.1 步骤 1

按照式 (3.4) 定义一个类似滑模面的变量 e_2，当有不确定非线性时，e_2 对时间的微分为

$$M\dot{e}_2=\bar{A}(x_3-x_4)-\theta_1x_2-\theta_2S_f(x_2)+\theta_3+\tilde{f}_0-M\dot{x}_{2eq} \tag{3.20}$$

定义一个半正定函数

$$V_2=\frac{1}{2}Me_2^2 \tag{3.21}$$

微分 V_2 并将式 (3.20) 代入可以得到

$$\dot{V}_2=e_2\left[\bar{A}p_L-\theta_1x_2-\theta_2S_f(x_2)+\theta_3+\tilde{f}_0-M\dot{x}_{2eq}\right] \tag{3.22}$$

与鲁棒自适应控制器的设计类似，将 $p_L=x_3-x_4$ 作为第一层的虚拟控制输入，步骤 1 的任务是通过设计该虚拟控制输入保证 e_2 趋近于零，从而使轨迹跟踪误差 e_1 趋近于零。期望虚拟控制输入 p_{Ld} 的鲁棒控制律为

$$\begin{aligned}&p_{Ld}=p_{Lda}+p_{Lds1}+p_{Lds2},\\&p_{Lda}=\frac{1}{\bar{A}}\left[\hat{\theta}_{10}x_2+\hat{\theta}_{20}S_f(x_2)-\hat{\theta}_{30}+M\dot{x}_{2eq}\right],\\&p_{Lds1}=-\frac{1}{\bar{A}}k_2e_2,k_2>0\end{aligned} \tag{3.23}$$

式中，p_{Lda} 是模型补偿项，形式与式 (3.8) 相同，不同的是未知参数 θ_1、θ_2 和 θ_3 使用离线估计值 $\hat{\theta}_{10}$、$\hat{\theta}_{20}$ 和 $\hat{\theta}_{30}$；p_{Lds1} 是用来稳定名义系统的项，选择为 e_2 的简单比例反馈；p_{Lds2} 是用来抑制模型不确定性影响的鲁棒反馈项，待定。令 $e_3=p_L-p_{Ld}$ 表示实际和期望虚拟控制输入之间的误差，将式 (3.23) 代入式 (3.22)，可得

$$\begin{aligned}\dot{V}_2 &= \bar{A}e_2e_3-k_2e_2^2+e_2\left[\bar{A}p_{Lds2}+\tilde{\theta}_{10}x_2+\tilde{\theta}_{20}S_f(x_2)-\tilde{\theta}_{30}+\tilde{f}_0\right]\\ &= \bar{A}e_2e_3+\dot{V}_2|_{p_{Ld}}\end{aligned} \tag{3.24}$$

式中，$\dot{V}_2|_{p_{Ld}}$ 代表 $\dot{V}_2$ 当 $p_L=p_{Ld}$，即 $e_3=0$ 时的情况。根据假设，系统中的参数不确定性和不确定非线性均是有界的，所以式 (3.24) 中方括号内后四项之和是有界的，例如，其上界可以是满足如下条件的光滑函数 $h_2(t)$：

$$h_2(t)\geqslant|\theta_{M1}||x_2|+|\theta_{M2}||S_f(x_2)|+|\theta_{M3}|+f_{\max} \tag{3.25}$$

其中，$\theta_{Mi}=\theta_{i\max}-\theta_{i\min}, i=1,2,3$。根据滑模控制理论，鲁棒反馈项 p_{Lds2} 可以选择为

$$p_{Lds2}=-\frac{1}{\bar{A}}\frac{h_2^2(t)}{4\eta_2}e_2 \tag{3.26}$$

式中，$\eta_2>0$ 是边界层厚度。容易证明，该鲁棒反馈项满足下面两个条件：

$$\left\{\begin{array}{l}e_2[\bar{A}p_{Lds2}+\tilde{\theta}_{10}x_2+\tilde{\theta}_{20}S_f(x_2)-\tilde{\theta}_{30}+\tilde{f}_0]\leqslant\eta_2\\ e_2\bar{A}p_{Lds2}\leqslant 0\end{array}\right. \tag{3.27}$$

将式 (3.27) 的第一个条件代入式 (3.24)，可得

$$\dot{V}_2\leqslant\bar{A}e_2e_3-k_2e_2^2+\eta_2 \tag{3.28}$$

3.3.2 步骤 2

由式 (3.28) 可知，若 $e_3=0$，则 e_2 将会指数收敛于一个球域，且该球域可以通过增大 k_2/减小 η_2 来减小，即 e_2 和 e_1 是有界的。因此，步骤 2 的设计任务是使 e_3 趋近于零。

当考虑模型的不确定非线性时，e_3 对时间的微分为

$$\begin{aligned}\dot{e}_3 &= q_L-\left(\frac{\gamma A}{V_a}x_2x_3+\frac{\gamma A}{V_b}x_2x_4\right)+\frac{\gamma-1}{S_pV_a}\dot{Q}_a-\frac{\gamma-1}{S_pV_b}\dot{Q}_b\\ &\quad+\theta_4-\theta_5+\tilde{d}_{a0}-\tilde{d}_{b0}-\dot{p}_{Ldc}-\dot{p}_{Ldu}\end{aligned} \tag{3.29}$$

其中，$q_L=\dfrac{\gamma R}{S_pV_a}(\dot{m}_{\mathrm{ain}}T_{\mathrm{s}}-\dot{m}_{\mathrm{aout}}T_a)-\dfrac{\gamma R}{S_pV_b}(\dot{m}_{\mathrm{bin}}T_{\mathrm{s}}-\dot{m}_{\mathrm{bout}}T_b)$；$\dot{p}_{Ldc}=\dfrac{\partial p_{Ld}}{\partial x_1}x_2+$

$\dfrac{1}{M}\dfrac{\partial p_{Ld}}{\partial x_2}[\bar{A}(x_3-x_4)-\hat{\theta}_{10}x_2-\hat{\theta}_{20}S_f(x_2)+\hat{\theta}_{30}]+\dfrac{\partial p_{Ld}}{\partial t}$；$\dot{p}_{Ldu}=\dfrac{1}{M}\dfrac{\partial p_{Ld}}{\partial x_2}[\tilde{\theta}_{10}x_2+\tilde{\theta}_{20}S_f(x_2)-\tilde{\theta}_{30}+\tilde{f}_0]$。式中，$\dot{p}_{Ldc}$ 是 p_{Ld} 微分的可计算部分，将会被用于这一步控制器中模型补偿项的设计，$\dot{p}_{Ldu}$ 是 p_{Ld} 微分的不可计算部分，将会被鲁棒反馈项抑制。定义一个半正定函数

$$V_3=V_2+\frac{1}{2}e_3^2 \tag{3.30}$$

微分 V_3 并将式 (3.24) 和式 (3.29) 代入可以得到

$$\dot{V}_3=\dot{V}_2|_{p_{Ld}}+\bar{A}e_2e_3+e_3\dot{e}_3 \tag{3.31}$$

将 q_L 作为第二层的虚拟控制输入，为其设计鲁棒控制律为

$$\begin{aligned}
&q_{Ld}=q_{Lda}+q_{Lds1}+q_{Lds2},\\
&q_{Lda}=-\bar{A}e_2+\left(\frac{\gamma A}{V_a}x_2x_3+\frac{\gamma A}{V_b}x_2x_4\right)-\frac{\gamma-1}{S_pV_a}\dot{Q}_a+\frac{\gamma-1}{S_pV_b}\dot{Q}_b-\hat{\theta}_{40}+\hat{\theta}_{50}+\dot{p}_{Ldc},\\
&q_{Lds1}=-k_3e_3,k_3>0
\end{aligned} \tag{3.32}$$

式中，q_{Lda} 是模型补偿项；$\hat{\theta}_{40}$ 和 $\hat{\theta}_{50}$ 分别是参数 θ_4 和 θ_5 的离线估计值；q_{Lds1} 是用来稳定名义系统的项，选择为 e_3 的简单比例反馈；q_{Lds2} 是用来抑制模型不确定性影响的鲁棒反馈项，待定。假设流量公式是精确的，将式 (3.32) 代入式 (3.31)，可得

$$\dot{V}_3=\dot{V}_2|_{p_{Ld}}-k_3e_3^2+e_3(q_{Lds2}-\tilde{\theta}_{40}+\tilde{\theta}_{50}+\tilde{d}_{a0}-\tilde{d}_{b0}-\dot{p}_{Ldu}) \tag{3.33}$$

式 (3.33) 中含有不确定性的几项之和是有界的，其上界可以选择为满足如下条件的光滑函数 $h_3(t)$：

$$\begin{aligned}
h_3(t)\geqslant&\left|\frac{1}{M}\frac{\partial p_{Ld}}{\partial x_2}\right|[|\theta_{M1}||x_2|+|\theta_{M2}||S_f(x_2)|+|\theta_{M3}|+f_{\max}]\\
&+|\theta_{M4}|+|\theta_{M5}|+d_{a\max}+d_{b\max}
\end{aligned} \tag{3.34}$$

其中，$\theta_{Mi}=\theta_{i\max}-\theta_{i\min},i=4,5$。与鲁棒反馈项 p_{Lds2} 设计方法一致，q_{Lds2} 可以选择为

$$q_{Lds2}=-\frac{h_3^2(t)}{4\eta_3}e_3 \tag{3.35}$$

式中，$\eta_3>0$ 是边界层厚度。容易证明，该鲁棒反馈项满足下面两个条件：

$$\begin{cases}
e_3(q_{Lds2}-\tilde{\theta}_{40}+\tilde{\theta}_{50}+\tilde{d}_{a0}-\tilde{d}_{b0}-\dot{p}_{Ldu})\leqslant\eta_3\\
e_3q_{Lds2}\leqslant 0
\end{cases} \tag{3.36}$$

将式 (3.36) 的第一个条件代入式 (3.33)，可得

$$\dot{V}_3 \leqslant -k_2 e_2^2 - k_3 e_3^2 + \eta_2 + \eta_3 \leqslant -\lambda V_3 + \eta \tag{3.37}$$

式中，$\lambda = \min\{2k_2/M, 2k_3\}$；$\eta = \eta_2 + \eta_3$。式 (3.37) 的解为

$$V_3(t) \leqslant \exp(-\lambda t)V_3(0) + \frac{\eta}{\lambda}[1 - \exp(-\lambda t)] \tag{3.38}$$

由此可见，误差向量 $\boldsymbol{e} = [e_2, e_3]^{\mathrm{T}}$ 的上界为

$$\|\boldsymbol{e}(t)\|^2 \leqslant \exp(-\lambda t)\|\boldsymbol{e}(0)\| + \frac{2\eta}{\lambda}[1 - \exp(-\lambda t)] \tag{3.39}$$

因此，误差 e_2、e_3 以指数收敛于一个球域，且该球域大小可以通过 k_2、k_3、η_2、η_3 来调整，最终跟踪误差 e_1 是被保证有界的。

3.3.3 步骤 3

在获得 q_{Ld} 后，期望的控制阀阀口开度 $A(u)$ 为

$$A(u) = \begin{cases} \dfrac{S_p q_{Ld}}{\gamma R T_{\mathrm{s}} K_q(p_{\mathrm{s}}, p_a, T_{\mathrm{s}})/V_a + \gamma R T_b K_q(p_b, p_0, T_b)/V_b} & q_{Ld} > 0 \\ \dfrac{S_p q_{Ld}}{-\gamma R T_a K_q(p_a, p_0, T_a)/V_a - \gamma R T_{\mathrm{s}} K_q(p_{\mathrm{s}}, p_b, T_{\mathrm{s}})/V_b} & q_{Ld} \leqslant 0 \end{cases} \tag{3.40}$$

式中，p_0 为大气压力。然后可根据阀口开度与控制电压的关系曲线（图 2.12）确定比例方向阀的控制电压 u。

3.4 自适应鲁棒控制

从前述两个控制器设计过程可以看出，自适应控制和鲁棒控制在解决模型不确定性方面是互补的，所以为了追求更高的跟踪性能，应该把两者结合起来，用在线参数估计减小模型中参数不确定性，用非线性鲁棒控制抑制参数估计误差、不确定非线性和干扰的影响。基于上述考虑，本节在 Yao 和 Tomizuka[173, 174] 的研究基础上，提出一种气动位置伺服系统的自适应鲁棒控制策略，它的主体由在线参数估计和一个基于反步法设计的非线性鲁棒控制器两部分组成。前者用于减小模型中参数不确定性，后者用于抑制参数估计误差、不确定非线性和干扰的影响，两者合力实现了气缸的高精度运动轨迹跟踪控制。自适应鲁棒控制器与确定性鲁棒控制器在结构上是类似的，不同的是前者具有在线参数自适应调节能力。自适应鲁棒控制运用非连续投影式参数自适应律保证参数估计始终处于已知的界内，解决了自适应和鲁棒设计的冲突问题，在线参数估计设计和鲁棒控制器设计可以独立进行，与 3.2 节的鲁棒自适应控制相比，它可以使用收敛速度快的参数估计算法（如最小二乘法）。

3.4.1　非连续投影式参数自适应律

为了使参数自适应过程在有干扰时仍保持良好可控，需要用到标准的投影映射 [186] 来使参数估计值始终在已知界 $\bar{\boldsymbol{\Omega}}_{\boldsymbol{\theta}}$（$\boldsymbol{\Omega}_{\boldsymbol{\theta}}$ 的闭包集）内。此外，为了使参数估计算法设计和鲁棒控制器设计完全分离，还有必要采用饱和函数对参数更新速度进行限制。因此，本书采用如下的参数自适应律：

$$\dot{\hat{\boldsymbol{\theta}}} = \mathrm{sat}_{\dot{\boldsymbol{\theta}}_M}\left[\mathrm{Proj}_{\hat{\boldsymbol{\theta}}}(\boldsymbol{\Gamma}\boldsymbol{\tau})\right], \qquad \hat{\boldsymbol{\theta}}(0) \in \boldsymbol{\Omega}_{\boldsymbol{\theta}} \tag{3.41}$$

式中，$\boldsymbol{\tau}$ 是自适应函数；$\boldsymbol{\Gamma}$ 是正定对称自适应率矩阵；$\mathrm{Proj}_{\hat{\boldsymbol{\theta}}}(\boldsymbol{\Gamma}\boldsymbol{\tau})$ 是标准投影映射；$\mathrm{sat}_{\dot{\boldsymbol{\theta}}_M}(\bullet)$ 是由式 (3.43) 定义的饱和函数。标准的投影映射定义如下：

$$\mathrm{Proj}_{\hat{\boldsymbol{\theta}}}(\boldsymbol{\Gamma}\boldsymbol{\tau}) = \begin{cases} \boldsymbol{\Gamma}\boldsymbol{\tau} & \text{当}\hat{\boldsymbol{\theta}} \in \mathring{\boldsymbol{\Omega}}_{\boldsymbol{\theta}} \ \text{或} \boldsymbol{n}_{\hat{\boldsymbol{\theta}}}^{\mathrm{T}}\boldsymbol{\Gamma}\boldsymbol{\tau} \leqslant 0 \\ \left(1 - \boldsymbol{\Gamma}\dfrac{\boldsymbol{n}_{\hat{\boldsymbol{\theta}}}\boldsymbol{n}_{\hat{\boldsymbol{\theta}}}^{\mathrm{T}}}{\boldsymbol{n}_{\hat{\boldsymbol{\theta}}}^{\mathrm{T}}\boldsymbol{\Gamma}\boldsymbol{n}_{\hat{\boldsymbol{\theta}}}}\right)\boldsymbol{\Gamma}\boldsymbol{\tau} & \text{当}\hat{\boldsymbol{\theta}} \in \partial\boldsymbol{\Omega}_{\boldsymbol{\theta}} \ \text{或} \boldsymbol{n}_{\hat{\boldsymbol{\theta}}}^{\mathrm{T}}\boldsymbol{\Gamma}\boldsymbol{\tau} > 0 \end{cases} \tag{3.42}$$

式中，$\mathring{\boldsymbol{\Omega}}_{\boldsymbol{\theta}}$ 和 $\partial\boldsymbol{\Omega}_{\boldsymbol{\theta}}$ 分别表示 $\boldsymbol{\Omega}_{\boldsymbol{\theta}}$ 的内集和边界；$\boldsymbol{n}_{\hat{\boldsymbol{\theta}}}$ 表示 $\hat{\boldsymbol{\theta}} \in \partial\boldsymbol{\Omega}_{\boldsymbol{\theta}}$ 的向外的单位法向量。饱和函数定义如下：

$$\mathrm{sat}_{\dot{\boldsymbol{\theta}}_M}(\bullet) = s_0\bullet, \qquad s_0 = \begin{cases} 1 & \|\bullet\| \leqslant \dot{\boldsymbol{\theta}}_M \\ \dfrac{\dot{\boldsymbol{\theta}}_M}{\|\bullet\|} & \|\bullet\| > \dot{\boldsymbol{\theta}}_M \end{cases} \tag{3.43}$$

式中，$\dot{\boldsymbol{\theta}}_M$ 是预先设定的参数最大更新速度。

容易证明，参数自适应律 (3.41) 具有如下我们期望的性质：

$$\begin{cases} \hat{\boldsymbol{\theta}}(t) \in \boldsymbol{\Omega}_{\boldsymbol{\theta}} = \left\{\hat{\boldsymbol{\theta}} : \boldsymbol{\theta}_{\min} \leqslant \hat{\boldsymbol{\theta}} \leqslant \boldsymbol{\theta}_{\max}\right\} & \forall t \\ \tilde{\boldsymbol{\theta}}^{\mathrm{T}}[\boldsymbol{\Gamma}^{-1}\mathrm{Proj}_{\hat{\boldsymbol{\theta}}}(\boldsymbol{\Gamma}\boldsymbol{\tau}) - \boldsymbol{\tau}] \leqslant 0 & \forall \boldsymbol{\tau} \\ |\dot{\hat{\boldsymbol{\theta}}}(t)| \leqslant \dot{\boldsymbol{\theta}}_M & \forall t \end{cases} \tag{3.44}$$

即不管具体的参数自适应函数如何设计，参数估计值始终在已知的界内，参数的自适应速度是有界的，满足了鲁棒控制条件，参数估计算法设计和鲁棒控制器设计能完全分离。

3.4.2　在线参数估计算法设计

采用非连续投影式参数自适应律 (3.41)、最小二乘参数估计算法对系统未知参数向量 $\boldsymbol{\theta}$ 进行估计，为构建自适应函数和自适应率矩阵，假设系统 (3.2) 只具有参数不确定性，即 $\tilde{f}_0=\tilde{d}_{a0}=\tilde{d}_{b0}=0$。式 (3.2) 的后三个方程可以被重新表述为如下线性回归模型形式：

$$y_1=\bar{A}(x_3-x_4)-m\dot{x}_2=\theta_1x_2+\theta_2S_f(x_2)-\theta_3 \tag{3.45}$$

$$y_2=\frac{\gamma R}{S_pV_a}(\dot{m}_{\rm ain}T_{\rm s}-\dot{m}_{\rm aout}T_a)-\frac{\gamma A}{V_a}x_2x_3+\frac{\gamma-1}{S_pV_a}\dot{Q}_a-\dot{x}_3=-\theta_4 \tag{3.46}$$

$$y_3=\frac{\gamma R}{S_pV_b}(\dot{m}_{\rm bin}T_{\rm s}-\dot{m}_{\rm bout}T_b)+\frac{\gamma A}{V_b}x_2x_4+\frac{\gamma-1}{S_pV_b}\dot{Q}_b-\dot{x}_4=-\theta_5 \tag{3.47}$$

利用滤波器来获取参数估计所需要的状态量，设 $H_f(s)$ 为相对阶数大于或等于 3 的稳定 LTI 传递函数，如

$$H_f(s)=\frac{\omega_f^2}{(\tau_fs+1)(s^2+2\xi\omega_fs+\omega_f^2)} \tag{3.48}$$

式中，τ_f、ω_f 和 ξ 为滤波器参数。将滤波器同时乘以式 (3.45) ～式 (3.47) 的两边，可得

$$y_{1f}=H_f\left[\bar{A}(x_3-x_4)-m\dot{x}_2\right]=\theta_1x_{2f}+\theta_2S_{ff}(x_2)-\theta_31_f \tag{3.49}$$

$$y_{2f}=H_f\left[\frac{\gamma R}{S_pV_a}(\dot{m}_{\rm ain}T_{\rm s}-\dot{m}_{\rm aout}T_a)-\frac{\gamma A}{V_a}x_2x_3+\frac{\gamma-1}{S_pV_a}\dot{Q}_a-\dot{x}_3\right]=-\theta_41_f \tag{3.50}$$

$$y_{3f}=H_f\left[\frac{\gamma R}{S_pV_b}(\dot{m}_{\rm bin}T_{\rm s}-\dot{m}_{\rm bout}T_b)+\frac{\gamma A}{V_b}x_2x_4+\frac{\gamma-1}{S_pV_b}\dot{Q}_b-\dot{x}_4\right]=-\theta_51_f \tag{3.51}$$

式中，x_{2f}、$S_{ff}(x_2)$ 和 1_f 分别为 x_2、$S_f(x_2)$ 和 1 经过滤波器 $H_f(s)$ 的输出值。将未知参数向量 $\boldsymbol{\theta}$ 分解为三个子集 $\boldsymbol{\theta}_{1s}=[\theta_1,\theta_2,\theta_3]^{\rm T}$、$\boldsymbol{\theta}_{2s}=[\theta_4]^{\rm T}$ 和 $\boldsymbol{\theta}_{3s}=[\theta_5]^{\rm T}$，式 (3.49) ～式 (3.51) 可表示成如下标准的线性回归模型形式：

$$y_{if}=\boldsymbol{\varphi}_{if}^{\rm T}\boldsymbol{\theta}_{is},\qquad i=1,2,3 \tag{3.52}$$

式中，$\boldsymbol{\varphi}_{if}$ 是回归向量，分别为 $\boldsymbol{\varphi}_{1f}^{\rm T}=[x_{2f},S_{ff}(x_2),-1_f]$，$\boldsymbol{\varphi}_{2f}^{\rm T}=[-1_f]$，$\boldsymbol{\varphi}_{3f}^{\rm T}=[-1_f]$。

定义预测输出为 $\hat{y}_{if}=\boldsymbol{\varphi}_{if}^{\rm T}\hat{\boldsymbol{\theta}}_{is}$，则预测误差为

$$\varepsilon_i=\hat{y}_{if}-y_{if}=\boldsymbol{\varphi}_{if}^{\rm T}\tilde{\boldsymbol{\theta}}_{is},\qquad i=1,2,3 \tag{3.53}$$

式 (3.53) 为标准的参数估计模型，由此可用最小二乘法获得未知参数向量的估计值 $\hat{\boldsymbol{\theta}}_{is}$，$\hat{\boldsymbol{\theta}}_{is}$ 利用非连续投影式参数自适应律进行更新，即

$$\dot{\hat{\boldsymbol{\theta}}}_{is}={\rm sat}_{\dot{\boldsymbol{\theta}}_{Mi}}\left[{\rm Proj}_{\hat{\boldsymbol{\theta}}}(\boldsymbol{\Gamma}_i\boldsymbol{\tau}_i)\right] \tag{3.54}$$

自适应率矩阵为

$$\dot{\boldsymbol{\Gamma}}_i = \begin{cases} \alpha_i \boldsymbol{\Gamma}_i - \dfrac{\boldsymbol{\Gamma}_i \boldsymbol{\varphi}_{if} \boldsymbol{\varphi}_{if}^{\mathrm{T}} \boldsymbol{\Gamma}_i}{1 + \nu_i \boldsymbol{\varphi}_{if}^{\mathrm{T}} \boldsymbol{\Gamma}_i \boldsymbol{\varphi}_{if}} & \text{当} \lambda_{\max}[\boldsymbol{\Gamma}_i(t)] \leqslant \rho_{Mi} \text{ 且} \|\mathrm{Proj}_{\hat{\boldsymbol{\theta}}}(\boldsymbol{\Gamma}_i \boldsymbol{\tau}_i)\| \leqslant \dot{\boldsymbol{\theta}}_{Mi} \\ 0 & \text{其他} \end{cases} \tag{3.55}$$

式中，$\alpha_i \geqslant 0$ 是遗忘因子；$\nu_i \geqslant 0$ 是归一化因子；$\lambda_{\max}[\boldsymbol{\Gamma}_i(t)]$ 为 $\boldsymbol{\Gamma}_i(t)$ 的最大特征值；ρ_{Mi} 是对 $\|\boldsymbol{\Gamma}_i(t)\|$ 预设的上界，保证了 $\boldsymbol{\Gamma}_i(t) \leqslant \rho_{Mi} I, \forall t$。自适应函数 $\boldsymbol{\tau}_i$ 为

$$\boldsymbol{\tau}_i = \frac{1}{1 + \nu_i \boldsymbol{\varphi}_{if}^{\mathrm{T}} \boldsymbol{\Gamma}_i \boldsymbol{\varphi}_{if}} \boldsymbol{\varphi}_{if} \varepsilon_i \tag{3.56}$$

3.4.3 自适应鲁棒控制器设计

由前述分析可知，不管使用何种参数估计算法，只要使用非连续投影式参数自适应律来更新参数估计值，它始终保证在已知的界内，因而可以通过设计鲁棒控制器来同时抑制参数估计误差和不确定非线性的影响，从而获得一定的鲁棒瞬态性能和稳态跟踪精度。自适应鲁棒控制器与确定性鲁棒控制器在结构上是类似的，不同的是前者使用在线参数估计值，后者使用的是离线参数估计值，为了理论阐述的完整性，在此仍给出完整的控制器设计过程。

3.4.3.1 步骤 1

定义一个类似滑模面的变量为

$$e_2 = \dot{e}_1 + k_1 e_1 = x_2 - x_{2eq}, \qquad x_{2eq} \triangleq \dot{x}_{1d} - k_1 e_1 \tag{3.57}$$

式中，$e_1 = x_1 - x_{1d}$ 为轨迹跟踪误差；k_1 为正的反馈增益。由于 e_2 到 e_1 的传递函数 $G_{e_1e_2}(s) = 1/(s + k_1)$ 是稳定的，当 e_2 趋近于零时，e_1 必定也趋近于零。将式 (3.57) 对时间微分，并与系统 (3.2) 中的第二个方程结合，可得

$$M\dot{e}_2 = \bar{A}(x_3 - x_4) - \theta_1 x_2 - \theta_2 S_f(x_2) + \theta_3 + \tilde{f}_0 - M\dot{x}_{2eq} \tag{3.58}$$

定义一个半正定函数

$$V_2 = \frac{1}{2} w_2 M e_2^2 \tag{3.59}$$

式中，$w_2 > 0$ 是权重因子。微分 V_2 并将式 (3.58) 代入可以得到

$$\dot{V}_2 = w_2 e_2 \left[\bar{A} p_L - \theta_1 x_2 - \theta_2 S_f(x_2) + \theta_3 + \tilde{f}_0 - M\dot{x}_{2eq}\right] \tag{3.60}$$

将 $p_L = x_3 - x_4$ 作为第一层的虚拟控制输入，步骤 1 的任务是通过设计该虚拟控制输入保证 e_2 趋近于零，从而使轨迹跟踪误差 e_1 趋近于零。期望虚拟控制输入

p_{Ld} 的自适应鲁棒控制律为

$$\begin{aligned} p_{Ld} &= p_{Lda} + p_{Lds1} + p_{Lds2}, \\ p_{Lda} &= \frac{1}{\bar{A}}\left[\hat{\theta}_1 x_2 + \hat{\theta}_2 S_f(x_2) - \hat{\theta}_3 + M\dot{x}_{2eq}\right], \\ p_{Lds1} &= -\frac{1}{\bar{A}}k_2 e_2, k_2 > 0 \end{aligned} \tag{3.61}$$

式中，p_{Lda} 是模型补偿项；$\hat{\theta}_1$、$\hat{\theta}_2$ 和 $\hat{\theta}_3$ 是利用非连续投影式参数自适应律 (3.54) 获得的未知参数在线估计值；p_{Lds1} 是用来稳定名义系统的项，选择为 e_2 的简单比例反馈；p_{Lds2} 是用来抑制参数估计误差和不确定非线性影响的鲁棒反馈项，待定。令 $e_3 = p_L - p_{Ld}$ 表示实际和期望虚拟控制输入之间的误差，将式 (3.61) 代入式 (3.60)，可得

$$\begin{aligned} \dot{V}_2 &= w_2\bar{A}e_2e_3 - w_2k_2e_2^2 + w_2e_2\left[\bar{A}p_{Lds2} + \tilde{\theta}_1 x_2 + \tilde{\theta}_2 S_f(x_2) - \tilde{\theta}_3 + \tilde{f}_0\right] \\ &= w_2\bar{A}e_2e_3 + \dot{V}_2|_{p_{Ld}} \end{aligned} \tag{3.62}$$

式中，$\dot{V}_2|_{p_{Ld}}$ 代表 $\dot{V}_2$ 当 $p_L = p_{Ld}$，即 $e_3 = 0$ 时的情况。根据假设，系统中的参数不确定性和不确定非线性均是有界的，所以式 (3.62) 中方括号内后四项之和是有界的，例如，其上界可以是满足如下条件的光滑函数 $h_2(t)$：

$$h_2(t) \geqslant |\theta_{M1}||x_2| + |\theta_{M2}||S_f(x_2)| + |\theta_{M3}| + f_{\max} \tag{3.63}$$

其中，$\theta_{Mi} = \theta_{i\max} - \theta_{i\min}, i = 1,2,3$。根据滑模控制理论，鲁棒反馈项 p_{Lds2} 可以选择为

$$p_{Lds2} = -\frac{1}{\bar{A}}\frac{h_2^2(t)}{4\eta_2}e_2 \tag{3.64}$$

式中，$\eta_2 > 0$ 是边界层厚度。容易证明，该鲁棒反馈项满足下面两个条件：

$$\begin{cases} e_2[\bar{A}p_{Lds2} + \tilde{\theta}_1 x_2 + \tilde{\theta}_2 S_f(x_2) - \tilde{\theta}_3 + \tilde{f}_0] \leqslant \eta_2 \\ e_2\bar{A}p_{Lds2} \leqslant 0 \end{cases} \tag{3.65}$$

将式 (3.65) 的第一个条件代入式 (3.62)，可得

$$\dot{V}_2 \leqslant w_2\bar{A}e_2e_3 - w_2k_2e_2^2 + w_2\eta_2 \tag{3.66}$$

3.4.3.2 步骤 2

由式 (3.66) 可知，若 $e_3 = 0$，则 e_2 将会指数收敛于一个球域，且该球域可以通过增大 k_2/减小 η_2 来减小，即 e_2 和 e_1 是有界的。因此，步骤 2 的设计任务是使 e_3 趋近于零。

e_3 对时间的微分为

$$\dot{e}_3 = q_L - \left(\frac{\gamma A}{V_a}x_2x_3 + \frac{\gamma A}{V_b}x_2x_4\right) + \frac{\gamma-1}{S_pV_a}\dot{Q}_a - \frac{\gamma-1}{S_pV_b}\dot{Q}_b$$
$$+\theta_4 - \theta_5 + \tilde{d}_{a0} - \tilde{d}_{b0} - \dot{p}_{Ldc} - \dot{p}_{Ldu} \tag{3.67}$$

其中，$q_L = \frac{\gamma R}{S_pV_a}(\dot{m}_{\rm ain}T_{\rm s} - \dot{m}_{\rm aout}T_a) - \frac{\gamma R}{S_pV_b}(\dot{m}_{\rm bin}T_{\rm s} - \dot{m}_{\rm bout}T_b)$；$\dot{p}_{Ldc} = \frac{\partial p_{Ld}}{\partial x_1}x_2 + \frac{\partial p_{Ld}}{\partial x_2}\hat{\dot{x}}_2 + \frac{\partial p_{Ld}}{\partial \hat{\boldsymbol{\theta}}}\dot{\hat{\boldsymbol{\theta}}} + \frac{\partial p_{Ld}}{\partial t}$；$\hat{\dot{x}}_2 = \frac{1}{M}[\bar{A}(x_3 - x_4) - \hat{\theta}_1x_2 - \hat{\theta}_2S_f(x_2) + \hat{\theta}_3]$；$\dot{p}_{Ldu} = \frac{1}{M}\frac{\partial p_{Ld}}{\partial x_2}[\tilde{\theta}_1x_2 + \tilde{\theta}_2S_f(x_2) - \tilde{\theta}_3 + \tilde{f}_0]$。式中，$\dot{p}_{Ldc}$ 是 p_{Ld} 微分的可计算部分，将会被用于这一步控制器中模型补偿项的设计；$\hat{\dot{x}}_2$ 是 $\dot{x}_2$ 的估计值；$\dot{p}_{Ldu}$ 是 p_{Ld} 微分的不可计算部分，将会被鲁棒反馈项抑制。

定义一个半正定函数

$$V_3 = V_2 + \frac{1}{2}w_3e_3^2 \tag{3.68}$$

式中，$w_3 > 0$ 是权重因子。微分 V_3 并将式 (3.62) 和式 (3.67) 代入可以得到

$$\begin{aligned}\dot{V}_3 = \dot{V}_2|_{p_{Ld}} + w_3e_3\Bigg[&q_L + \frac{w_2}{w_3}\bar{A}e_2 - \left(\frac{\gamma A}{V_a}x_2x_3 + \frac{\gamma A}{V_b}x_2x_4\right)\\ &+\frac{\gamma-1}{S_pV_a}\dot{Q}_a - \frac{\gamma-1}{S_pV_b}\dot{Q}_b + \theta_4 - \theta_5 + \tilde{d}_{a0} - \tilde{d}_{b0} - \dot{p}_{Ldc} - \dot{p}_{Ldu}\Bigg]\end{aligned} \tag{3.69}$$

将 q_L 作为第二层的虚拟控制输入，为其设计自适应鲁棒控制律为

$$\begin{aligned}&q_{Ld} = q_{Lda} + q_{Lds1} + q_{Lds2},\\ &q_{Lda} = -\frac{w_2}{w_3}\bar{A}e_2 + \left(\frac{\gamma A}{V_a}x_2x_3 + \frac{\gamma A}{V_b}x_2x_4\right) - \frac{\gamma-1}{S_pV_a}\dot{Q}_a + \frac{\gamma-1}{S_pV_b}\dot{Q}_b - \hat{\theta}_4 + \hat{\theta}_5 + \dot{p}_{Ldc},\\ &q_{Lds1} = -k_3e_3, k_3 > 0\end{aligned} \tag{3.70}$$

式中，q_{Lda} 是模型补偿项；$\hat{\theta}_4$ 和 $\hat{\theta}_5$ 分别是参数 θ_4 和 θ_5 的在线估计值；q_{Lds1} 是用来稳定名义系统的项，选择为 e_3 的简单比例反馈；q_{Lds2} 是用来抑制参数估计误差和不确定非线性影响的鲁棒反馈项，待定。假设流量公式是精确的，将式 (3.70) 代入式 (3.69)，可得

$$\dot{V}_3 = \dot{V}_2|_{p_{Ld}} - w_3k_3e_3^2 + w_3e_3(q_{Lds2} - \tilde{\theta}_4 + \tilde{\theta}_5 + \tilde{d}_{a0} - \tilde{d}_{b0} - \dot{p}_{Ldu}) \tag{3.71}$$

其中含有不确定性的几项之和是有界的，其上界可以选择为满足如下条件的光滑

函数 $h_3(t)$：

$$h_3(t) \geqslant \left|\frac{1}{M}\frac{\partial p_{Ld}}{\partial x_2}\right| [|\theta_{M1}||x_2| + |\theta_{M2}||S_f(x_2)| + |\theta_{M3}| + f_{\max}] + |\theta_{M4}| + |\theta_{M5}| + d_{a\max} + d_{b\max} \tag{3.72}$$

其中，$\theta_{Mi} = \theta_{i\max} - \theta_{i\min}, i = 4, 5$。与鲁棒反馈项 p_{Lds2} 设计方法一致，q_{Lds2} 可以选择为

$$q_{Lds2} = -\frac{h_3^2(t)}{4\eta_3}e_3 \tag{3.73}$$

式中，$\eta_3 > 0$ 是边界层厚度。容易证明，该鲁棒反馈项满足下面两个条件：

$$\begin{cases} e_3(q_{Lds2} - \tilde{\theta}_4 + \tilde{\theta}_5 + \tilde{d}_{a0} - \tilde{d}_{b0} - \dot{p}_{Ldu}) \leqslant \eta_3 \\ e_3 q_{Lds2} \leqslant 0 \end{cases} \tag{3.74}$$

将式 (3.74) 的第一个条件代入式 (3.71)，可得

$$\dot{V}_3 \leqslant -w_2k_2e_2^2 - w_3k_3e_3^2 + w_2\eta_2 + w_3\eta_3 \leqslant -\lambda V_3 + \eta \tag{3.75}$$

式中，$\lambda = \min\{2k_2/M, 2k_3\}$；$\eta = w_2\eta_2 + w_3\eta_3$。式 (3.75) 的解为

$$V_3(t) \leqslant \exp(-\lambda t)V_3(0) + \frac{\eta}{\lambda}[1 - \exp(-\lambda t)] \tag{3.76}$$

由此可见，误差向量 $\boldsymbol{e} = [e_2, e_3]^{\mathrm{T}}$ 的上界为

$$\|\boldsymbol{e}(t)\|^2 \leqslant \exp(-\lambda t)\|\boldsymbol{e}(0)\| + \frac{2\eta}{\lambda}[1 - \exp(-\lambda t)] \tag{3.77}$$

因此，误差 e_2、e_3 以指数收敛于一个球域，且该球域大小可以通过 k_2、k_3、η_2、η_3 来调整，最终跟踪误差 e_1 是保证有界的。

3.4.3.3 步骤 3

在获得 q_{Ld} 后，期望的控制阀阀口开度 $A(u)$ 为

$$A(u) = \begin{cases} \dfrac{S_p q_{Ld}}{\gamma RT_{\mathrm{s}}K_q(p_{\mathrm{s}}, p_a, T_{\mathrm{s}})/V_a + \gamma RT_bK_q(p_b, p_0, T_b)/V_b} & q_{Ld} > 0 \\ \dfrac{S_p q_{Ld}}{-\gamma RT_aK_q(p_a, p_0, T_a)/V_a - \gamma RT_{\mathrm{s}}K_q(p_{\mathrm{s}}, p_b, T_{\mathrm{s}})/V_b} & q_{Ld} \leqslant 0 \end{cases} \tag{3.78}$$

式中，p_0 为大气压力。然后可根据阀口开度与控制电压的关系曲线（图 2.12）确定比例方向阀的控制电压 u。

3.4.4　期望运动轨迹初始化

由式 (3.76) 可知，如果使自适应鲁棒控制器设计中的李雅普洛夫函数的初始值为零，则可减小瞬态跟踪误差。因此，本书将理想轨迹 x_{1r} 通过一个三阶滤波器生成期望运动轨迹及其各阶微分量，即

$$x_{1d}^{(3)} + \beta_1 \ddot{x}_{1d} + \beta_2 \dot{x}_{1d} + \beta_3 x_{1d} = x_{1r} \tag{3.79}$$

式中，x_{1d}、$\dot{x}_{1d}$、$\ddot{x}_{1d}$ 和 $x_{1d}^{(3)}$ 为期望运动轨迹及其各阶微分量；β_1、β_2、β_3 为滤波器参数，初始条件为

$$\begin{cases} x_{1d}(0) = x_1(0) \\ \dot{x}_{1d}(0) = x_2(0) \\ \ddot{x}_{1d}(0) = \hat{\dot{x}}_2(0) = \dfrac{1}{M}\{\bar{A}[x_3(0) - x_4(0)] - \hat{\theta}_1 x_2(0) - \hat{\theta}_2 S_f[x_2(0)] + \hat{\theta}_3\} \end{cases} \tag{3.80}$$

3.5　试验研究

3.5.1　控制器参数和性能指标

在气动伺服位置控制试验装置某一轴上对本章中所设计的三个控制器的有效性进行验证，算法实现的采样周期为 1 ms。用到的主要模型参数为 $M = 1.88$ kg，$A=4.908\times10^{-4}$ m^2，$L=0.5$ m，$D=0.025$ m，$V_{0a}=2.5\times10^{-5}$ m^3，$V_{0b}=5\times10^{-5}$ m^3，$R=287$ N·m/(kg·K)，$\gamma=1.4$，$T_s=300$ K，$p_s=7\times10^5$ Pa，$p_0=1\times10^5$ Pa。模型中未知参数的名义值为 $\theta_1 = 100$ N · s/m，$\theta_2 = 80$ N，$\theta_3 = 0$ N，$\theta_4 = 0$ Pa/s, $\theta_5 = 0$ Pa/s。未知参数的界为 $\boldsymbol{\theta}_{\min} = [0,0,-100,-10,-10]^{\mathrm{T}}$，$\boldsymbol{\theta}_{\max} = [300,250,100,10,10]^{\mathrm{T}}$。

三个控制器的参数设置为

C1）鲁棒自适应控制器：反馈增益 $k_1 = 50$，$k_2 = 20$，$k_3 = 200$，自适应率矩阵为 $\boldsymbol{\Gamma} = \mathrm{diag}\{100,100,100,50,50\}$。

C2）确定性鲁棒控制器：未知参数向量的离线估计值为 $\hat{\boldsymbol{\theta}}_0 = [80,60,0,0,0]^{\mathrm{T}}$，经过多次尝试后，控制器增益选择为 $k_1 = 45$，$k_2 = 30$，$h_2(t) = 100$，$\eta_2 = 4$，$k_3 = 200$，$h_3(t) = 400$，$\eta_3 = 10$。

C3）自适应鲁棒控制器：控制器增益同 C1，权重因子 $w_2 = 1$、$w_3 = 0.1$，自适应率矩阵初值选为 $\boldsymbol{\Gamma}_1(0) = \mathrm{diag}\{100,100,100\}$，$\boldsymbol{\Gamma}_2(0) = 100$，$\boldsymbol{\Gamma}_3(0) = 100$，滤波器参数为 $\tau_f = 50$，$\omega_f = 100$，$\xi = 1$。其他参数估计算法中参数为 $\alpha_1 = \alpha_2 = \alpha_3 = 0.1$，$\nu_1 = \nu_2 = \nu_3 = 0.1$，$\rho_{M1} = 1000$，$\rho_{M2} = \rho_{M3} = 100$，$\dot{\boldsymbol{\theta}}_{M1} = [10,10,10]^{\mathrm{T}}$，$\dot{\boldsymbol{\theta}}_{M2} = \dot{\boldsymbol{\theta}}_{M3} = [10]^{\mathrm{T}}$。

使用以下性能指标来评价三个控制器的跟踪控制精度：

(1) $e_{1\mathrm{F}}=\max_{T_f-10\leqslant t\leqslant T_f}\{|e_1|\}$，后十秒钟跟踪误差的最大绝对值，用来衡量控制器的稳态跟踪精度，式中 T_f 表示整个试验时间。

(2) $\|e_1\|_{\mathrm{rms}}=\sqrt{\dfrac{1}{10}\displaystyle\int_{T_f-10}^{T_f}e_1^2\mathrm{d}t}$，后十秒钟跟踪误差的均方根值，用来衡量控制器的稳态性能。

(3) $\|u\|_{\mathrm{rms}}=\sqrt{\dfrac{1}{10}\displaystyle\int_{T_f-10}^{T_f}(u-4.8)^2\mathrm{d}t}$，后十秒钟控制电压的均方根值，用来衡量稳态时控制器的控制功率。

3.5.2 正弦轨迹跟踪

图 3.1 给出了系统跟踪幅值为 0.125 m、频率为 0.5 Hz 的正弦期望轨迹时，三个控制器的跟踪误差曲线，图 3.2 给出了正弦轨迹跟踪时 C1 ～ C3 的控制量，表 3.1 给出了试验结果的性能指标。从图和表可以看出，C1 和 C3 因为具有在线参数自适应调节能力（图 3.3 和图 3.4），稳态跟踪性能明显比 C2 好。C1 的参数自适应律和控制器的设计同时进行，以减小跟踪误差为唯一目的，受限于控制器的设计需要，只能采用梯度型参数估计算法。C1 参数估计算法的输入信号是跟

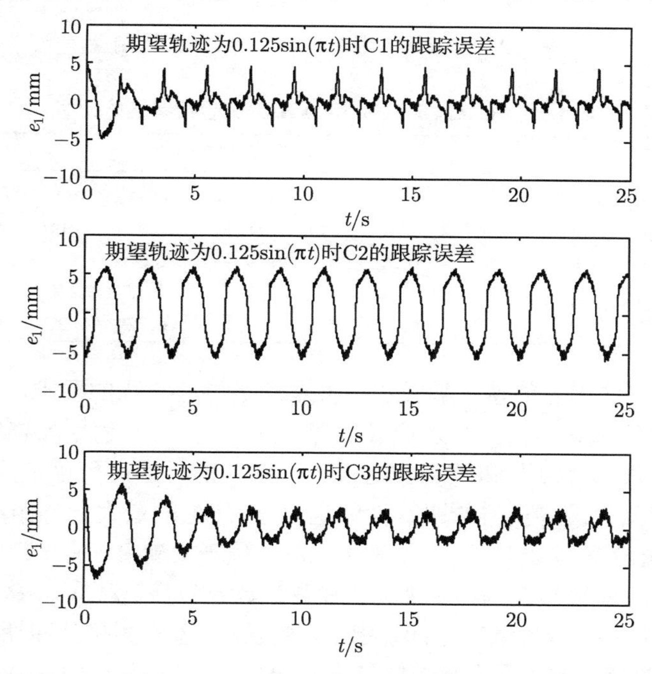

图 3.1 C1 ～ C3 的正弦轨迹跟踪误差

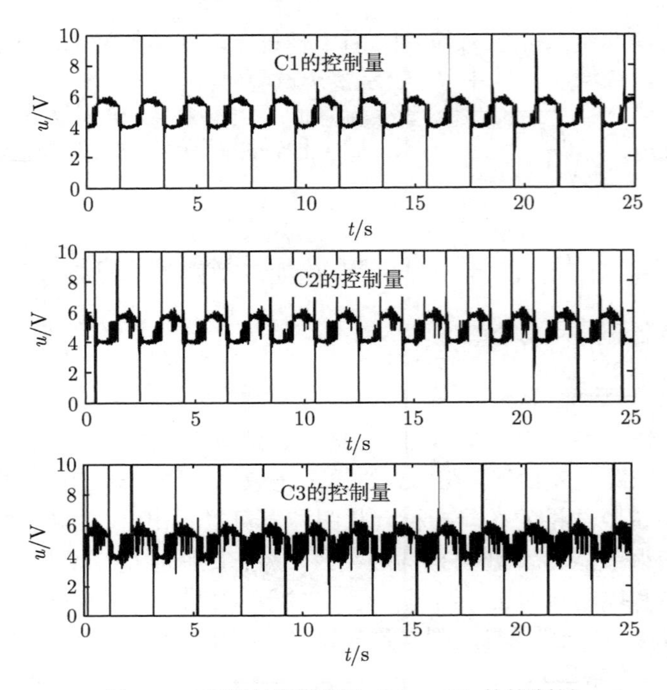

图 3.2　正弦轨迹跟踪时 C1 ～ C3 的控制量

表 3.1　RAC、DRC 和 ARC 试验结果性能指标

M/kg	轨迹/m	C1			C2			C3		
		e_{1F} /mm	$\Vert e_1\Vert_{rms}$ /mm	$\Vert u\Vert_{rms}$ /V	e_{1F} /mm	$\Vert e_1\Vert_{rms}$ /mm	$\Vert u\Vert_{rms}$ /V	e_{1F} /mm	$\Vert e_1\Vert_{rms}$ /mm	$\Vert u\Vert_{rms}$ /V
1.88	$0.125\sin(\pi t)$	4.6	1.5	0.9	6.1	4.3	0.94	2.9	1.4	0.96
6.20	$0.125\sin(\pi t)$	5.7	1.9	1.4	9.5	7.7	1.37	2.7	1.7	1.17
1.88	光滑方波	4.0	1.5	0.7	6.2	2.4	0.72	2.27	0.93	0.76

踪误差，实际工作中它的值一般较小，很难满足持续激励的要求，所以 C1 的参数估计不会收敛到真实值。与之形成鲜明对比的是，C3 使用非连续投影式参数自适应律，参数估计算法和控制器的设计是独立的，因而可以使用最小二乘法，参数估计更精确，最终获得的跟踪性能也更好。C3 的最大稳态跟踪误差 e_{1F} 为 2.9 mm，平均稳态跟踪误差 $\Vert e_1\Vert_{rms}$ 为 1.4 mm，优于文献中已有的研究成果。图 3.5 和图 3.6 是自适应鲁棒控制器（C3）在参数估计收敛后，对 0.25 Hz 和 0.5 Hz 正弦轨迹的跟踪响应，可见气缸运行平稳、无颤振，活塞实际位移和期望轨迹基本重合，系统跟踪性能优异。系统跟踪幅值为 0.125 m、频率为 0.5 Hz 的正弦期望轨迹时，三个控制器的控制输出如图 3.2 所示，它们消耗的控制功率差不多，但 C3 的控制输出具有较大的颤振，可认为是为获得高控制精度必须付出的代价，但是与文

献 [154] 等最新研究成果相比，控制量颤振已小很多。

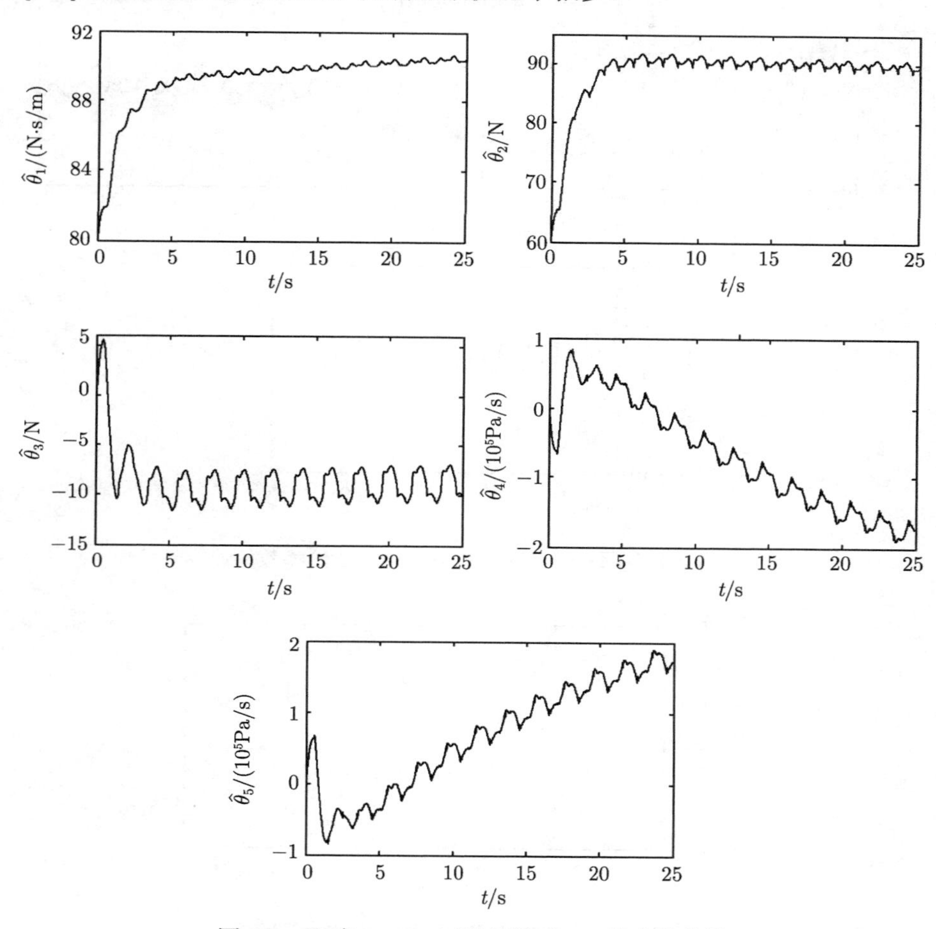

图 3.3 跟踪 0.5 Hz 正弦轨迹时 C1 的参数估计

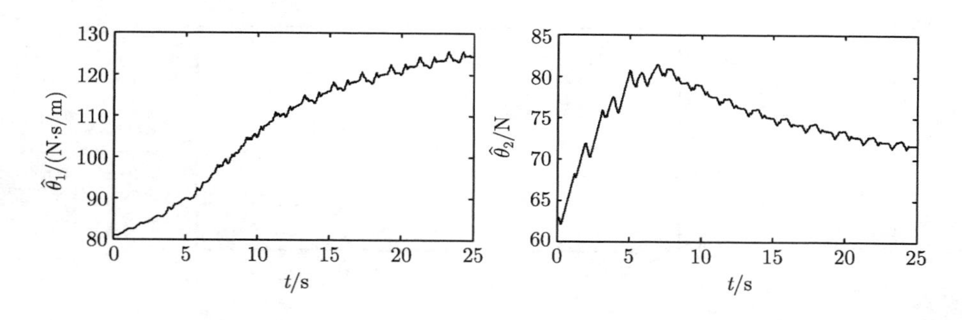

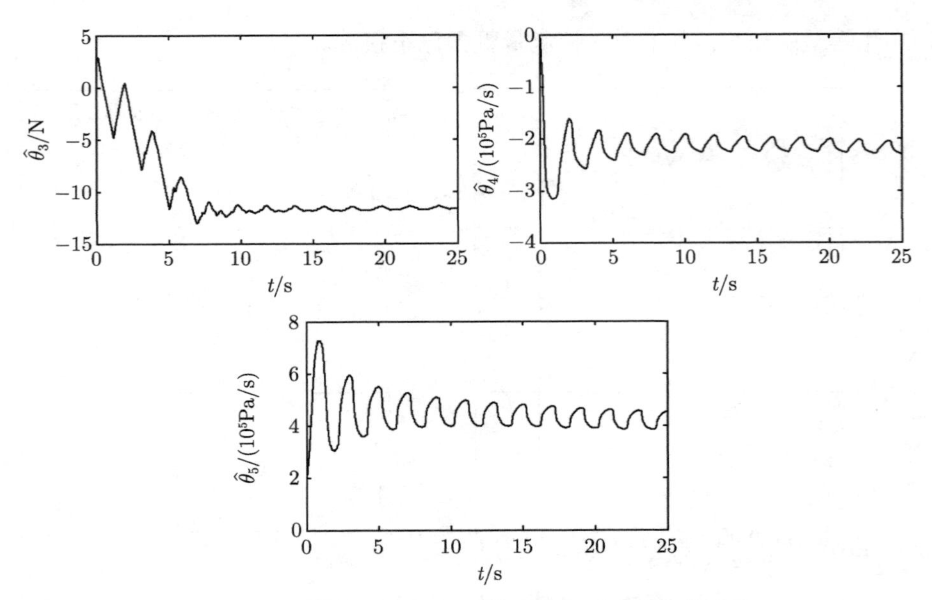

图 3.4 跟踪 0.5 Hz 正弦轨迹时 C3 的参数估计

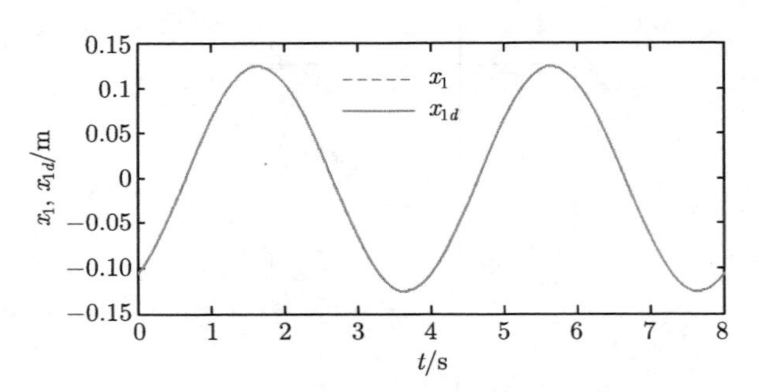

图 3.5 C3 对 0.25 Hz 正弦轨迹的跟踪响应

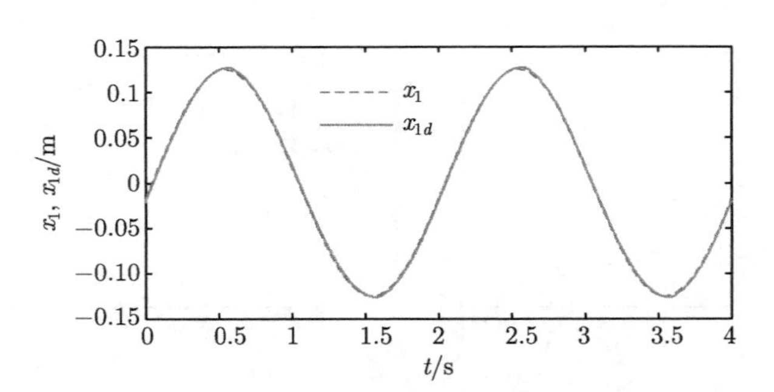

图 3.6 C3 对 0.5 Hz 正弦轨迹的跟踪响应

简化后的气动位置伺服系统模型阶数是四阶，但自适应鲁棒控制器只能保证活塞位移 x_1、速度 x_2 和两腔压差 p_L 有界，p_L 有界不代表 x_3 或 x_4 就一定有界，因而系统存在一阶内动态。从理论上严格证明气动位置伺服系统的内动态是稳定的比较困难，但试验表明这方面的顾虑是多余的，如图 3.7 所示，气缸两腔压力在整个工作过程中都是有界的，即系统的内动态是稳定的。

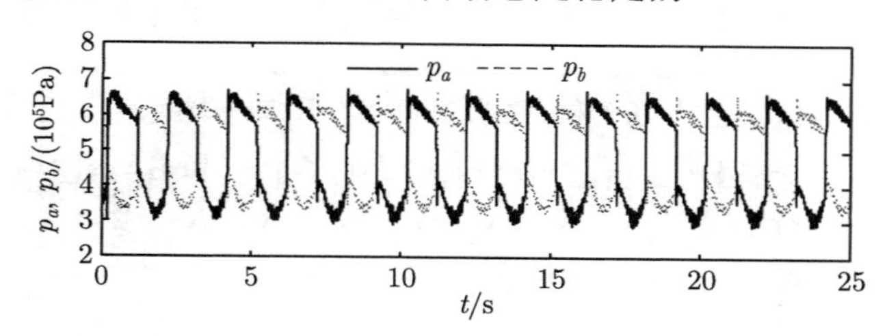

图 3.7 C3 跟踪正弦轨迹时气缸两腔压力

3.5.3 光滑阶跃轨迹跟踪

为进一步比较三个控制器，测试它们对光滑阶跃轨迹 (图 3.8) 的跟踪性能。该期望轨迹的最大速度 $\dot{x}_{1d\max} = 0.3$ m/s，最大加速度 $\ddot{x}_{1d\max} = 0.75\pi$ m/s^2。图 3.9 和表 3.1 给出的跟踪误差表明，C3 的性能比 C1 和 C2 好，其最大稳态跟踪误差

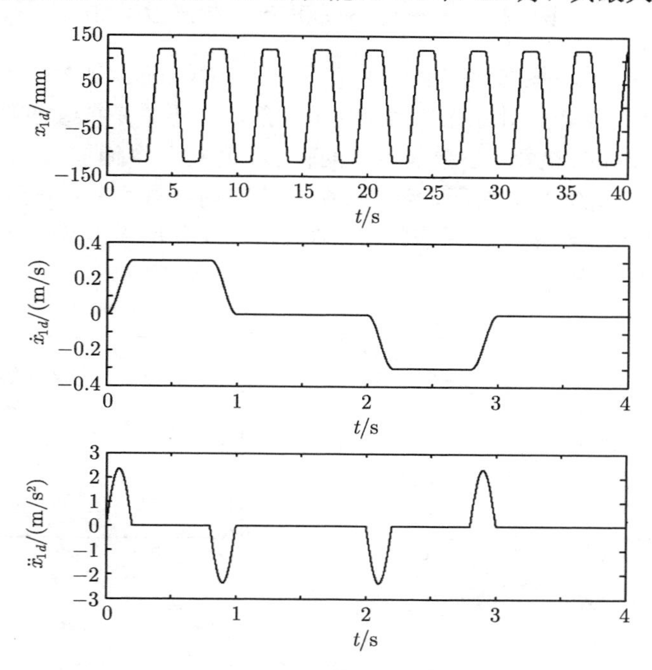

图 3.8 光滑阶跃轨迹

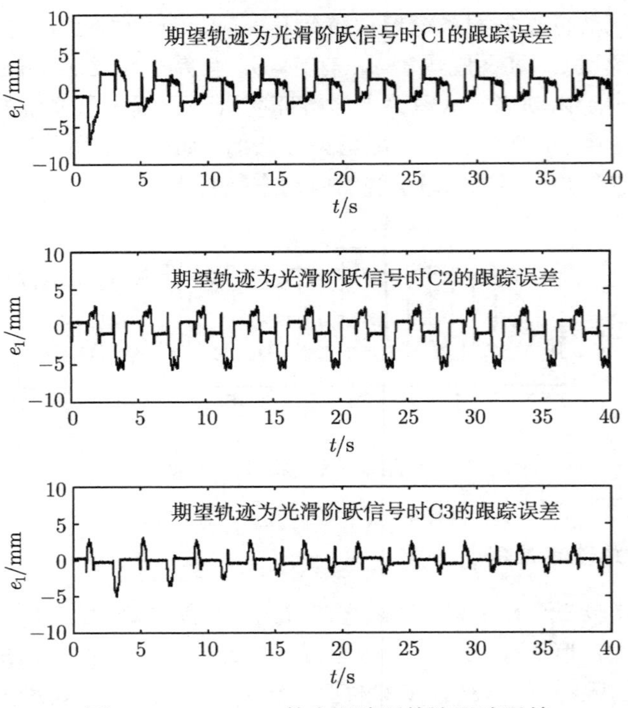

图 3.9　C1 ～ C3 的光滑阶跃轨迹跟踪误差

e_{1F} 为 2.27 mm，平均稳态跟踪误差 $\|e_1\|_{rms}$ 为 0.93 mm。图 3.10 和图 3.11 显示的是 C1 和 C3 的参数估计结果，因为光滑阶跃轨迹不总是持续激励的，在 $\dot{x}_{1d} < 0.01$ m/s 时停止参数更新，参数收敛时间较长。运行几个周期后，C3 对光滑阶跃轨迹的跟踪响应如图 3.12 所示，活塞实际位移和期望轨迹基本一致，定位误差小于 0.1 mm。图 3.13 给出了自适应鲁棒控制器（C3）作用下系统两腔的压力，再一次证明内动态是稳定的。

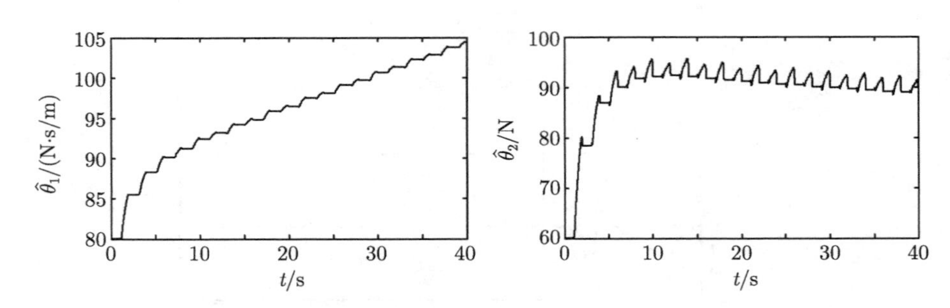

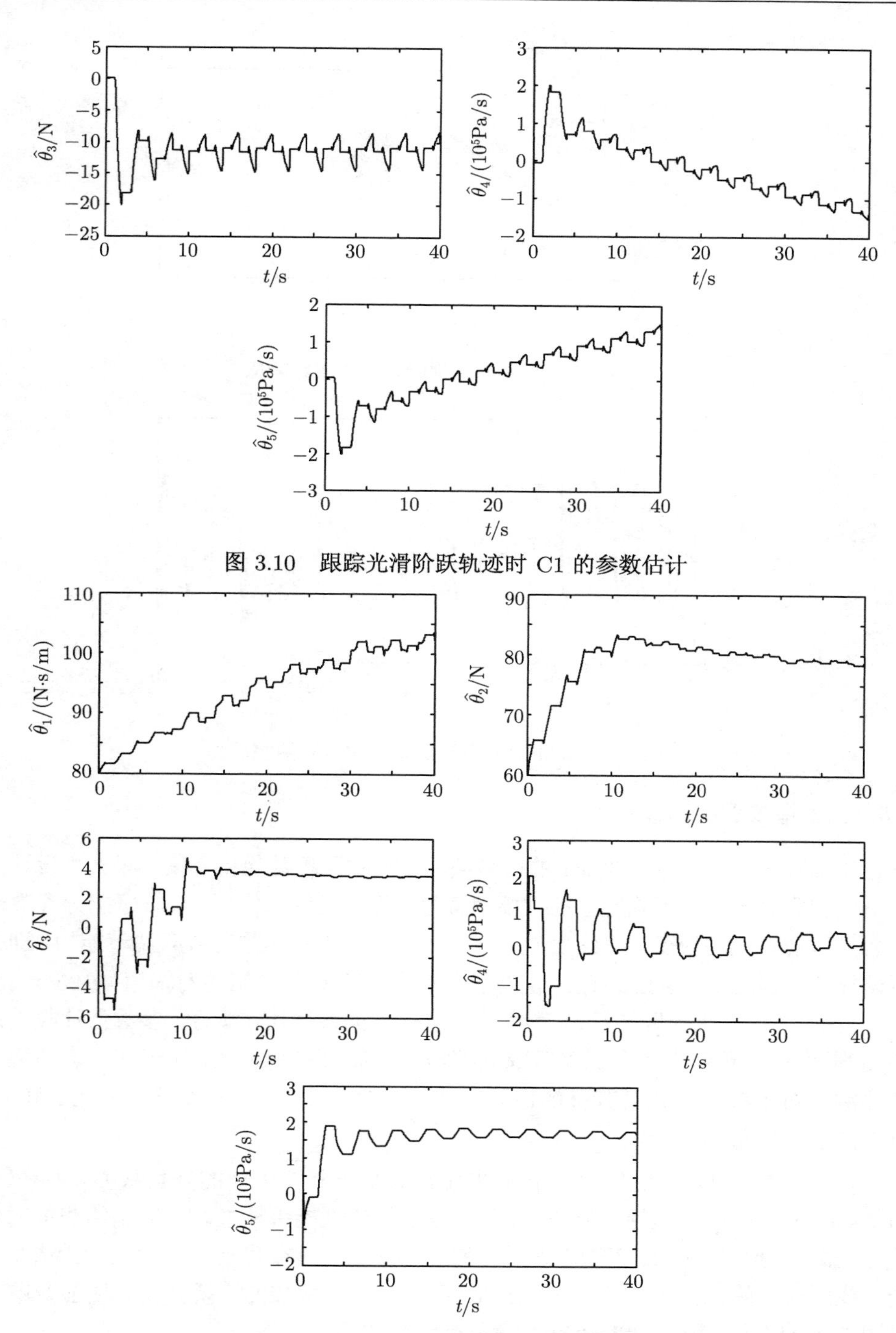

图 3.10　跟踪光滑阶跃轨迹时 C1 的参数估计

图 3.11　跟踪光滑阶跃轨迹时 C3 的参数估计

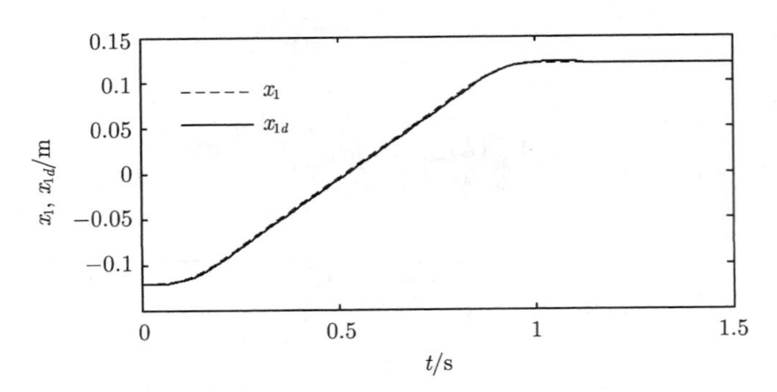

图 3.12　C3 对光滑阶跃轨迹的跟踪响应

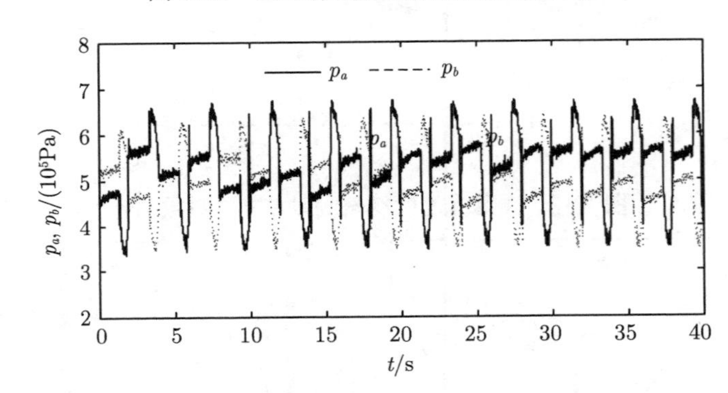

图 3.13　C3 跟踪光滑阶跃轨迹时气缸两腔压力

3.5.4　鲁棒性能测试

在气缸滑块上加载 4.32 kg 的有效载荷，控制器参数保持不变，测试所设计的三个控制器对于参数不确定性的性能鲁棒性。负载发生变化后，气缸摩擦力参数较之名义值会有大的改变。理论上，如果控制器具有在线参数自适应调节能力，即使不调整控制器增益，系统跟踪性能也不会恶化。图 3.14 给出的对幅值 0.125 m、频率 0.5 Hz 正弦轨迹的跟踪误差表明，C1 和 C3 的性能比 C2 好，参数估计收敛后 C3 的最大绝对跟踪误差和标准跟踪误差与无负载时差别不大，这证明了自适应鲁棒控制器对于参数变化具有强的性能鲁棒性。图 3.15 和图 3.16 给出了 C1 和 C3 对未知参数向量的估计。

在 t=9.7 s 时，利用负载缸给无杠气缸施加一个 100 N 的外负载力，并在 t=14.7 s 时移除该干扰，以此测试控制器对外干扰的性能鲁棒性。图 3.17 给出的对幅值 0.125 m、频率 0.5 Hz 正弦轨迹的跟踪误差表明，只在扰动信号加入和消失瞬间会产生瞬时尖峰，系统没有产生振荡或不稳定，可见所加的干扰并没有明显影响轨迹跟踪控制性能，所设计的控制器均具有较强的抗干扰能力。

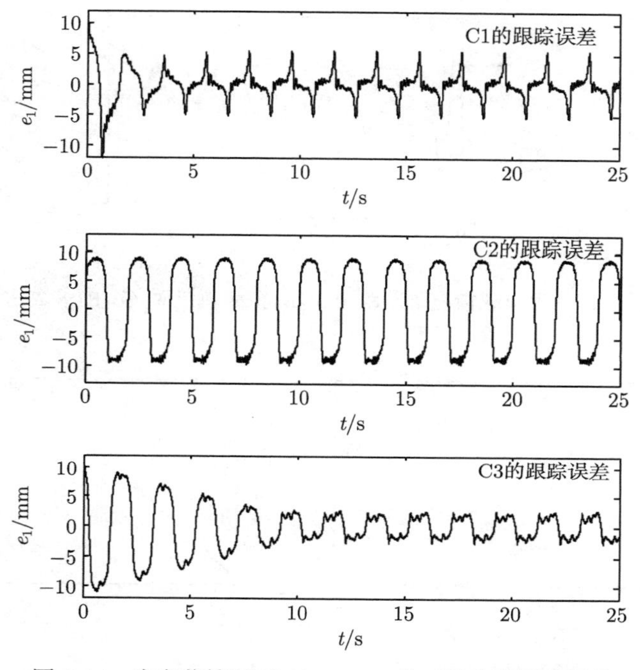

图 3.14 有负载情况下 C1 ~ C3 的正弦轨迹跟踪误差

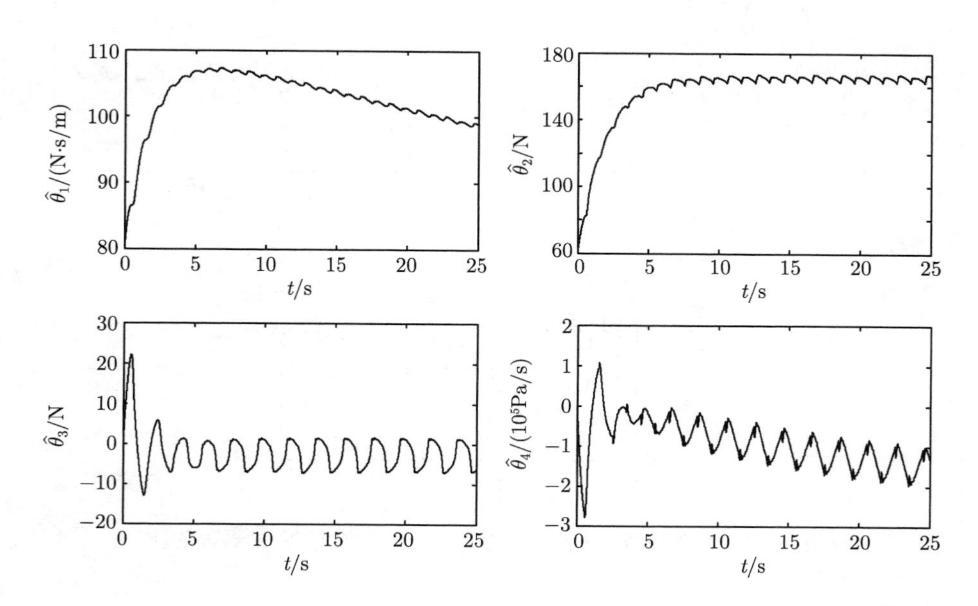

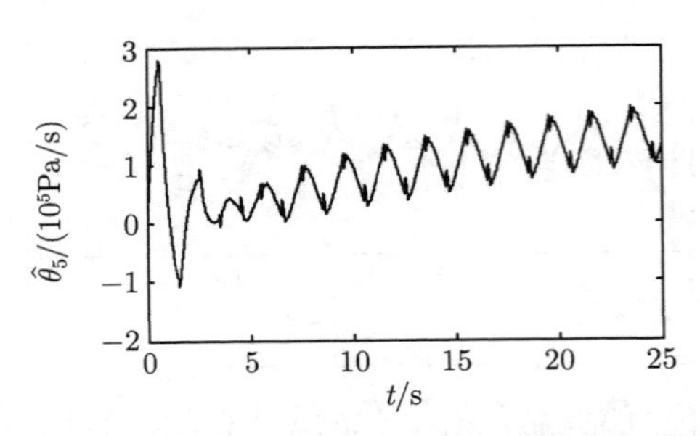

图 3.15　有负载情况下跟踪 0.5 Hz 正弦轨迹时 C1 的参数估计

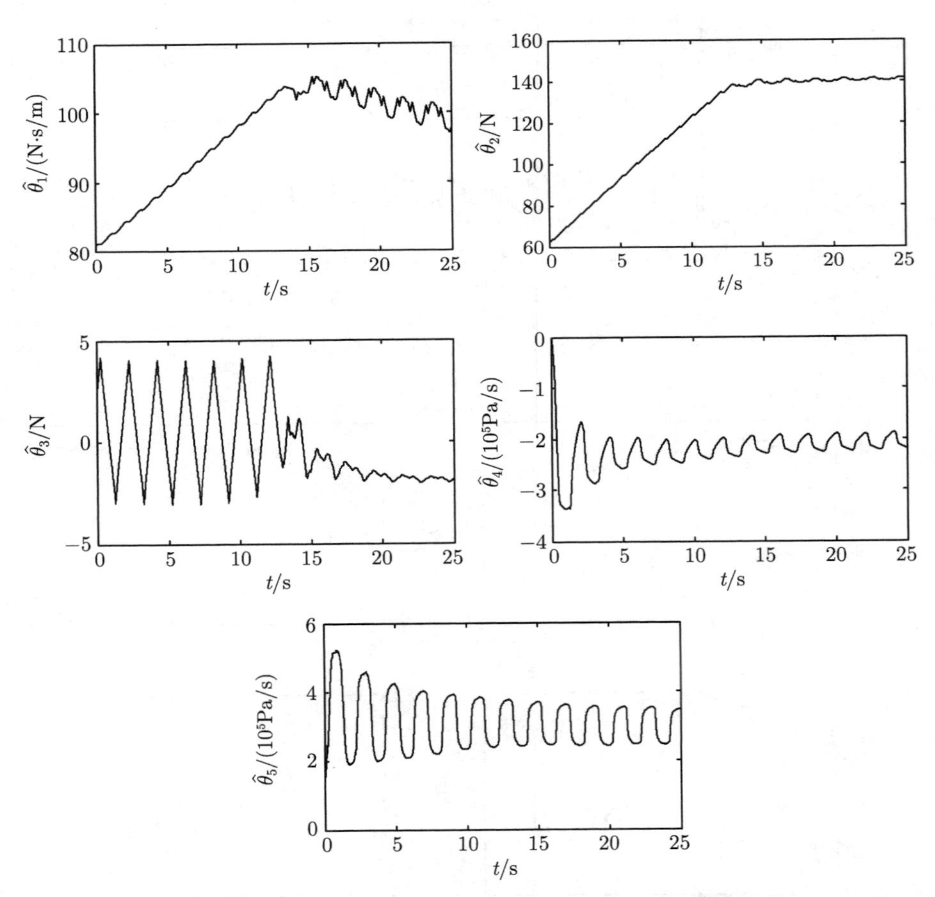

图 3.16　有负载情况下跟踪 0.5 Hz 正弦轨迹时 C3 的参数估计

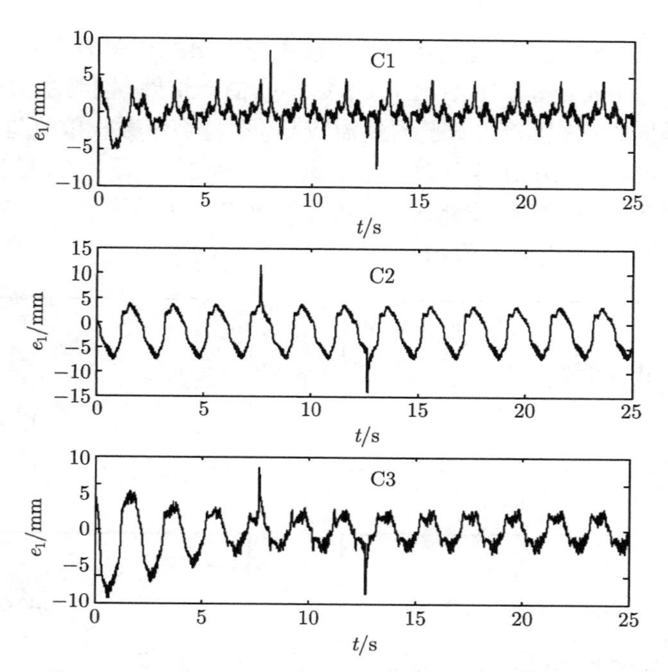

图 3.17 有干扰情况下 C1 ~ C3 的正弦轨迹跟踪误差

3.5.5 随机轨迹跟踪

图 3.18 是自适应鲁棒控制器（C3）在参数估计收敛后，对随机连续轨迹 $x_{1d} = 0.05\sin(1.25\pi t) + 0.05\sin(\pi t) + 0.05\sin(0.5\pi t)$ 的跟踪响应。气缸运行平稳、无颤

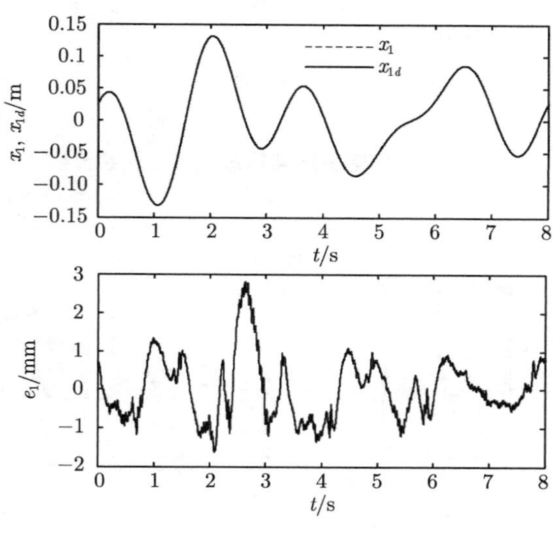

图 3.18 C3 对随机连续轨迹的跟踪响应

振，活塞实际位移和期望轨迹基本重合，最大稳态跟踪误差为 2.8 mm，平均稳态跟踪误差为 1.37 mm。图 3.19 给出了 C3 的参数估计结果，因为本次试验与上述其他试验是在不同时期完成的，试验时室温较高，摩擦力参数收敛值与图 3.4 有显著不同，再一次验证了采用在线参数自适应调节的重要性。图 3.20 给出了跟踪随机连续轨迹时气缸两腔压力的变化过程，可见系统内动态是稳定的。C3 跟踪随机连续轨迹时控制输出如图 3.21 所示。

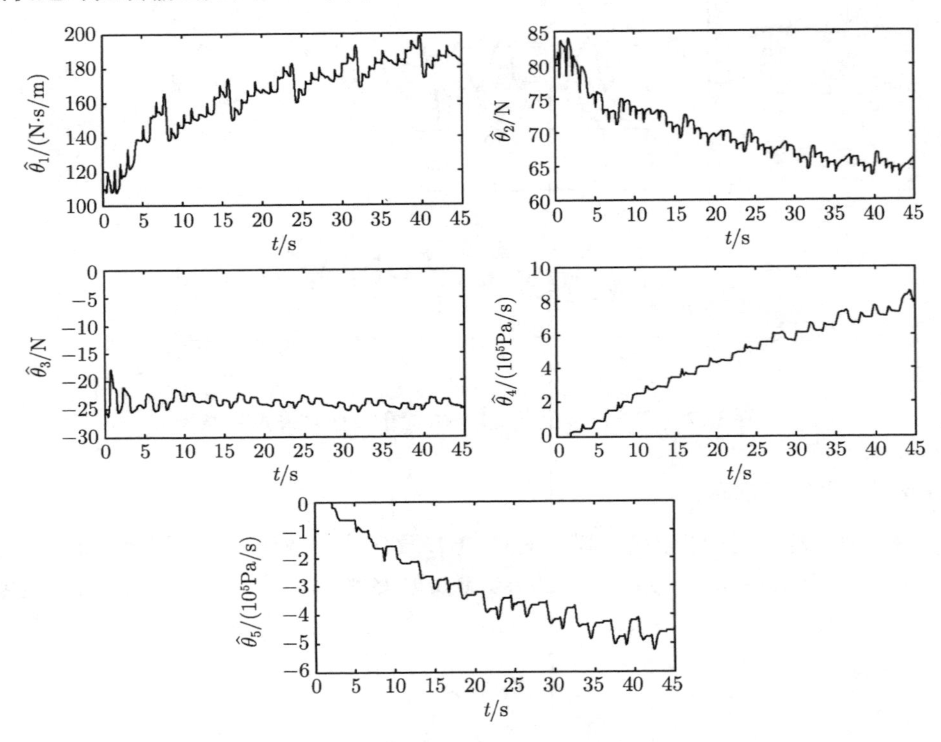

图 3.19　跟踪随机连续轨迹时 C3 的参数估计

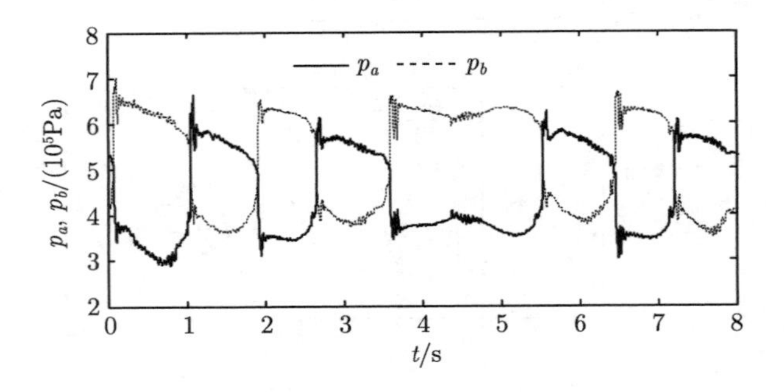

图 3.20　C3 跟踪随机连续轨迹时气缸两腔压力

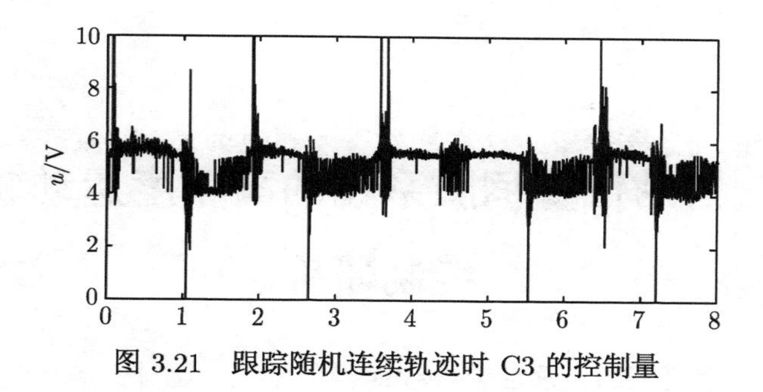

图 3.21 跟踪随机连续轨迹时 C3 的控制量

第 4 章　气动位置伺服系统的高精度运动轨迹跟踪控制研究

本章在上一章研究的自适应鲁棒控制器基础上，通过引入一个动态补偿型快速自适应项，设计了直接/间接集成自适应鲁棒控制器，提高了系统瞬态跟踪性能；针对比例方向控制阀存在显著的死区且不同阀的死区特性差异较大的情况，提出一种含死区补偿的直接/间接集成自适应鲁棒控制器，在线辨识阀的死区参数并通过构造死区逆对死区进行补偿，提高算法的可移植性；为进一步提高气缸低速运行时的轨迹跟踪控制精度，研究基于 LuGre 模型的气缸摩擦力补偿方法及如何将该补偿方法与直接/间接集成自适应鲁棒控制方法结合起来；最后，通过实验证明上述气动位置伺服系统的高精度运动轨迹跟踪控制策略的有效性。

4.1　进一步提高控制精度需解决的问题

在第 3 章，所设计的自适应鲁棒控制器在气动位置伺服系统存在参数不确定性和不确定非线性的情况下，能保证一定的鲁棒瞬态性能和稳态跟踪控制精度，但是，参数收敛前的跟踪精度有待进一步提高。Yao[187] 通过引入一个动态补偿型快速自适应项对自适应鲁棒控制器进行修正，进而提出直接/间接集成自适应鲁棒控制策略，弥补了前述不足，提高了参数收敛过程中的跟踪控制精度，Zhu 等 [188]、Hu 等 [189]、Mohanty 和 Yao[190] 等将该控制算法成功应用于气动肌肉并联关节、直线电机和电液伺服系统，证明了它的有效性。本章将设计气动位置伺服系统的直接/间接集成自适应鲁棒控制器，提高瞬态跟踪性能。

比例方向控制阀存在显著的死区，前述研究中通过对实验数据进行拟合获得气体通过阀口的流动方程，没有考虑到由于制造和装配误差，同一型号、不同批次的控制阀之间也会有显著差异，尤其是死区特性，造成控制算法的可移植性差。死区是广泛存在于系统中的一种不光滑非线性环节，如何在死区参数未知、死区输出无法直接测量的情况下对死区进行补偿是高精度伺服控制中必然要面对的难题，相关的研究成果很多。文献中的死区补偿方法主要有两大类，一类是在线估计死区各参数，然后通过构建死区逆来消除死区的影响 [190–192]，另一类是将死区建模为一个死区输入线性函数和一个有界干扰项之和，然后用鲁棒自适应控制策略来抑制死区的不利影响，无需构造死区逆 [193–195]。本章将设计一种含死区补偿的直接/间接集成自适应鲁棒控制器，在线辨识阀的死区参数并通过构造死区逆对死区进行补偿，提高算法的可移植性。

第 2 章的研究表明，用 LuGre 动态摩擦模型能更好地描述气缸低速时的摩擦特性，因此，为了进一步提高气缸低速运行时的轨迹跟踪控制精度，有必要研究基于 LuGre 模型的气缸摩擦力补偿。LuGre 模型因为能描述实验中观测到的大部分摩擦现象且比较简单，在电液伺服 [196,197]、气动伺服 [153,172]、伺服电机 [198–200] 和直线电机控制 [201,202] 等场合中得到了大量应用。Vedagarbha 等 [198] 利用状态观测器来估计内状态变量和摩擦力大小，然后通过在所设计的自适应控制器中加入摩擦力补偿实现了二阶机械系统的位置跟踪控制；Tan 等 [199] 在研究交流伺服电机的自适应反步控制时，提出了一种基于 LuGre 模型的摩擦力补偿方法并设计了双状态观测器来估计摩擦内状态变量大小；Freidovich 等 [200] 研究了直流伺服电机控制中的基于 LuGre 模型的摩擦力补偿问题，通过理论分析指出摩擦内状态观测器不能采用欧拉积分更新观测值，而且在两摩擦表面的相对速度大于某一值时，必须让内状态变量大小等于某一稳态值，否则系统会不稳定；Xu 和 Yao[201] 在研究直线电机的高精度运动控制时，提出了一种含基于 LuGre 模型摩擦力补偿的自适应鲁棒控制策略，可在线辨识 LuGre 模型参数；Lu 等 [202] 做了进一步深入研究，针对 LuGre 模型在数字实现或两摩擦表面的相对速度大于某一临界值时容易导致系统不稳定的问题，提出了一种修正方案；Wang 和 Wang[197] 采用新型进化算法对液压马达 LuGre 摩擦模型中的参数进行了离线辨识，然后设计了含动态摩擦力补偿的自适应控制器，实现了对液压马达的精确控制。本章将直接/间接集成自适应鲁棒控制方法与 Lu 等的基于 LuGre 模型的摩擦力补偿方法结合起来，在线辨识气缸 LuGre 摩擦力模型参数和系统模型中其他一些未知参数，利用修正后的双观测器观测摩擦内状态变量并估计气缸摩擦力大小，通过非线性鲁棒控制抑制参数估计误差、不确定非线性和干扰的影响，保证气缸低速运行时能获得更高的轨迹跟踪控制精度。

4.2 直接/间接集成自适应鲁棒控制

直接/间接集成自适应鲁棒控制的在线参数估计部分与自适应鲁棒控制相同，不同的是在非线性鲁棒控制器设计中引入一个动态补偿型快速自适应项，用来减小参数收敛过程中的跟踪误差，即提高瞬态跟踪性能。本节仍基于模型 (3.2) 设计气动位置伺服系统的直接/间接集成自适应鲁棒控制器，为节省篇幅，只给出非线性鲁棒控制器部分的设计过程。

4.2.1　直接/间接集成自适应鲁棒控制器设计

4.2.1.1　步骤 1

定义一个类似滑模面的变量为

$$e_2 = \dot{e}_1 + k_1 e_1 = x_2 - x_{2eq}, \qquad x_{2eq} \triangleq \dot{x}_{1d} - k_1 e_1 \tag{4.1}$$

式中，$e_1 = x_1 - x_{1d}$ 为轨迹跟踪误差；k_1 为正的反馈增益。由于 e_2 到 e_1 的传递函数 $G_{e_1e_2}(s) = 1/(s+k_1)$ 是稳定的，当 e_2 趋近于零时，e_1 必定也趋近于零。将式 (4.1) 对时间微分，并与系统 (3.2) 中的第二个方程结合，可得

$$M\dot{e}_2 = \bar{A}(x_3 - x_4) - \theta_1 x_2 - \theta_2 S_f(x_2) + \theta_3 + \tilde{f}_0 - M\dot{x}_{2eq} \tag{4.2}$$

定义一个半正定函数

$$V_2 = \frac{1}{2} w_2 M e_2^2 \tag{4.3}$$

式中，$w_2 > 0$ 是权重因子。微分 V_2 并将式 (4.2) 代入可以得到

$$\dot{V}_2 = w_2 e_2 \left[\bar{A} p_L - \theta_1 x_2 - \theta_2 S_f(x_2) + \theta_3 + \tilde{f}_0 - M\dot{x}_{2eq}\right] \tag{4.4}$$

将 $p_L = x_3 - x_4$ 作为第一层的虚拟控制输入，步骤 1 的任务是通过设计该虚拟控制输入保证 e_2 趋近于零，从而使轨迹跟踪误差 e_1 趋近于零。期望虚拟控制输入 p_{Ld} 的直接/间接集成自适应鲁棒控制律为

$$\begin{aligned} p_{Ld} &= p_{Lda1} + p_{Lda2} + p_{Lds1} + p_{Lds2}, \\ p_{Lda1} &= \frac{1}{\bar{A}}\left[\hat{\theta}_1 x_2 + \hat{\theta}_2 S_f(x_2) - \hat{\theta}_3 + M\dot{x}_{2eq}\right], \\ p_{Lds1} &= -\frac{1}{\bar{A}} k_2 e_2, k_2 > 0 \end{aligned} \tag{4.5}$$

式中，p_{Lda1} 是模型补偿项；$\hat{\theta}_1$、$\hat{\theta}_2$ 和 $\hat{\theta}_3$ 是利用非连续投影式参数自适应律 (3.54) 获得的未知参数在线估计值；p_{Lds1} 是用来稳定名义系统的项，选择为 e_2 的简单比例反馈；p_{Lda2} 是待定的快速动态补偿项；p_{Lds2} 是用来抑制参数估计误差和不确定非线性影响的鲁棒反馈项，待定。令 $e_3 = p_L - p_{Ld}$ 表示实际和期望虚拟控制输入之间的误差，将式 (4.5) 代入式 (4.4)，可得

$$\dot{V}_2 = w_2 \bar{A} e_2 e_3 - w_2 k_2 e_2^2 + w_2 e_2 \left[\bar{A} p_{Lda2} + \bar{A} p_{Lds2} + \tilde{\theta}_1 x_2 + \tilde{\theta}_2 S_f(x_2) - \tilde{\theta}_3 + \tilde{f}_0\right] \tag{4.6}$$

式 (4.6) 方括号中后四项之和集中了参数估计误差带来的模型不确定性及不确定非线性，可被分解为低频分量 d_{c1} 和高频分量 $\Delta_1(t)$，即

$$d_{c1} + \Delta_1(t) = \tilde{\theta}_1 x_2 + \tilde{\theta}_2 S_f(x_2) - \tilde{\theta}_3 + \tilde{f}_0 \tag{4.7}$$

低频分量 d_{c1} 可利用快速动态补偿项 p_{Lda2} 进行补偿，即 p_{Lda2} 选择为

$$p_{Lda2} = -\frac{1}{\bar{A}}\hat{d}_{c1} \tag{4.8}$$

式中，$\hat{d}_{c1}$ 是 d_{c1} 的估计值，它的自适应律为

$$\dot{\hat{d}}_{c1} = \mathrm{Proj}_{\hat{d}_{c1}}(\gamma_{c1}e_2) = \begin{cases} 0 & \text{当}|\hat{d}_{c1}(t)| = d_{c1M}\ \text{且}\hat{d}_{c1}(t)e_2 > 0 \\ \gamma_{c1}e_2 & \text{其他} \end{cases} \tag{4.9}$$

其中，$|\hat{d}_{c1}(0)| \leqslant d_{c1M}$。式中，$\gamma_{c1} > 0$ 是自适应率；$d_{c1M} > 0$ 是预先设定的边界。该自适应律保证了 $|\hat{d}_{c1}(t)| \leqslant d_{c1M}, \forall t$。将式 (4.7) 和式 (4.8) 代入式 (4.6) 可得

$$\dot{V}_2 = w_2\bar{A}e_2e_3 - w_2k_2e_2^2 + w_2e_2\left[\bar{A}p_{Lds2} + \Delta_1(t) - \tilde{d}_{c1}\right] = w_2\bar{A}e_2e_3 + \dot{V}_2|_{p_{Ld}} \tag{4.10}$$

式中，$\dot{V}_2|_{p_{Ld}}$ 代表 $\dot{V}_2$ 当 $p_L = p_{Ld}$，即 $e_3 = 0$ 时的情况。

与自适应鲁棒控制器设计类似，鲁棒反馈项 p_{Lds2} 需要满足下面两个条件：

$$\begin{cases} e_2[\bar{A}p_{Lds2} + \Delta_1(t) - \tilde{d}_{c1}] \leqslant \eta_2 \\ e_2\bar{A}p_{Lds2} \leqslant 0 \end{cases} \tag{4.11}$$

式中，$\eta_2 > 0$ 可以是任意小的正数。同样的，满足上述条件的鲁棒反馈项 p_{Lds2} 可以选择为

$$p_{Lds2} = -\frac{1}{\bar{A}}\frac{h_2^2(t)}{4\eta_2}e_2 \tag{4.12}$$

其中，$h_2(t)$ 是满足如下条件的光滑函数：

$$h_2(t) \geqslant d_{c1M} + |\theta_{M1}||x_2| + |\theta_{M2}||S_f(x_2)| + |\theta_{M3}| + f_{\max} \tag{4.13}$$

其中，$\theta_{Mi} = \theta_{i\max} - \theta_{i\min}, i = 1, 2, 3$。

将式 (4.11) 的第一个条件代入式 (4.10)，可得

$$\dot{V}_2 \leqslant w_2\bar{A}e_2e_3 - w_2k_2e_2^2 + w_2\eta_2 \tag{4.14}$$

4.2.1.2 步骤 2

由式 (4.14) 可知，若 $e_3 = 0$，则 e_2 将会指数收敛于一个球域，且该球域可以通过增大 k_2/减小 η_2 来减小，即 e_2 和 e_1 是有界的。因此，步骤 2 的设计任务是使 e_3 趋近于零。

e_3 对时间的微分为

$$\dot{e}_3 = q_L - \left(\frac{\gamma A}{V_a}x_2x_3 + \frac{\gamma A}{V_b}x_2x_4\right) + \frac{\gamma - 1}{S_pV_a}\dot{Q}_a - \frac{\gamma - 1}{S_pV_b}\dot{Q}_b + \theta_4 - \theta_5 + \tilde{d}_{a0} - \tilde{d}_{b0} - \dot{p}_{Ldc} - \dot{p}_{Ldu} \tag{4.15}$$

其中，$q_L = \dfrac{\gamma R}{S_p V_a}(\dot{m}_{\text{ain}} T_{\text{s}} - \dot{m}_{\text{aout}} T_a) - \dfrac{\gamma R}{S_p V_b}(\dot{m}_{\text{bin}} T_{\text{s}} - \dot{m}_{\text{bout}} T_b)$；$\dot{p}_{Ldc} = \dfrac{\partial p_{Ld}}{\partial x_1} x_2 + \dfrac{\partial p_{Ld}}{\partial x_2}\hat{\dot{x}}_2 + \dfrac{\partial p_{Ld}}{\partial \hat{\boldsymbol{\theta}}}\dot{\hat{\boldsymbol{\theta}}} + \dfrac{\partial p_{Ld}}{\partial \hat{d}_{c1}}\dot{\hat{d}}_{c1} + \dfrac{\partial p_{Ld}}{\partial t}$；$\hat{\dot{x}}_2 = \dfrac{1}{M}[\bar{A}(x_3 - x_4) - \hat{\theta}_1 x_2 - \hat{\theta}_2 S_f(x_2) + \hat{\theta}_3]$；$\dot{p}_{Ldu} = \dfrac{1}{M}\dfrac{\partial p_{Ld}}{\partial x_2}[\tilde{\theta}_1 x_2 + \tilde{\theta}_2 S_f(x_2) - \tilde{\theta}_3 + \tilde{f}_0]$。式中，$\dot{p}_{Ldc}$ 是 p_{Ld} 微分的可计算部分，将会被用于这一步控制器中模型补偿项的设计；$\hat{\dot{x}}_2$ 是 $\dot{x}_2$ 的估计值；$\dot{p}_{Ldu}$ 是 p_{Ld} 微分的不可计算部分，将会被鲁棒反馈项抑制。

定义一个半正定函数

$$V_3 = V_2 + \frac{1}{2}w_3 e_3^2 \tag{4.16}$$

式中，$w_3 > 0$ 是权重因子。微分 V_3 并将式 (4.10) 和式 (4.15) 代入可以得到

$$\begin{aligned}\dot{V}_3 = &\dot{V}_2|_{p_{Ld}} + w_3 e_3 \left[q_L + \frac{w_2}{w_3}\bar{A}e_2 - \left(\frac{\gamma A}{V_a}x_2 x_3 + \frac{\gamma A}{V_b}x_2 x_4\right)\right.\\ &\left. + \frac{\gamma - 1}{S_p V_a}\dot{Q}_a - \frac{\gamma - 1}{S_p V_b}\dot{Q}_b + \theta_4 - \theta_5 + \tilde{d}_{a0} - \tilde{d}_{b0} - \dot{p}_{Ldc} - \dot{p}_{Ldu}\right]\end{aligned} \tag{4.17}$$

将 q_L 作为第二层的虚拟控制输入，为其设计直接/间接集成自适应鲁棒控制律为

$$\begin{aligned}&q_{Ld} = q_{Lda1} + q_{Lda2} + q_{Lds1} + q_{Lds2},\\ &q_{Lda1} = -\frac{w_2}{w_3}\bar{A}e_2 + \left(\frac{\gamma A}{V_a}x_2 x_3 + \frac{\gamma A}{V_b}x_2 x_4\right) - \frac{\gamma - 1}{S_p V_a}\dot{Q}_a + \frac{\gamma - 1}{S_p V_b}\dot{Q}_b - \hat{\theta}_4 + \hat{\theta}_5 + \dot{p}_{Ldc},\\ &q_{Lds1} = -k_3 e_3, k_3 > 0\end{aligned} \tag{4.18}$$

式中，q_{Lda1} 是模型补偿项；$\hat{\theta}_4$ 和 $\hat{\theta}_5$ 分别是参数 θ_4 和 θ_5 的在线估计值；q_{Lds1} 是用来稳定名义系统的项，选择为 e_3 的简单比例反馈；q_{Lda2} 是待定的快速动态补偿项；q_{Lds2} 是用来抑制参数估计误差和不确定非线性影响的鲁棒反馈项，待定。假设流量公式是精确的，将式 (4.18) 代入式 (4.17)，可得

$$\dot{V}_3 = \dot{V}_2|_{p_{Ld}} - w_3 k_3 e_3^2 + w_3 e_3(q_{Lda2} + q_{Lds2} - \tilde{\theta}_4 + \tilde{\theta}_5 + \tilde{d}_{a0} - \tilde{d}_{b0} - \dot{p}_{Ldu}) \tag{4.19}$$

与式 (4.7) 类似，定义一个常量 d_{c2} 和一个时变函数 $\Delta_2(t)$，满足

$$d_{c2} + \Delta_2(t) = -\tilde{\theta}_4 + \tilde{\theta}_5 + \tilde{d}_{a0} - \tilde{d}_{b0} - \dot{p}_{Ldu} \tag{4.20}$$

类似的，低频分量 d_{c2} 可利用快速动态补偿项 q_{Lda2} 进行补偿，即 q_{Lda2} 选择为

$$q_{Lda2} = -\hat{d}_{c2} \tag{4.21}$$

式中，$\hat{d}_{c2}$ 是对 d_{c2} 的估计，它的自适应律为

$$\dot{\hat{d}}_{c2} = \text{Proj}_{\hat{d}_{c2}}(\gamma_{c2}e_3) = \begin{cases} 0 & \text{当}|\hat{d}_{c2}(t)| = d_{c2M} \text{ 且}\hat{d}_{c2}(t)e_3 > 0 \\ \gamma_{c2}e_3 & \text{其他} \end{cases} \tag{4.22}$$

其中，$|\hat{d}_{c2}(0)| \leqslant d_{c2M}$。式中，$\gamma_{c2} > 0$ 是自适应率；$d_{c2M} > 0$ 是预先设定的边界。该自适应律保证了 $|\hat{d}_{c2}(t)| \leqslant d_{c2M}, \forall t$。将式 (4.20) 和式 (4.21) 代入式 (4.19) 可得

$$\dot{V}_3 = \dot{V}_2|_{p_{Ld}} - w_3k_3e_3^2 + w_3e_3[q_{Lds2} + \Delta_2(t) - \tilde{d}_{c2}] \tag{4.23}$$

类似的，鲁棒反馈项 q_{Lds2} 需要满足下面两个条件：

$$\begin{cases} e_3[q_{Lds2} + \Delta_2(t) - \tilde{d}_{c2}] \leqslant \eta_3 \\ e_3q_{Lds2} \leqslant 0 \end{cases} \tag{4.24}$$

式中，$\eta_3 > 0$ 可以是任意小的正数。满足上述条件的鲁棒反馈项 q_{Lds2} 可以选择为

$$q_{Lds2} = -\frac{h_3^2(t)}{4\eta_3}e_3 \tag{4.25}$$

其中，$h_3(t)$ 是满足如下条件的光滑函数：

$$\begin{aligned} h_3(t) \geqslant & \left|\frac{1}{M}\frac{\partial p_{Ld}}{\partial x_2}\right| [|\theta_{M1}||x_2| + |\theta_{M2}||S_f(x_2)| \\ & + |\theta_{M3}| + f_{\max}] + |\theta_{M4}| + |\theta_{M5}| + d_{a\max} + d_{b\max} \end{aligned} \tag{4.26}$$

其中，$\theta_{Mi} = \theta_{i\max} - \theta_{i\min}, i = 4, 5$。

将式 (4.24) 的第一个条件代入式 (4.23)，可得

$$\dot{V}_3 \leqslant -w_2k_2e_2^2 - w_3k_3e_3^2 + w_2\eta_2 + w_3\eta_3 \leqslant -\lambda V_3 + \eta \tag{4.27}$$

式中，$\lambda = \min\{2k_2/M, 2k_3\}$；$\eta = w_2\eta_2 + w_3\eta_3$。式 (4.27) 的解为

$$V_3(t) \leqslant \exp(-\lambda t)V_3(0) + \frac{\eta}{\lambda}[1 - \exp(-\lambda t)] \tag{4.28}$$

由此可见，误差向量 $\boldsymbol{e} = [e_2, e_3]^{\text{T}}$ 的上界为

$$\|\boldsymbol{e}(t)\|^2 \leqslant \exp(-\lambda t)\|\boldsymbol{e}(0)\| + \frac{2\eta}{\lambda}[1 - \exp(-\lambda t)] \tag{4.29}$$

因此，误差 e_2、e_3 指数收敛于一个球域，且该球域大小可以通过 k_2、k_3、η_2、η_3 来调整，最终跟踪误差 e_1 是被保证有界的。

4.2.1.3 步骤 3

在获得 q_{Ld} 后，期望的控制阀阀口开度 $A(u)$ 为

$$A(u)=\begin{cases}\dfrac{S_p q_{Ld}}{\gamma RT_\mathrm{s}K_q(p_\mathrm{s},p_a,T_\mathrm{s})/V_a+\gamma RT_bK_q(p_b,p_0,T_b)/V_b} & q_{Ld}>0\\ \dfrac{S_p q_{Ld}}{-\gamma RT_aK_q(p_a,p_0,T_a)/V_a-\gamma RT_\mathrm{s}K_q(p_\mathrm{s},p_b,T_\mathrm{s})/V_b} & q_{Ld}\leqslant 0\end{cases} \tag{4.30}$$

式中，p_0 为大气压力。然后可根据阀口开度与控制电压的关系曲线（图 2.12）确定比例方向阀的控制电压 u。

4.2.2 试验研究

4.2.2.1 控制器参数和性能指标

在气动伺服位置控制试验装置某一轴上对本节中所设计的直接/间接集成自适应鲁棒控制器的有效性进行验证，算法实现的采样周期为 1 ms。用到的主要模型参数为 $M=1.88$ kg，$A=4.908\times10^{-4}$ m^2，$L=0.5$ m，$D=0.025$ m，$V_{0a}=2.5\times10^{-5}$ m^3，$V_{0b}=5\times10^{-5}$ m^3，$R=287$ N · m/(kg · K)，$\gamma=1.4$, $T_\mathrm{s}=300$ K，$p_\mathrm{s}=7\times10^5$ Pa，$p_0=1\times10^5$ Pa。模型中未知参数的名义值为 $\theta_1=100$ N· s/m，$\theta_2=80$ N，$\theta_3=0$ N，$\theta_4=0$ Pa/s，$\theta_5=0$ Pa/s。未知参数的界为 $\boldsymbol{\theta}_{\min}=[0,0,-100,-10,-10]^\mathrm{T}$，$\boldsymbol{\theta}_{\max}=[300,250,100,10,10]^\mathrm{T}$。

为体现直接/间接集成自适应鲁棒控制器的优越性，在试验平台上同时实现上一章的自适应鲁棒控制器和确定性鲁棒控制器作为参照，三个控制器的参数设置如下。

C1）直接/间接集成自适应鲁棒控制器：经过多次尝试后，控制器增益选择为 $k_1=45$，$k_2=30$，$h_2(t)=100$，$\eta_2=4$，$k_3=200$，$h_3(t)=400$，$\eta_3=10$，快速动态补偿项中 $\hat{d}_{c1}$、$\hat{d}_{c2}$ 的自适应律参数为 $\gamma_{c1}=1000$，$\gamma_{c2}=10$，$d_{c1M}=d_{c2M}=10$。权重因子 $w_2=1$、$w_3=0.1$，自适应率矩阵初值选为 $\boldsymbol{\Gamma}_1(0)=\mathrm{diag}\{100,100,100\}$，$\boldsymbol{\Gamma}_2(0)=100$，$\boldsymbol{\Gamma}_3(0)=100$，滤波器参数为 $\tau_f=50$，$\omega_f=100$，$\xi=1$。参数估计算法中其他参数为 $\alpha_1=\alpha_2=\alpha_3=0.1$，$\nu_1=\nu_2=\nu_3=0.1$，$\rho_{M1}=1000$，$\rho_{M2}=\rho_{M3}=100$，$\dot{\boldsymbol{\theta}}_{M1}=[10,10,10]^\mathrm{T}$，$\dot{\boldsymbol{\theta}}_{M2}=\dot{\boldsymbol{\theta}}_{M3}=[10]^\mathrm{T}$。

C2）自适应鲁棒控制器：除了将 γ_{c1}、γ_{c2} 设为零外，其他参数同直接/间接集成自适应鲁棒控制器。

C3）确定性鲁棒控制器：除了 $\gamma_{c1}=\gamma_{c2}=0$，$\boldsymbol{\Gamma}_1(0)=\mathrm{diag}\{0,0,0\}$，$\boldsymbol{\Gamma}_2(0)=0$，$\boldsymbol{\Gamma}_3(0)=0$ 外，其他参数同直接/间接集成自适应鲁棒控制器。

使用以下性能指标来评价三个控制器的跟踪控制精度：

（1）$e_{1\mathrm{M}}=\max_t\{|e_1|\}$，最大绝对跟踪误差，用来衡量控制器的瞬态跟踪精度。

(2) $\|e_1\|_{\rm rms}=\sqrt{\dfrac{1}{10}\displaystyle\int_{T_f-10}^{T_f}e_1^2{\rm d}t}$，后十秒钟的跟踪误差均方根值，用来衡量控制器的稳态性能，式中 T_f 表示整个试验时间。

(3) $e_{1\rm F}=\max_{T_f-10\leqslant t\leqslant T_f}\{|e_1|\}$，后十秒钟跟踪误差的最大绝对值，用来衡量控制器的稳态跟踪精度。

4.2.2.2 试验结果

图 4.1 给出了系统跟踪幅值为 0.125 m、频率为 0.5 Hz 的正弦期望轨迹时，三个控制器的跟踪误差曲线，表 4.1 给出了试验结果的性能指标。从该图和表可以看出，C1 和 C2 因为具有在线参数自适应调节能力（图 4.2），稳态跟踪性能明显比 C3 好。直接/间接集成自适应鲁棒控制器（C1）引入动态补偿型快速自适应项后，跟踪误差很快收敛到稳态值，而且最终的稳态跟踪精度与自适应鲁棒控制器（C2）相比也有较大提高；C1 的最大稳态跟踪误差 $e_{1\rm F}$ 为 1.96 mm，平均稳态跟踪误差 $\|e_1\|_{\rm rms}$ 为 0.64 mm，最大绝对跟踪误差 $e_{1\rm M}$ 为 2.27 mm，优于文献中已有的研究成果。图 4.3 给出的系统跟踪幅值为 0.125 m、频率为 1 Hz 的正弦期望轨迹时的跟踪误差曲线，以及图 4.4 给出的系统跟踪光滑阶跃轨迹（图 3.8）时的跟踪误差曲线再次表明，C1 大大提高了系统瞬态跟踪性能，详细的各项性能指标的比较见

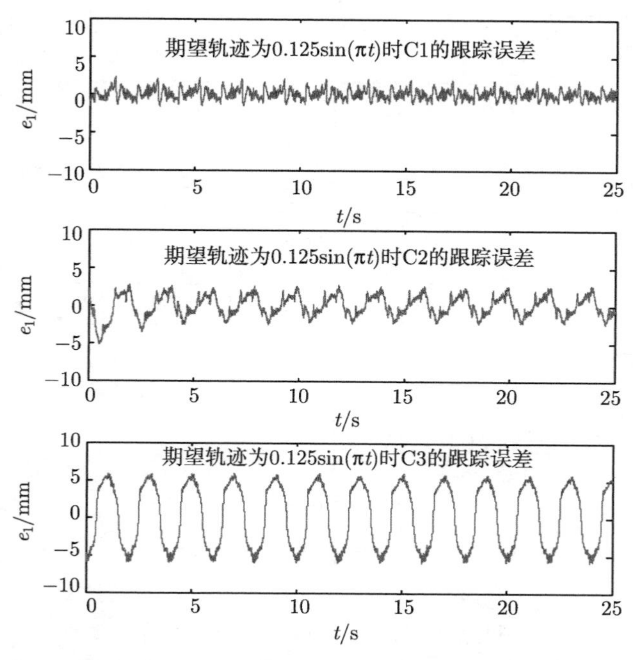

图 4.1 C1~C3 的 0.5 Hz 正弦轨迹跟踪误差

表 4.1。图 4.5 显示的是系统跟踪光滑阶跃轨迹时 C1、C2 的参数估计随时间变化的过程，与图 4.2 相比，因为光滑阶跃轨迹不总是持续激励的，参数收敛需要较长的时间。

表 4.1 DIARC、ARC 和 DRC 试验结果性能指标

M/kg	轨迹/m	C1			C2			C3		
		$e_{1\mathrm{M}}$ /mm	$\Vert e_1\Vert_{\mathrm{rms}}$ /mm	$e_{1\mathrm{F}}$ /mm	$e_{1\mathrm{M}}$ /mm	$\Vert e_1\Vert_{\mathrm{rms}}$ /mm	$e_{1\mathrm{F}}$ /mm	$e_{1\mathrm{M}}$ /mm	$\Vert e_1\Vert_{\mathrm{rms}}$ /mm	$e_{1\mathrm{F}}$ /mm
1.88	$0.125\sin(\pi t)$	2.27	0.64	1.96	5.21	1.26	2.66	5.21	3.45	5.21
6.20	$0.125\sin(\pi t)$	2.76	0.87	2.75	7.05	1.65	3.16	7.05	4.31	7.05
1.88	$0.125\sin(2\pi t)$	5.28	1.06	2.96	8.87	2.85	5.26	9.13	5.51	9.13
1.88	光滑方波	2.48	0.90	2.45	4.16	0.93	2.27	6.23	2.42	6.23

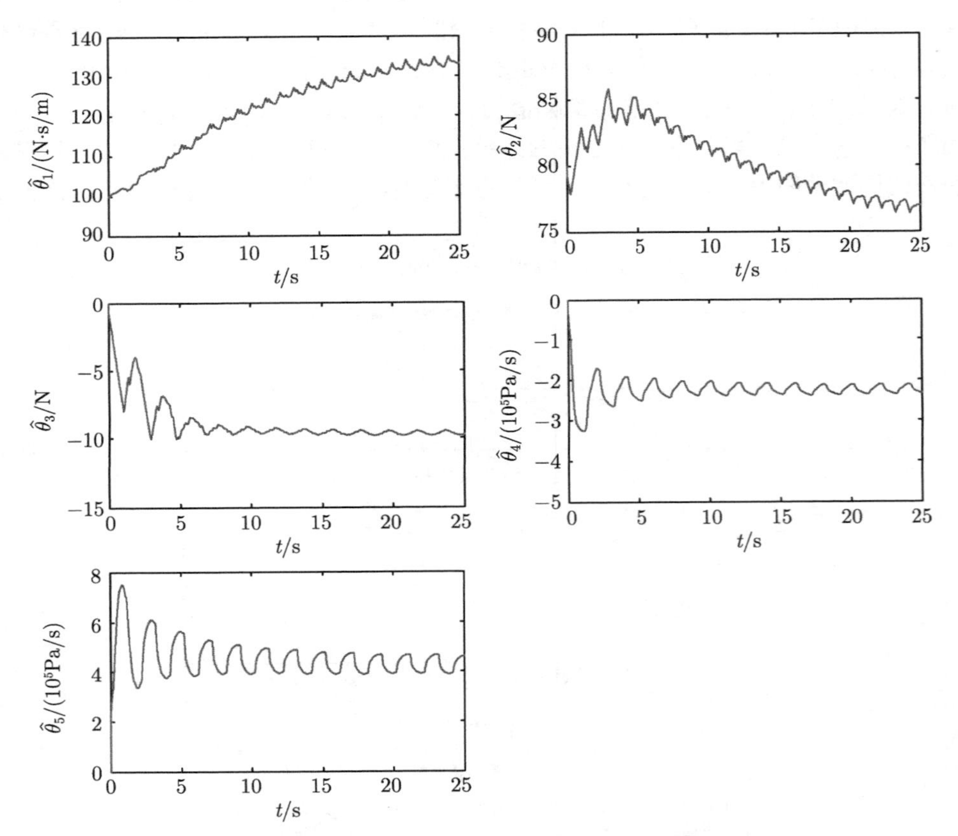

图 4.2 跟踪 0.5 Hz 正弦轨迹时 C1、C2 的参数估计

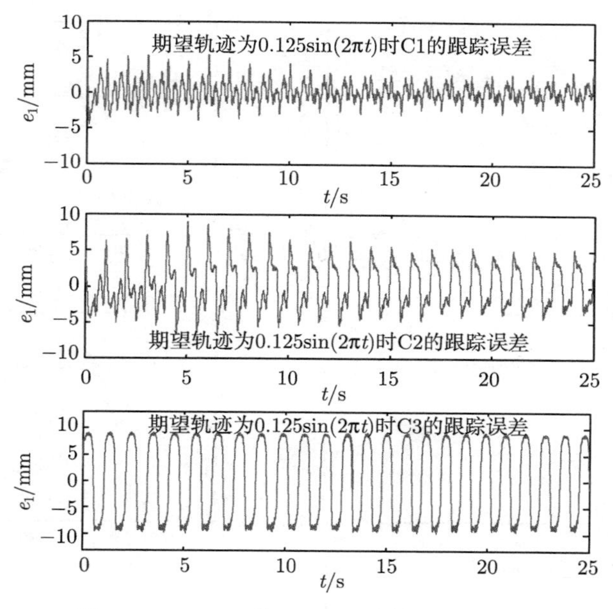

图 4.3 C1～C3 的 1 Hz 正弦轨迹跟踪误差

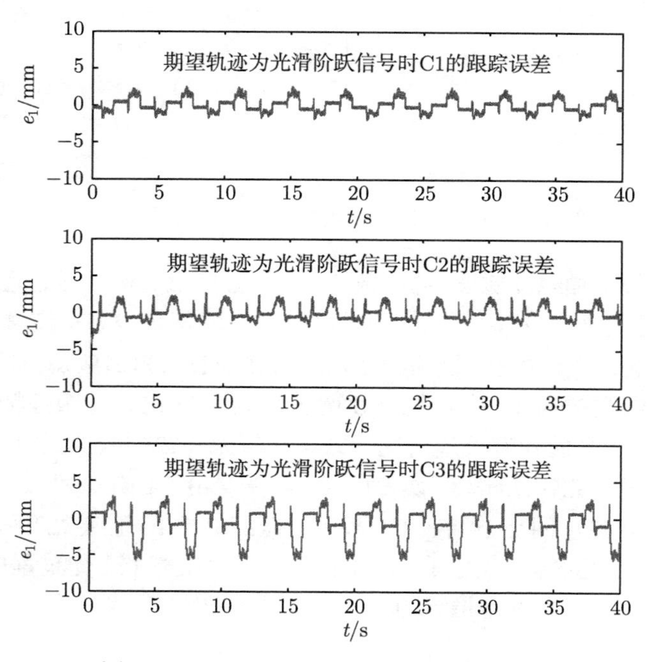

图 4.4 C1～C3 的光滑阶跃轨迹跟踪误差

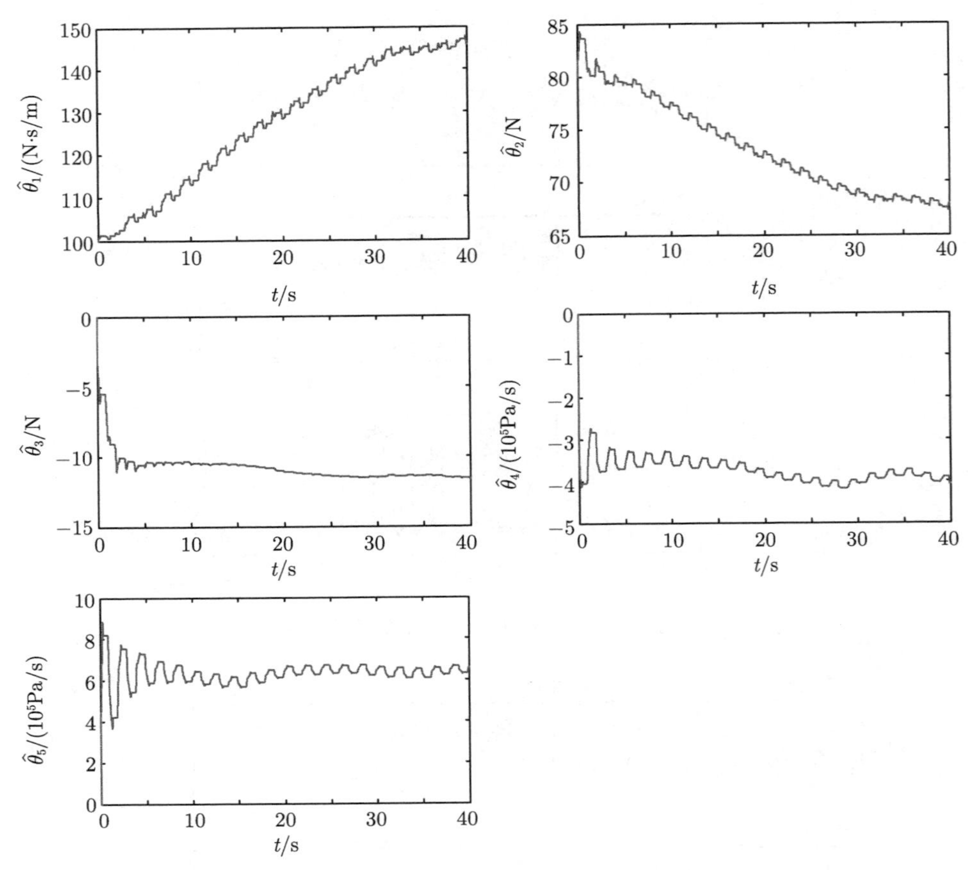

图 4.5　跟踪光滑阶跃轨迹时 C1、C2 的参数估计

在气缸滑块上加载 4.32 kg 的有效载荷，气缸摩擦力参数较之名义值会有大的改变，控制器参数保持不变，测试所设计的直接/间接集成自适应鲁棒控制器对于参数不确定性的性能鲁棒性。因为控制器具有在线参数自适应调节能力，能迅速辨识出模型未知参数的当前值，如图 4.6 所示，C1、C2 的稳态跟踪精度基本不受影响。图 4.7 给出了系统在有负载情况下跟踪幅值为 0.125 m、频率为 0.5 Hz 的正弦期望轨迹时，三个控制器的跟踪误差曲线，可以看出 C1 瞬态和稳态跟踪性能都要优于 C2。图 4.8 显示的是系统在 C1 控制下跟踪 0.5 Hz 正弦轨迹和光滑阶跃轨迹时的气缸两腔压力变化，由图可见，气缸两腔压力在整个工作过程中都是有界的，再一次证明系统的内动态是稳定的。

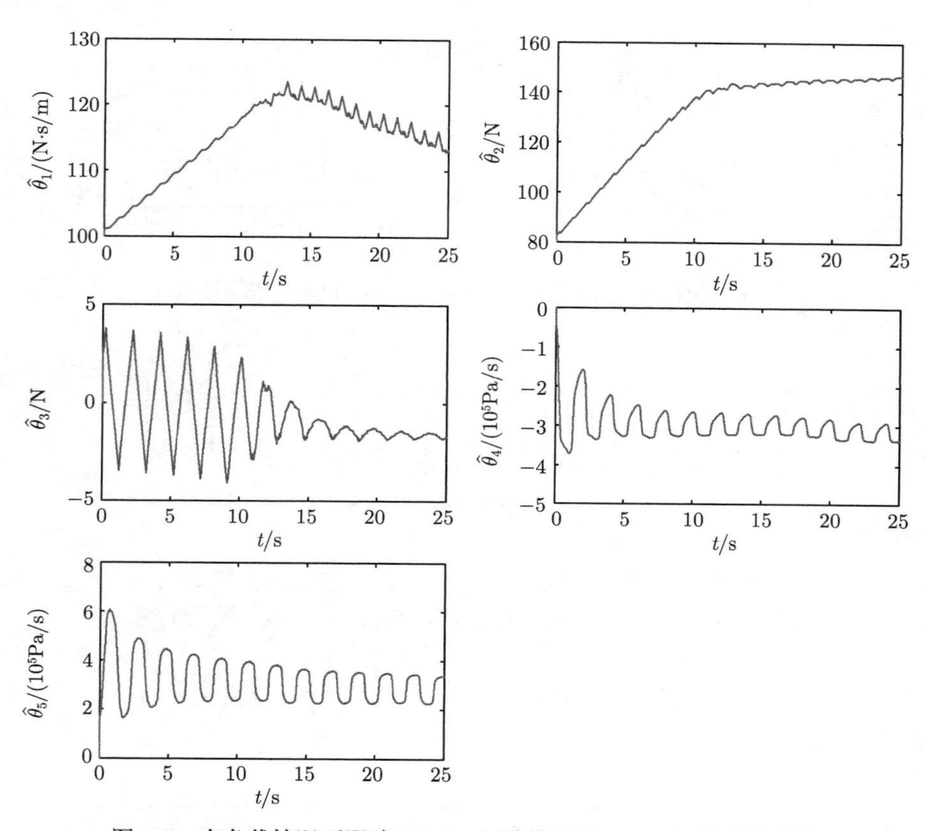

图 4.6 有负载情况下跟踪 0.5 Hz 正弦轨迹时 C1、C2 的参数估计

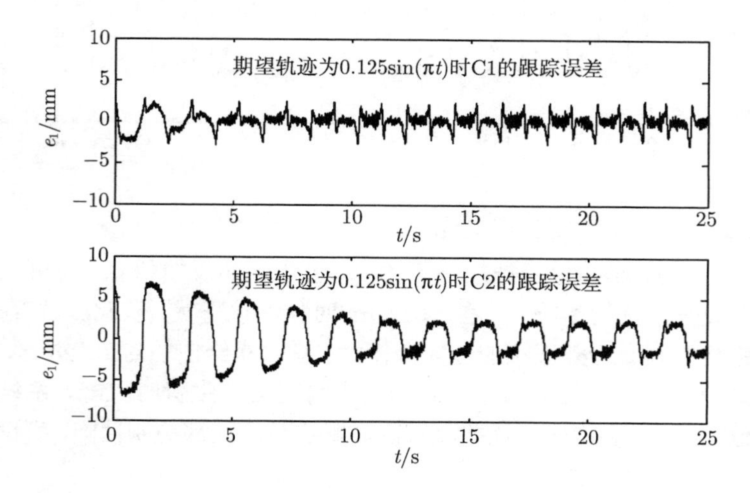

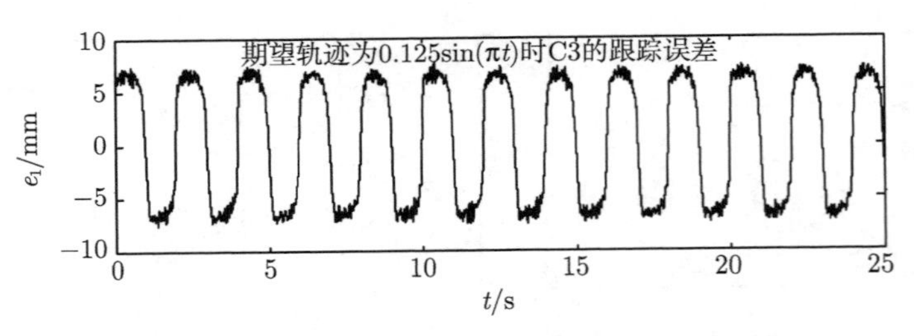

图 4.7　有负载情况下 C1～C3 的 0.5 Hz 正弦轨迹跟踪误差

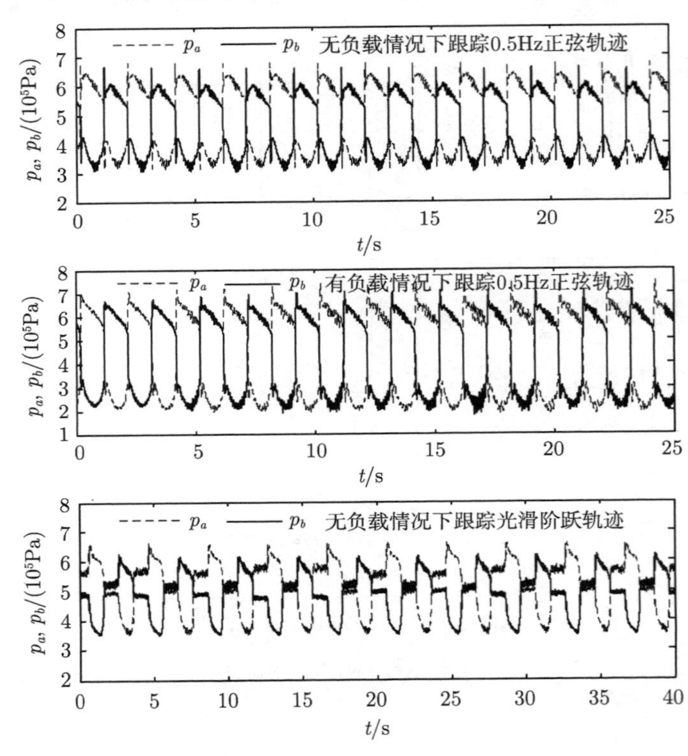

图 4.8　系统在 C1 控制下气缸两腔压力

在 t=9.7 s 时，给传感器施加一干扰，产生错误的反馈信息，这可以认为系统受到了一个突变干扰的影响，并在 t=14.7 s 时移除该干扰，以此测试直接/间接集成自适应鲁棒控制器对外干扰的性能鲁棒性。图 4.9 给出的对 0.125 m、0.5 Hz 正弦轨迹的跟踪误差只在扰动信号加入和消失瞬间会产生瞬时尖峰，系统没有产生振荡或不稳定，可见所加的干扰并没有明显影响轨迹跟踪控制性能，所设计的控制器具有较强的抗干扰能力。

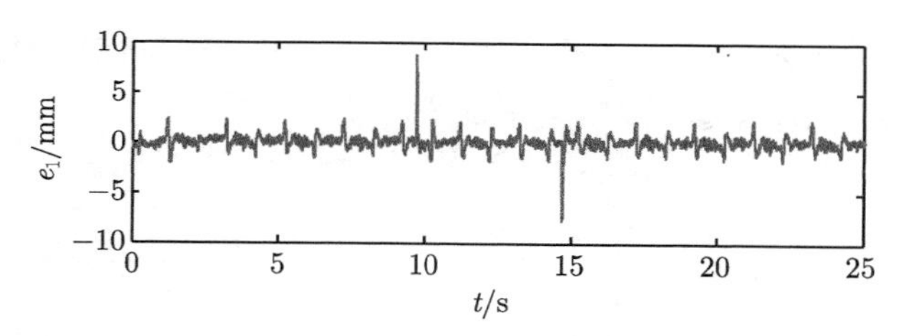

图 4.9 有干扰情况下 C3 的正弦轨迹跟踪误差

4.3 比例方向阀死区补偿研究

4.3.1 问题阐述

如图 2.10 所示，气动同步系统中的两个比例方向阀因为是同一型号、同一批次，流量特性基本一致。但是，由于制造和装配误差，同一型号、不同批次的控制阀的死区特性有显著差异，如图 4.10 所示，节流口面积与控制电压的关系需要重新测试，这个过程十分烦琐，造成控制算法的可移植性变差。因此，本节将研究比例方向阀的死区自适应补偿问题，通过设计一种含死区补偿的直接/间接集成自适应鲁棒控制器，在线辨识阀的死区参数并通过构造死区逆对死区进行补偿，提高算法的可移植性。

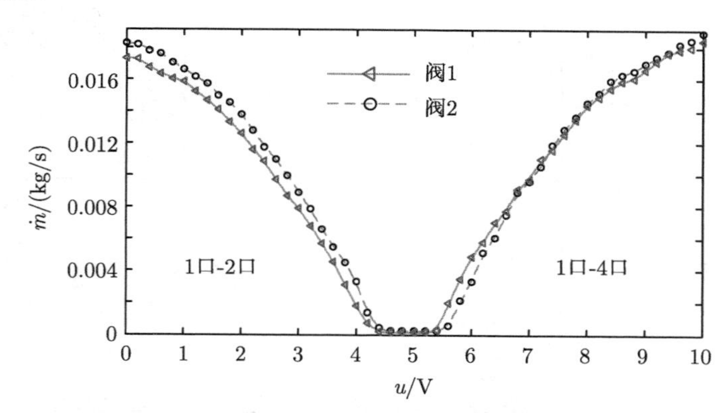

图 4.10 两个同一型号、不同批次的控制阀的流量特性对比

由 2.3.2 节可知，MPYE 阀机械部分的固有频率远高于气动位置伺服系统的带宽，故其阀芯的动态可忽略，阀芯位移与控制电压之间可假设为静态函数关系。在对多个不同批次的 MPYE-5-1/8-HF-010B 阀进行测试后发现，它们的阀芯位移与控制电压之间有非常好的线性关系，且各阀的斜率基本一致，如图 4.11 所示。MPYE-5-1/8-HF-010B 阀是负开口形式，阀的流量曲线存在很大中位死区，如图 2.10 和图 4.10 所示，也就是说阀口的实际轴向开度 x_e 不能直接等同于阀芯位移 x_v。因

此，以理想的中位控制电压 5 V 作为零点，阀口的实际轴向开度与控制电压的关系可以用图 4.12(a) 所示的死区模型来描述，即

$$x_e = D(u) = \begin{cases} k_x(u-u_+) & u \geqslant u_+ \\ 0 & u_- < u < u_+ \\ k_x(u-u_-) & u \leqslant u_- \end{cases} \tag{4.31}$$

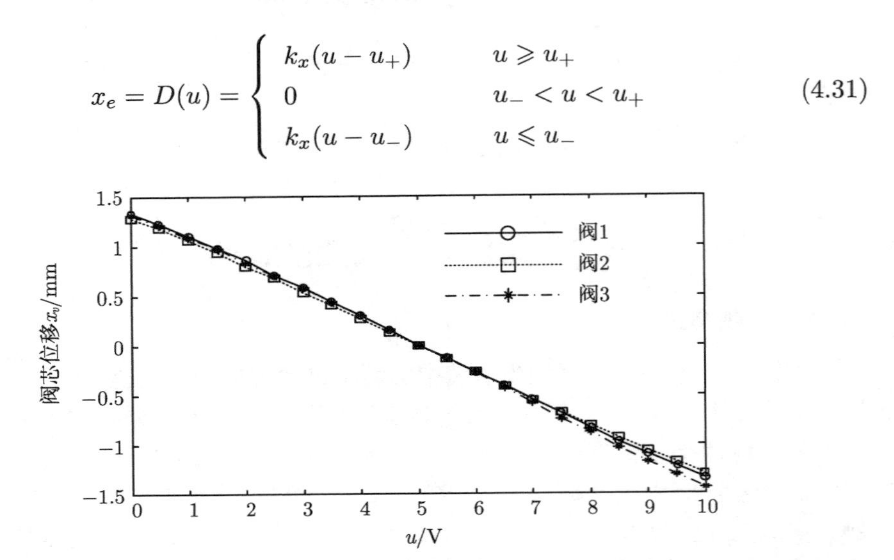

图 4.11　几个不同批次控制阀的阀芯位移与控制电压的关系

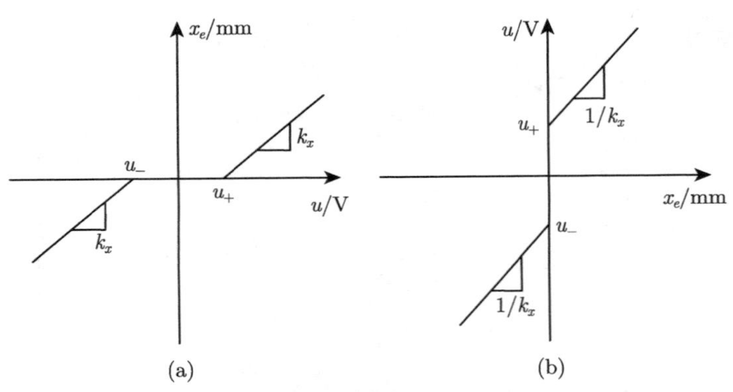

图 4.12　阀口的实际轴向开度与控制电压的关系

式中，k_x 为斜率，大小约为 0.274 mm/V；u_+ 和 u_- 分别表示正、负两个方向的死区宽度。如果死区参数已知，则可以通过如图 4.12(b) 所示的死区逆对死区进行完美补偿。实际上，死区参数很难被精确测量，而且由于制造和装配误差，即使同一批次的该型号阀，死区大小也不可能完全相同，不同批次的阀之间差异更大。为精确进行死区补偿以提高控制算法的可移植性，将对死区参数进行在线辨识。假设 $\hat{u}_+$ 和 $\hat{u}_-$ 分别为 u_+ 和 u_- 的估计值，本节采用的死区逆为

$$
\begin{aligned}
&u = ID(x_e) = \frac{x_e}{k_x} + \hat{u}_+\chi_+(x_e) + \hat{u}_-\chi_-(x_e) \\
&\chi_+(x_e) = \begin{cases} 1 & x_e > 0 \text{ 或} |u - \hat{u}_-| \geqslant |u - \hat{u}_+| \\ 0 & \text{其他} \end{cases} \\
&\chi_-(x_e) = \begin{cases} 1 & x_e < 0 \text{ 或} |u - \hat{u}_-| < |u - \hat{u}_+| \\ 0 & \text{其他} \end{cases}
\end{aligned} \tag{4.32}
$$

质量流量公式 (2.9) 可以重新写成如下形式：

$$
\dot{m} = x_e W K_q(p_{\mathrm{u}}, p_{\mathrm{d}}, T_{\mathrm{u}}) = x_e g(p_{\mathrm{u}}, p_{\mathrm{d}}, T_{\mathrm{u}})
$$

$$
g(p_{\mathrm{u}}, p_{\mathrm{d}}, T_{\mathrm{u}}) = \begin{cases}
WC_dC_1\dfrac{p_{\mathrm{u}}}{\sqrt{T_{\mathrm{u}}}} & \dfrac{p_{\mathrm{d}}}{p_{\mathrm{u}}} \leqslant p_{\mathrm{r}} \\
WC_dC_1\dfrac{p_{\mathrm{u}}}{\sqrt{T_{\mathrm{u}}}}\sqrt{1-\left(\dfrac{\dfrac{p_{\mathrm{d}}}{p_{\mathrm{u}}}-p_{\mathrm{r}}}{1-p_{\mathrm{r}}}\right)^2} & p_{\mathrm{r}} < \dfrac{p_{\mathrm{d}}}{p_{\mathrm{u}}} < \lambda \\
WC_dC_1\dfrac{p_{\mathrm{u}}}{\sqrt{T_{\mathrm{u}}}}\left(\dfrac{1-\dfrac{p_{\mathrm{d}}}{p_{\mathrm{u}}}}{1-\lambda}\right)\sqrt{1-\left(\dfrac{\lambda-p_{\mathrm{r}}}{1-p_{\mathrm{r}}}\right)^2} & \lambda \leqslant \dfrac{p_{\mathrm{d}}}{p_{\mathrm{u}}} \leqslant 1
\end{cases} \tag{4.33}
$$

式中，W 为阀口的面积梯度，比例方向控制阀 MPYE-5-1/8-HF-010B 的节流阀口为非全周开口矩形，经测量，其面积梯度W 为 20.1 mm；x_e 为阀口的实际轴向开度，它与控制电压的关系用式 (4.31) 描述。

定义未知参数向量 $\boldsymbol{\theta} = [\theta_1, \theta_2, \theta_3, \theta_4, \theta_5, \theta_6, \theta_7]^{\mathrm{T}}$ 为 $\theta_1 = b$，$\theta_2 = A_f$，$\theta_3 = -F_L + f_n$，$\theta_4 = u_+$，$\theta_5 = d_{an}$，$\theta_6 = u_-$，$\theta_7 = d_{bn}$，系统非线性状态空间模型 (3.1) 可以写成如下形式：

$$
\begin{cases}
\dot{x}_1 = x_2 \\
M\dot{x}_2 = \bar{A}(x_3 - x_4) - \theta_1 x_2 - \theta_2 S_f(x_2) + \theta_3 + \tilde{f}_0 \\
\dot{x}_3 = \dfrac{\gamma R}{S_p V_a}(\dot{m}_{a\mathrm{in}} T_{\mathrm{s}} - \dot{m}_{a\mathrm{out}} T_a) - \dfrac{\gamma A}{V_a} x_2 x_3 + \dfrac{\gamma - 1}{S_p V_a}\dot{Q}_a + \theta_5 + \tilde{d}_{a0} \\
\dot{x}_4 = \dfrac{\gamma R}{S_p V_b}(\dot{m}_{b\mathrm{in}} T_{\mathrm{s}} - \dot{m}_{b\mathrm{out}} T_b) + \dfrac{\gamma A}{V_b} x_2 x_4 + \dfrac{\gamma - 1}{S_p V_b}\dot{Q}_b + \theta_7 + \tilde{d}_{b0}
\end{cases} \tag{4.34}
$$

虽然参数向量 $\boldsymbol{\theta}$ 未知，但是其不确定性的范围在实际中却是可以预测的，所以假设系统中的参数不确定性和不确定非线性均是有界的，并且满足

$$
\begin{cases}
\boldsymbol{\theta} \in \boldsymbol{\Omega}_{\boldsymbol{\theta}} \triangleq \{\boldsymbol{\theta} : \boldsymbol{\theta}_{\min} \leqslant \boldsymbol{\theta} \leqslant \boldsymbol{\theta}_{\max}\} \\
\left|\tilde{f}_0(t)\right| \leqslant f_{\max}, \left|\tilde{d}_{a0}(t)\right| \leqslant d_{a\max}, \left|\tilde{d}_{b0}(t)\right| \leqslant d_{b\max}
\end{cases} \tag{4.35}
$$

式中，$\boldsymbol{\theta}_{\min} = [\theta_{1\min}, \theta_{2\min}, \theta_{3\min}, \theta_{4\min}, \theta_{5\min}, \theta_{6\min}, \theta_{7\min}]^{\mathrm{T}}$ 和 $\boldsymbol{\theta}_{\max} = [\theta_{1\max}, \theta_{2\max}, \theta_{3\max}, \theta_{4\max}, \theta_{5\max}, \theta_{6\max}, \theta_{7\max}]^{\mathrm{T}}$ 分别为未知参数向量的最小和最大值；$f_{\max}$、$d_{a\max}$

和 $d_{b\max}$ 为已知的正值。因为 b、A_f 和 u_+ 为正值，u_- 为负值，所以 $\theta_{1\min}>0$，$\theta_{2\min}>0$，$\theta_{4\min}>0$，$\theta_{6\max}<0$。

4.3.2　在线参数估计算法设计

将未知参数向量 $\boldsymbol{\theta}$ 分解为三个子集 $\boldsymbol{\theta}_{1s}=[\theta_1,\theta_2,\theta_3]^{\mathrm{T}}$、$\boldsymbol{\theta}_{2s}=[\theta_4,\theta_5]^{\mathrm{T}}$ 和 $\boldsymbol{\theta}_{3s}=[\theta_6,\theta_7]^{\mathrm{T}}$。由于阀死区非线性 (4.31) 无法被全局线性参数化，假定只有当阀芯位移在死区之外（$u\geqslant u_+$ 或者 $u\leqslant u_-$），且系统处于向腔内充气的工况时，才对参数向量 $\boldsymbol{\theta}_{2s}$ 和 $\boldsymbol{\theta}_{3s}$ 进行在线估计，一旦控制电压进入死区范围，就停止更新参数向量 $\boldsymbol{\theta}_{2s}$ 和 $\boldsymbol{\theta}_{3s}$ 的估计，在此前提下，死区非线性可被局部线性参数化。同时假设系统只具有参数不确定性，即 $\tilde{f}_0=\tilde{d}_{a0}=\tilde{d}_{b0}=0$，式 (4.34) 的后三个方程可以被重新表述为如下线性回归模型形式：

$$y_1=\bar{A}(x_3-x_4)-M\dot{x}_2=\theta_1x_2+\theta_2S_f(x_2)-\theta_3 \tag{4.36}$$

$$y_2=\phi_au-\frac{\gamma A}{V_a}x_2x_3+\frac{\gamma-1}{S_pV_a}\dot{Q}_a-\dot{x}_3=\theta_4\phi_a-\theta_5 \tag{4.37}$$

$$y_3=-\phi_bu+\frac{\gamma A}{V_b}x_2x_4+\frac{\gamma-1}{S_pV_b}\dot{Q}_b-\dot{x}_4=-\theta_6\phi_b-\theta_7 \tag{4.38}$$

其中，$\phi_a=\dfrac{\gamma RT_{\mathrm{s}}}{S_pV_a}g(p_{\mathrm{s}},p_a,T_{\mathrm{s}})k_x$；$\phi_b=\dfrac{\gamma RT_{\mathrm{s}}}{S_pV_b}g(p_{\mathrm{s}},p_b,T_{\mathrm{s}})k_x$。

利用滤波器来获取参数估计所需要的状态量，设 $H_f(s)$ 为相对阶数大于或等于 3 的稳定 LTI 传递函数，如

$$H_f(s)=\frac{\omega_f^2}{(\tau_fs+1)(s^2+2\xi\omega_fs+\omega_f^2)} \tag{4.39}$$

式中，τ_f、ω_f 和 ξ 为滤波器参数。将滤波器同时乘以式 (4.36)~式 (4.38) 的两边，可得

$$y_{1f}=H_f\left[\bar{A}(x_3-x_4)-M\dot{x}_2\right]=\theta_1x_{2f}+\theta_2S_{ff}(x_2)-\theta_31_f \tag{4.40}$$

$$y_{2f}=H_f\left(\phi_au-\frac{\gamma A}{V_a}x_2x_3+\frac{\gamma-1}{S_pV_a}\dot{Q}_a-\dot{x}_3\right)=\theta_4\phi_{af}-\theta_51_f \tag{4.41}$$

$$y_{3f}=H_f\left(-\phi_bu+\frac{\gamma A}{V_b}x_2x_4+\frac{\gamma-1}{S_pV_b}\dot{Q}_b-\dot{x}_4\right)=-\theta_6\phi_{bf}-\theta_71_f \tag{4.42}$$

式中，x_{2f}、$S_{ff}(x_2)$、1_f、ϕ_{af} 和 ϕ_{bf} 分别为 x_2、$S_f(x_2)$、1、ϕ_a 和 ϕ_b 经过滤波器 $H_f(s)$ 的输出值。

式 (4.40)~式 (4.42) 可表示成如下标准的线性回归模型形式：

$$y_{if}=\boldsymbol{\varphi}_{if}^{\mathrm{T}}\boldsymbol{\theta}_{is},\qquad i=1,2,3 \tag{4.43}$$

其中，$\boldsymbol{\varphi}_{1f}^{\mathrm{T}}=[x_{2f},S_{ff}(x_2),-1_f]$；$\boldsymbol{\varphi}_{2f}^{\mathrm{T}}=[\phi_{af},-1_f]$；$\boldsymbol{\varphi}_{3f}^{\mathrm{T}}=[-\phi_{bf},-1_f]$。

定义预测输出为 $\hat{y}_{if}=\boldsymbol{\varphi}_{if}^{\mathrm{T}}\hat{\boldsymbol{\theta}}_{is}$，则预测误差为

$$\varepsilon_i=\hat{y}_{if}-y_{if}=\boldsymbol{\varphi}_{if}^{\mathrm{T}}\tilde{\boldsymbol{\theta}}_{is},\qquad i=1,2,3 \tag{4.44}$$

式 (4.44) 为标准的参数估计模型，由此可用最小二乘法来获得未知参数向量的估计值 $\hat{\boldsymbol{\theta}}_{is}$，为保证参数估计值始终有界、实现参数估计设计和鲁棒控制器设计的完全分离，$\hat{\boldsymbol{\theta}}_{is}$ 利用第 3 章中介绍的非连续投影式参数自适应律进行更新，即

$$\dot{\hat{\boldsymbol{\theta}}}_{is}=\mathrm{sat}_{\dot{\boldsymbol{\theta}}_{Mi}}\left[\mathrm{Proj}_{\hat{\boldsymbol{\theta}}}(\boldsymbol{\Gamma}_i\boldsymbol{\tau}_i)\right] \tag{4.45}$$

自适应率矩阵为

$$\dot{\boldsymbol{\Gamma}}_i=\begin{cases}\alpha_i\boldsymbol{\Gamma}_i-\dfrac{\boldsymbol{\Gamma}_i\boldsymbol{\varphi}_{if}\boldsymbol{\varphi}_{if}^{\mathrm{T}}\boldsymbol{\Gamma}_i}{1+\nu_i\boldsymbol{\varphi}_{if}^{\mathrm{T}}\boldsymbol{\Gamma}_i\boldsymbol{\varphi}_{if}} & \text{当}\lambda_{\max}[\boldsymbol{\Gamma}_i(t)]\leqslant\rho_{Mi}\text{且}\|\mathrm{Proj}_{\hat{\boldsymbol{\theta}}}(\boldsymbol{\Gamma}_i\boldsymbol{\tau}_i)\|\leqslant\dot{\boldsymbol{\theta}}_{Mi}\\ 0 & \text{其他}\end{cases} \tag{4.46}$$

式中，$\alpha_i\geqslant 0$ 是遗忘因子；$\nu_i\geqslant 0$ 是归一化因子；ρ_{Mi} 是对 $\|\boldsymbol{\Gamma}_i(t)\|$ 预设的上界，保证了 $\boldsymbol{\Gamma}_i(t)\leqslant\rho_{Mi}I,\forall t$。自适应函数 $\boldsymbol{\tau}_i$ 为

$$\boldsymbol{\tau}_i=\frac{1}{1+\nu_i\boldsymbol{\varphi}_{if}^{\mathrm{T}}\boldsymbol{\Gamma}_i\boldsymbol{\varphi}_{if}}\boldsymbol{\varphi}_{if}\varepsilon_i \tag{4.47}$$

4.3.3 含死区补偿的直接/间接集成自适应鲁棒控制器设计

4.3.3.1 步骤 1

与直接/间接集成自适应鲁棒控制器的设计步骤 1 完全相同，在此不再赘述。

4.3.3.2 步骤 2

e_3 对时间的微分为

$$\begin{aligned}\dot{e}_3=&g_tx_e-\left(\frac{\gamma A}{V_a}x_2x_3+\frac{\gamma A}{V_b}x_2x_4\right)+\frac{\gamma-1}{S_pV_a}\dot{Q}_a\\&-\frac{\gamma-1}{S_pV_b}\dot{Q}_b+\theta_5-\theta_7+\tilde{d}_{a0}-\tilde{d}_{b0}-\dot{p}_{Ldc}-\dot{p}_{Ldu}\end{aligned} \tag{4.48}$$

其中，$g_t=\begin{cases}\dfrac{\gamma RT_{\mathrm{s}}}{S_pV_a}g(p_{\mathrm{s}},p_a,T_{\mathrm{s}})+\dfrac{\gamma RT_b}{S_pV_b}g(p_b,p_0,T_b) & x_e\geqslant 0\\ \dfrac{\gamma RT_a}{S_pV_a}g(p_a,p_0,T_a)+\dfrac{\gamma RT_{\mathrm{s}}}{S_pV_b}g(p_{\mathrm{s}},p_b,T_{\mathrm{s}}) & x_e<0\end{cases}$；$\dot{p}_{Ldc}=\dfrac{\partial p_{Ld}}{\partial x_1}x_2+\dfrac{\partial p_{Ld}}{\partial x_2}\dot{\hat{x}}_2+\dfrac{\partial p_{Ld}}{\partial\hat{\boldsymbol{\theta}}}\dot{\hat{\boldsymbol{\theta}}}+\dfrac{\partial p_{Ld}}{\partial\hat{d}_{c1}}\dot{\hat{d}}_{c1}+\dfrac{\partial p_{Ld}}{\partial t}$；$\dot{\hat{x}}_2=\dfrac{1}{M}[\bar{A}(x_3-x_4)-\hat{\theta}_1x_2-\hat{\theta}_2S_f(x_2)+$

$\hat{\theta}_3]$；$\dot{p}_{Ldu} = \dfrac{1}{M}\dfrac{\partial p_{Ld}}{\partial x_2}[\tilde{\theta}_1 x_2 + \tilde{\theta}_2 S_f(x_2) - \tilde{\theta}_3 + \tilde{f}_0]$。式中，$\dot{p}_{Ldc}$ 是 p_{Ld} 微分的可计算部分，将会被用于这一步控制器中模型补偿项的设计；$\hat{\dot{x}}_2$ 是 $\dot{x}_2$ 的估计值；$\dot{p}_{Ldu}$ 是 p_{Ld} 微分的不可计算部分，将会被鲁棒反馈项抑制。

如果能精确知道控制阀的死区参数，则式 (4.32) 所示的死区逆是完美的，那么可以选择 x_e 作为式 (4.48) 的虚拟控制输入，为其设计与步骤 1 类似的控制器 x_{ed}，然后利用死区逆求出阀的控制电压 u。但是，对死区参数的估计不可能绝对精确，死区逆总是不完美的，做不到 $D[ID(x_{ed})] = x_{ed}$。所以，在设计期望控制输入 x_{ed} 时必须考虑不完美死区逆的影响。根据式 (4.31) 和式 (4.32) 可推导出实际死区输出 x_e 和理想输出 x_{ed} 之间的误差为

$$\Delta_D(t) = x_e - x_{ed} = D[ID(x_{ed})] - x_{ed} = \begin{cases} k_x\tilde{\theta}_4 & u \geqslant u_+ \\ -x_{ed} & u_- < u < u_+ \\ k_x\tilde{\theta}_6 & u \leqslant u_- \end{cases} \tag{4.49}$$

其中，$\tilde{\theta}_4 = \hat{\theta}_4 - \theta_4$；$\tilde{\theta}_6 = \hat{\theta}_6 - \theta_6$。式中，$\hat{\theta}_4$ 和 $\hat{\theta}_6$ 是利用非连续投影式参数自适应律 (4.45) 获得的未知参数 θ_4 和 θ_6 在线估计值。因为参数估计值始终在已知界内，所以误差 $\Delta_D(t)$ 是有界的。

定义一个半正定函数

$$V_3 = V_2 + \frac{1}{2}w_3 e_3^2 \tag{4.50}$$

式中，$w_3 > 0$ 是权重因子。微分 V_3 并将式 (4.10) 和式 (4.48) 代入可以得到

$$\begin{aligned} \dot{V}_3 = \dot{V}_2|_{p_{Ld}} + w_3 e_3 \Bigg[& g_t x_{ed} + g_t\Delta_D + \frac{w_2}{w_3}\bar{A}e_2 - \left(\frac{\gamma A}{V_a}x_2 x_3 + \frac{\gamma A}{V_b}x_2 x_4\right) \\ & + \frac{\gamma-1}{S_p V_a}\dot{Q}_a - \frac{\gamma-1}{S_p V_b}\dot{Q}_b + \theta_5 - \theta_7 + \tilde{d}_{a0} - \tilde{d}_{b0} - \dot{p}_{Ldc} - \dot{p}_{Ldu}\Bigg] \end{aligned} \tag{4.51}$$

将 $q_L = g_t x_{ed}$ 作为第二层的虚拟控制输入，为其设计直接/间接集成自适应鲁棒控制律为

$$\begin{aligned} & q_{Ld} = q_{Lda1} + q_{Lda2} + q_{Lds1} + q_{Lds2}, \\ & q_{Lda1} = -\frac{w_2}{w_3}\bar{A}e_2 + \left(\frac{\gamma A}{V_a}x_2 x_3 + \frac{\gamma A}{V_b}x_2 x_4\right) - \frac{\gamma-1}{S_p V_a}\dot{Q}_a + \frac{\gamma-1}{S_p V_b}\dot{Q}_b - \hat{\theta}_5 + \hat{\theta}_7 + \dot{p}_{Ldc}, \\ & q_{Lds1} = -k_3 e_3, k_3 > 0 \end{aligned} \tag{4.52}$$

式中，q_{Lda1} 是模型补偿项；$\hat{\theta}_5$ 和 $\hat{\theta}_7$ 分别是参数 θ_5 和 θ_7 的在线估计值；q_{Lds1} 是用来稳定名义系统的项，选择为 e_3 的简单比例反馈；q_{Lda2} 是待定的快速动态补偿项；q_{Lds2} 是用来抑制参数估计误差和不确定非线性影响的鲁棒反馈项，待定。将

式 (4.52) 代入式 (4.51)，可得

$$\dot{V}_3=\dot{V}_2|_{p_{Ld}}-w_3k_3e_3^2+w_3e_3(q_{Lda2}+q_{Lds2}+g_t\Delta_D-\tilde{\theta}_5+\tilde{\theta}_7+\tilde{d}_{a0}-\tilde{d}_{b0}-\dot{p}_{Ldu}) \tag{4.53}$$

与式 (4.7) 类似，定义一个常量 d_{c2} 和一个时变函数 $\Delta_2(t)$ 满足

$$d_{c2}+\Delta_2(t)=g_t\Delta_D-\tilde{\theta}_5+\tilde{\theta}_7+\tilde{d}_{a0}-\tilde{d}_{b0}-\dot{p}_{Ldu} \tag{4.54}$$

类似的，低频分量 d_{c2} 可利用快速动态补偿项 q_{Lda2} 进行补偿，即 q_{Lda2} 选择为

$$q_{Lda2}=-\hat{d}_{c2} \tag{4.55}$$

式中，$\hat{d}_{c2}$ 是对 d_{c2} 的估计，它的自适应律为

$$\dot{\hat{d}}_{c2}=\mathrm{Proj}_{\hat{d}_{c2}}(\gamma_{c2}e_3)=\begin{cases}0 & \text{当}|\hat{d}_{c2}(t)|=d_{c2M}\ \text{且}\hat{d}_{c2}(t)e_3>0\\ \gamma_{c2}e_3 & \text{其他}\end{cases} \tag{4.56}$$

其中，$|\hat{d}_{c2}(0)|\leqslant d_{c2M}$。式中，$\gamma_{c2}>0$ 是自适应率；$d_{c2M}>0$ 是预先设定的边界。该自适应律保证了 $|\hat{d}_{c2}(t)|\leqslant d_{c2M},\forall t$。将式 (4.54) 和式 (4.55) 代入式 (4.53) 可得

$$\dot{V}_3=\dot{V}_2|_{p_{Ld}}-w_3k_3e_3^2+w_3e_3[q_{Lds2}+\Delta_2(t)-\tilde{d}_{c2}] \tag{4.57}$$

类似的，鲁棒反馈项 q_{Lds2} 需要满足下面两个条件：

$$\begin{cases}e_3[q_{Lds2}+\Delta_2(t)-\tilde{d}_{c2}]\leqslant\eta_3\\ e_3q_{Lds2}\leqslant 0\end{cases} \tag{4.58}$$

式中，$\eta_3>0$ 可以是任意小的正数。满足上述条件的鲁棒反馈项 q_{Lds2} 可以选择为

$$q_{Lds2}=-\frac{h_3^2(t)}{4\eta_3}e_3 \tag{4.59}$$

其中，$h_3(t)$ 是满足如下条件的光滑函数：

$$\begin{aligned}h_3(t)\geqslant&\left|\frac{1}{M}\frac{\partial p_{Ld}}{\partial x_2}\right|[|\theta_{M1}||x_2|+|\theta_{M2}||S_f(x_2)|+|\theta_{M3}|+f_{\max}]\\&+|\theta_{M5}|+|\theta_{M7}|+d_{a\max}+d_{b\max}+|g_t\Delta_D|\end{aligned} \tag{4.60}$$

其中，$\theta_{Mi}=\theta_{i\max}-\theta_{i\min},i=5,7$。

将式 (4.58) 的第一个条件代入式 (4.57)，可得

$$\dot{V}_3\leqslant-w_2k_2e_2^2-w_3k_3e_3^2+w_2\eta_2+w_3\eta_3\leqslant-\lambda V_3+\eta \tag{4.61}$$

式中，$\lambda=\min\{2k_2/M,2k_3\}$，$\eta=w_2\eta_2+w_3\eta_3$。式 (4.61) 的解为

$$V_3(t)\leqslant\exp(-\lambda t)V_3(0)+\frac{\eta}{\lambda}[1-\exp(-\lambda t)] \tag{4.62}$$

由此可见，误差向量 $\boldsymbol{e}=[e_2,e_3]^{\mathrm{T}}$ 的上界为

$$\|\boldsymbol{e}(t)\|^2\leqslant\exp(-\lambda t)\|\boldsymbol{e}(0)\|+\frac{2\eta}{\lambda}[1-\exp(-\lambda t)] \tag{4.63}$$

因此，误差 e_2、e_3 指数收敛于一个球域，且该球域大小可以通过 k_2、k_3、η_2、η_3 来调整，最终跟踪误差 e_1 是被保证有界的。

在获得 q_{Ld} 后，期望的阀口实际轴向开度 x_{ed} 可以通过下式计算：

$$x_{ed}=g_t^{-1}q_{Ld} \tag{4.64}$$

4.3.3.3　步骤 3

在获得 x_{ed} 后，将它代入式 (4.32) 可获得比例方向阀的控制电压 u 为

$$u=\frac{x_{ed}}{k_x}+\hat{\theta}_4\chi_+(x_{ed})+\hat{\theta}_6\chi_-(x_{ed}) \tag{4.65}$$

4.3.4　试验研究

4.3.4.1　控制器参数

在气动伺服位置控制试验装置其中的一轴上对本章设计的含死区补偿的直接/间接集成自适应鲁棒控制器的有效性进行验证，算法实现的采样周期为 1 ms。用到的主要模型参数为 $M=1.88$ kg，$A=4.908\times10^{-4}$ m^2，$L=0.5$ m，$D=0.025$ m，$V_{0a}=2.5\times10^{-5}$ m^3，$V_{0b}=5\times10^{-5}$ m^3，$R=287$ N·m/(kg·K)，$\gamma=1.4$，$T_{\mathrm{s}}=300$ K，$p_{\mathrm{s}}=7\times10^5$ Pa，$p_0=1\times10^5$ Pa。模型中未知参数的名义值为 $\theta_1=100$ N·s/m，$\theta_2=80$ N，$\theta_3=0$ N，$\theta_4=0.3$ V，$\theta_5=0$ Pa/s，$\theta_6=-0.2$ V，$\theta_7=0$ Pa/s。未知参数的界为 $\boldsymbol{\theta}_{\min}=[0,0,-100,0,-10,-1,-10]^{\mathrm{T}}$，$\boldsymbol{\theta}_{\max}=[300,250,100,1,10,0,10]^{\mathrm{T}}$。

为更好地阐述死区自适应补偿的有效性，同时实现下面三个控制器并进行比较，评价的性能指标见 4.2.2.1 节。

C1）上一节提出的直接/间接集成自适应鲁棒控制器，阀口开度与控制电压的关系通过试验数据拟合获得，可认为死区得到了完美的补偿。

C2）本节提出的含死区补偿的直接/间接集成自适应鲁棒控制器：经过多次尝试后，控制器增益选择为 $k_1=45$，$k_2=30$，$h_2(t)=100$，$\eta_2=4$，$k_3=200$，$h_3(t)=400$，$\eta_3=10$，快速动态补偿项中 $\hat{d}_{c1}$、$\hat{d}_{c2}$ 的自适应律参数为 $\gamma_{c1}=1000$，$\gamma_{c2}=10$，$d_{c1M}=d_{c2M}=10$。权重因子 $w_2=1$、$w_3=0.1$，自适应率矩阵初值选为 $\boldsymbol{\Gamma}_1(0)=\mathrm{diag}\{100,100,100\}$，$\boldsymbol{\Gamma}_2(0)=\mathrm{diag}\{10,10\}$，$\boldsymbol{\Gamma}_3(0)=\mathrm{diag}\{10,10\}$，滤波器参数为 $\tau_f=$

50，$\omega_f = 100$，$\xi = 1$。参数估计算法中其他参数为 $\alpha_1 = \alpha_2 = \alpha_3 = 0.1$，$\nu_1 = \nu_2 = \nu_3 = 0.1$，$\rho_{M1} = 1000$，$\rho_{M2} = \rho_{M3} = 100$，$\dot{\boldsymbol{\theta}}_{M1} = [10, 10, 10]^{\mathrm{T}}$，$\dot{\boldsymbol{\theta}}_{M2} = \dot{\boldsymbol{\theta}}_{M3} = [5, 5]^{\mathrm{T}}$。

C3）无死区自适应补偿的直接/间接集成自适应鲁棒控制器：同 C2，但是死区参数不被估计，利用它们的名义值构建死区逆。

4.3.4.2 试验结果

系统跟踪幅值为 0.125 m、频率为 0.5 Hz 的正弦期望轨迹时，三个控制器的跟踪误差曲线如图 4.13 所示，表 4.2 给出了它们性能指标的对比，从中可以看出，C1 和 C2 明显优于 C3，证明死区会降低跟踪精度，死区补偿是提高系统跟踪性能的关键。虽然 C2 的最大绝对跟踪误差 $e_{1\mathrm{M}}$ 为 3.10 mm，比 C1 稍大一点，但是它的跟踪误差收敛非常快，且取得了与 C1 几乎同样好的稳态跟踪性能。C2 的最大稳态跟踪误差 $e_{1\mathrm{F}}$ 为 2.01 mm，平均稳态跟踪误差 $\|e_1\|_{\mathrm{rms}}$ 为 0.88 mm，说明 C2 可以实现死区参数的准确估计及对死区的完美补偿。图 4.14 显示的是跟踪上述 0.5 Hz 正弦轨迹时 C2 的参数估计随时间变化的过程。为进一步测试阀死区自适应补偿效果，将试验装置中的比例方向阀用另一个死区特性差异较大的阀代替。图 4.15 给出了对这个新阀死区参数的辨识结果，跟踪性能不受影响，误差曲线仍如图 4.13 所示，说明引入死区参数自适应补偿后，算法的可移植性大大加强。

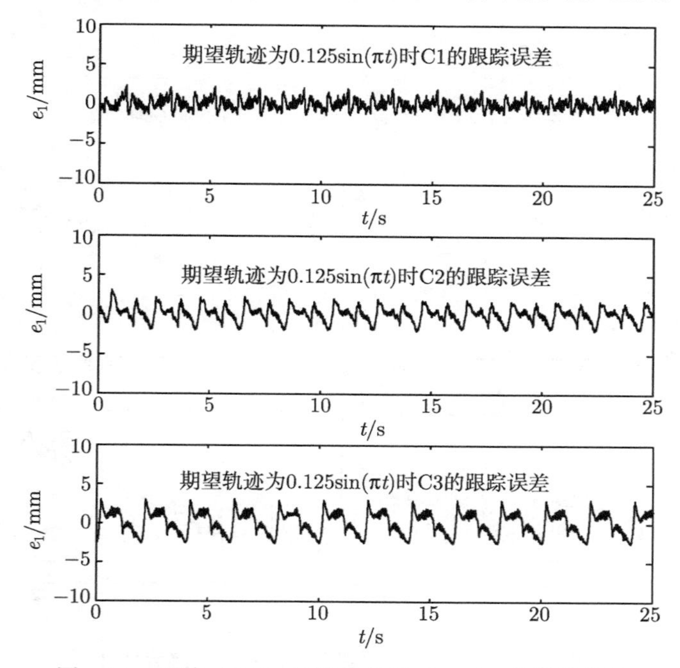

图 4.13 跟踪 0.5 Hz 正弦轨迹时 C1~C3 的误差曲线

表 4.2　死区自适应补偿试验结果性能指标

控制器	e_{1M}/mm	$\|e_1\|_{rms}$/mm	e_{1F}/mm
C1	2.27	0.64	1.96
C2	3.1	0.88	2.01
C3	3.1	1.4	3.1

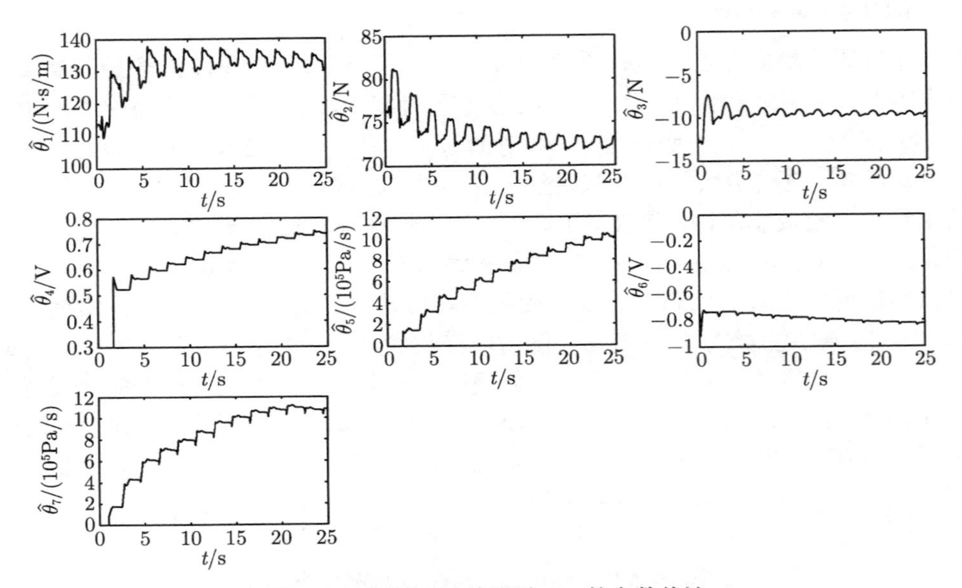

图 4.14　跟踪正弦轨迹时 C2 的参数估计

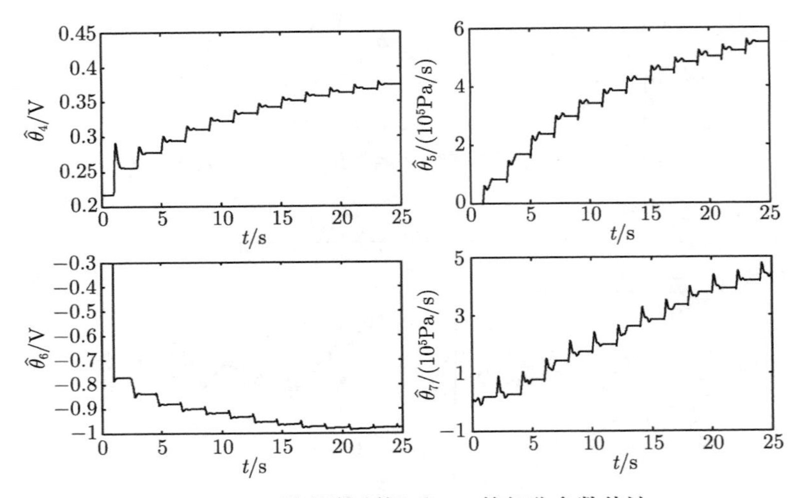

图 4.15　更换新控制阀后 C2 的部分参数估计

4.4 基于 LuGre 模型的气缸摩擦力补偿研究

4.4.1 问题阐述

本节基于 LuGre 模型对气缸摩擦力进行补偿，并设计相应的直接/间接集成自适应鲁棒控制器，以进一步提高气缸低速运行时的轨迹跟踪控制精度。为方便阐述问题，阀的死区补偿仍采用 4.3 节之前的处理方法，用 LuGre 动态摩擦模型来描述气缸的摩擦特性，系统的非线性状态空间模型 (3.1) 变为

$$\begin{cases} \dot{x}_1 = x_2 \\ M\dot{x}_2 = \bar{A}(x_3 - x_4) - \sigma_0 z + \sigma_1 \dfrac{|x_2|}{g_n(x_2)} z - (\sigma_1 + b)x_2 - F_L + f_n + \tilde{f}_0 \\ \dot{x}_3 = \dfrac{\gamma R}{S_p V_a}(\dot{m}_{\text{ain}} T_{\text{s}} - \dot{m}_{\text{aout}} T_a) - \dfrac{\gamma A}{V_a} x_2 x_3 + \dfrac{\gamma - 1}{S_p V_a}\dot{Q}_a + d_{an} + \tilde{d}_{a0} \\ \dot{x}_4 = \dfrac{\gamma R}{S_p V_b}(\dot{m}_{b\text{in}} T_{\text{s}} - \dot{m}_{b\text{out}} T_b) + \dfrac{\gamma A}{V_b} x_2 x_4 + \dfrac{\gamma - 1}{S_p V_b}\dot{Q}_b + d_{bn} + \tilde{d}_{b0} \end{cases} \tag{4.66}$$

其中，$g_n(x_2) = \dfrac{F_{\text{C}n}}{\sigma_{0n}} + \left(\dfrac{F_{\text{S}n}}{\sigma_{0n}} - \dfrac{F_{\text{C}n}}{\sigma_{0n}}\right)\text{e}^{-(\frac{\dot{x}}{\dot{x}_{\text{s}}})^2}$。式中，$F_{\text{S}n}$、$F_{\text{C}n}$ 和 σ_{0n} 分别为 LuGre 模型参数 F_{S}、F_{C} 和 σ_0 的离线估计值，具体辨识方法见 2.4.2 节。

定义未知参数向量 $\boldsymbol{\theta}=[\theta_1,\theta_2,\theta_3,\theta_4,\theta_5,\theta_6]^{\text{T}}$ 为 $\theta_1 = \sigma_0$，$\theta_2 = \sigma_1$，$\theta_3 = \sigma_1 + b$，$\theta_4 = -F_L + f_n$，$\theta_5 = d_{an}$，$\theta_6 = d_{bn}$，式 (4.66) 可以写成其线性参数化形式：

$$\begin{cases} \dot{x}_1 = x_2 \\ M\dot{x}_2 = \bar{A}(x_3 - x_4) - \theta_1 z + \theta_2 \dfrac{|x_2|}{g_n(x_2)} z - \theta_3 x_2 + \theta_4 + \tilde{f}_0 \\ \dot{x}_3 = \dfrac{\gamma R}{S_p V_a}(\dot{m}_{\text{ain}} T_{\text{s}} - \dot{m}_{\text{aout}} T_a) - \dfrac{\gamma A}{V_a} x_2 x_3 + \dfrac{\gamma - 1}{S_p V_a}\dot{Q}_a + \theta_5 + \tilde{d}_{a0} \\ \dot{x}_4 = \dfrac{\gamma R}{S_p V_b}(\dot{m}_{b\text{in}} T_{\text{s}} - \dot{m}_{b\text{out}} T_b) + \dfrac{\gamma A}{V_b} x_2 x_4 + \dfrac{\gamma - 1}{S_p V_b}\dot{Q}_b + \theta_6 + \tilde{d}_{b0} \end{cases} \tag{4.67}$$

虽然参数向量 $\boldsymbol{\theta}$ 未知，但是其不确定性的范围在实际中却是可以预测的，所以假设系统中的参数不确定性和不确定非线性均是有界的，并且满足

$$\begin{cases} \boldsymbol{\theta} \in \boldsymbol{\Omega}_{\boldsymbol{\theta}} \triangleq \{\boldsymbol{\theta} : \boldsymbol{\theta}_{\min} \leqslant \boldsymbol{\theta} \leqslant \boldsymbol{\theta}_{\max}\} \\ \left|\tilde{f}_0(t)\right| \leqslant f_{\max}, \left|\tilde{d}_{a0}(t)\right| \leqslant d_{a\max}, \left|\tilde{d}_{b0}(t)\right| \leqslant d_{b\max} \end{cases} \tag{4.68}$$

式中，$\boldsymbol{\theta}_{\min} = [\theta_{1\min},\theta_{2\min},\theta_{3\min},\theta_{4\min},\theta_{5\min},\theta_{6\min}]^{\text{T}}$ 和 $\boldsymbol{\theta}_{\max} = [\theta_{1\max},\theta_{2\max},\theta_{3\max},\theta_{4\max},\theta_{5\max},\theta_{6\max}]^{\text{T}}$ 分别为未知参数向量的最小和最大值；$f_{\max}$、$d_{a\max}$ 和 $d_{b\max}$ 为已知的正值。

4.4.2　控制器设计

4.4.2.1　步骤 1

定义一个类似滑模面的变量为

$$e_2 = \dot{e}_1 + k_1 e_1 = x_2 - x_{2eq}, \qquad x_{2eq} \triangleq \dot{x}_{1d} - k_1 e_1 \tag{4.69}$$

式中，$e_1 = x_1 - x_{1d}$ 为轨迹跟踪误差；k_1 为正的反馈增益。由于 e_2 到 e_1 的传递函数 $G_{e_1e_2}(s) = 1/(s + k_1)$ 是稳定的，当 e_2 趋近于零时，e_1 必定也趋近于零。将式 (4.69) 对时间微分，并与系统 (4.67) 中的第二个方程结合，可得

$$M\dot{e}_2 = \bar{A}(x_3 - x_4) - \theta_1 z + \theta_2 \frac{|x_2|}{g_n(x_2)} z - \theta_3 x_2 + \theta_4 + \tilde{f}_0 - M\dot{x}_{2eq} \tag{4.70}$$

基于 LuGre 模型气缸摩擦力补偿的研究，关键是设计一个可靠的状态观测器来观测不可测量的摩擦内状态变量z，本书将采用 Tan 等 [199] 提出的双观测器结构。但是，Freidovich 等 [200] 指出该观测器的数字实现在速度超过某一临界值后会变得不稳定。同时注意到，其实只有在活塞运动速度低的时候，气缸摩擦力的动态特性才明显，其他时刻用前文的静态摩擦模型来描述气缸摩擦力就足够了。基于上述分析，本节采用如下状态观测器来观测摩擦内状态 z：

$$\begin{cases} \dot{\hat{z}}_0 = \mathrm{Proj}_{\hat{z}}\left[x_2 - \dfrac{|x_2|}{g_n(x_2)}\hat{z}_0 - \gamma_0 e_2\right] \\ \dot{\hat{z}}_1 = \mathrm{Proj}_{\hat{z}}\left[x_2 - \dfrac{|x_2|}{g_n(x_2)}\hat{z}_1 + \gamma_1 \dfrac{|x_2|}{g_n(x_2)} e_2\right] \end{cases} \tag{4.71}$$

式中，$\gamma_0 > 0$ 和 $\gamma_1 > 0$ 为状态观测器增益；$\hat{z}_0$、$\hat{z}_1$ 皆是 z 的观测值，其中 $\hat{z}_0$ 是为式 (4.70) 中第二项内的 z 准备的，而 $\hat{z}_1$ 是为式 (4.70) 中第三项内的 z 准备的；$\mathrm{Proj}_{\hat{z}}(\bullet)$ 是非连续投影映射，引入它的目的是保证 z 的观测值始终有界。

$$\mathrm{Proj}_{\hat{z}}(\bullet) = \begin{cases} 0 & \text{当}\hat{z}_0, \hat{z}_1 = z_{\max}, \bullet > 0 \text{ 或}\hat{z}_0, \hat{z}_1 = z_{\min}, \bullet < 0 \\ s(|x_2|)\bullet & \text{其他} \end{cases} \tag{4.72}$$

式中，$z_{\max} = \dfrac{F_{Sn}}{\sigma_{0n}}$ 和 $z_{\min} = -\dfrac{F_{Sn}}{\sigma_{0n}}$ 为摩擦内状态的界；$s(|x_2|)$ 是 $|x_2|$ 的非负单调递减函数：

$$s(|x_2|) = \begin{cases} 1 & |x_2| < v_1 \\ \dfrac{|x_2| - v_2}{v_1 - v_2} & v_1 \leqslant |x_2| \leqslant v_2 \\ 0 & |x_2| > v_2 \end{cases} \tag{4.73}$$

式中，$v_2 > v_1 > 0$，v_1 和 v_2 为停止更新摩擦内状态变量估计的切断速度。上述状态观测器具有如下我们期望的特性：

$$\begin{cases} z_{\min} \leqslant \hat{z}_0, \hat{z}_1 \leqslant z_{\max} \\ F_f = \left[F_{\mathrm{C}n} + (F_{\mathrm{S}n} - F_{\mathrm{C}n})\mathrm{e}^{-\left(\frac{\dot{x}}{\dot{x}_{\mathrm{s}}}\right)^2}\right]\mathrm{sgn}(x_2) + bx_2, \text{当}|x_2| > v_2 \end{cases} \tag{4.74}$$

令摩擦内状态变量估计误差为 $\tilde{z}_0 = \hat{z}_0 - z$，$\tilde{z}_1 = \hat{z}_1 - z$，它们的动态为

$$\begin{cases} \dot{\tilde{z}}_0 = -\dfrac{|x_2|}{g_n(x_2)}\tilde{z}_0 - \gamma_0 e_2 \\ \dot{\tilde{z}}_1 = -\dfrac{|x_2|}{g_n(x_2)}\tilde{z}_1 + \gamma_1\dfrac{|x_2|}{g_n(x_2)}e_2 \end{cases} \tag{4.75}$$

因为模型参数 M、σ_0、σ_1 和 b 都为正，定义一个半正定函数

$$V_2 = \frac{1}{2}w_2 M e_2^2 + \frac{1}{2\gamma_0}w_2\theta_1\tilde{z}_0^2 + \frac{1}{2\gamma_1}w_2\theta_2\tilde{z}_1^2 \tag{4.76}$$

式中，$w_2 > 0$ 是权重因子。微分 V_2 并将式 (4.70) 和式 (4.75) 代入可以得到

$$\begin{aligned} \dot{V}_2 = {} & w_2 e_2\left[\bar{A}(x_3 - x_4) - \theta_1 z + \theta_2\frac{|x_2|}{g_n(x_2)}z - \theta_3 x_2 + \theta_4 + \tilde{f}_0 - M\dot{x}_{2eq}\right] \\ & + \frac{1}{\gamma_0}w_2\theta_1\tilde{z}_0\left[-\frac{|x_2|}{g_n(x_2)}\tilde{z}_0 - \gamma_0 e_2\right] + \frac{1}{\gamma_1}w_2\theta_2\tilde{z}_1\left[-\frac{|x_2|}{g_n(x_2)}\tilde{z}_1 + \gamma_1\frac{|x_2|}{g_n(x_2)}e_2\right] \end{aligned} \tag{4.77}$$

将 $p_L = x_3 - x_4$ 作为第一层的虚拟控制输入，步骤 1 的任务是通过设计该虚拟控制输入保证 e_2 趋近于零，从而使轨迹跟踪误差 e_1 趋近于零。期望虚拟控制输入 p_{Ld} 的直接/间接集成自适应鲁棒控制律为

$$\begin{aligned} & p_{Ld} = p_{Lda1} + p_{Lda2} + p_{Lds1} + p_{Lds2}, \\ & p_{Lda1} = \frac{1}{\bar{A}}\left[\hat{\theta}_1\hat{z}_0 - \hat{\theta}_2\frac{|x_2|}{g_n(x_2)}\hat{z}_1 + \hat{\theta}_3 x_2 - \hat{\theta}_4 + M\dot{x}_{2eq}\right], \\ & p_{Lds1} = -\frac{1}{\bar{A}}k_2 e_2, k_2 > 0 \end{aligned} \tag{4.78}$$

式中，p_{Lda1} 是模型补偿项；$\hat{\theta}_1$、$\hat{\theta}_2$、$\hat{\theta}_3$ 和 $\hat{\theta}_4$ 是利用非连续投影式参数自适应律获得的未知参数在线估计值，是保证有界的，具体的参数估计算法见下节；p_{Lds1} 是用来稳定名义系统的项，选择为 e_2 的简单比例反馈；p_{Lda2} 是待定的快速动态补偿项；p_{Lds2} 是用来抑制参数估计误差和不确定非线性影响的鲁棒反馈项，待定。令 $e_3 = p_L - p_{Ld}$ 表示实际和期望虚拟控制输入之间的误差，将式 (4.78) 代入式 (4.77)，可得

$$\begin{aligned} \dot{V}_2 = {} & w_2\bar{A}e_2 e_3 - w_2 k_2 e_2^2 - w_2\frac{\theta_1|x_2|}{\gamma_0 g_n(x_2)}\tilde{z}_0^2 - w_2\frac{\theta_2|x_2|}{\gamma_1 g_n(x_2)}\tilde{z}_1^2 + \\ & w_2 e_2\left[\bar{A}p_{Lda2} + \bar{A}p_{Lds2} + \tilde{\theta}_1\hat{z}_0 - \tilde{\theta}_2\frac{|x_2|}{g_n(x_2)}\hat{z}_1 + \tilde{\theta}_3 x_2 - \tilde{\theta}_4 + \tilde{f}_0\right] \end{aligned} \tag{4.79}$$

式 (4.79) 方括号中后五项之和集中了参数估计误差带来的模型不确定性及不确定非线性，可被分解为低频分量 d_{c1} 和高频分量 $\Delta_1(t)$，即

$$d_{c1}+\Delta_1(t)=\tilde{\theta}_1\hat{z}_0-\tilde{\theta}_2\frac{|x_2|}{g_n(x_2)}\hat{z}_1+\tilde{\theta}_3x_2-\tilde{\theta}_4+\tilde{f}_0 \tag{4.80}$$

低频分量 d_{c1} 可利用快速动态补偿项 p_{Lda2} 进行补偿，即 p_{Lda2} 选择为

$$p_{Lda2}=-\frac{1}{\bar{A}}\hat{d}_{c1} \tag{4.81}$$

式中，$\hat{d}_{c1}$ 是 d_{c1} 的估计值，它的自适应律为

$$\dot{\hat{d}}_{c1}=\mathrm{Proj}_{\hat{d}_{c1}}(\gamma_{c1}e_2)=\begin{cases}0 & 当|\hat{d}_{c1}(t)|=d_{c1M}\ 且\hat{d}_{c1}(t)e_2>0\\ \gamma_{c1}e_2 & 其他\end{cases} \tag{4.82}$$

其中，$|\hat{d}_{c1}(0)|\leqslant d_{c1M}$。式中，$\gamma_{c1}>0$ 是自适应率；$d_{c1M}>0$ 是预先设定的边界。该自适应律保证了 $|\hat{d}_{c1}(t)|\leqslant d_{c1M},\forall t$。将式 (4.80) 和式 (4.81) 代入式 (4.79) 可得

$$\begin{aligned}\dot{V}_2=&\ w_2\bar{A}e_2e_3-w_2k_2e_2^2-w_2\frac{\theta_1|x_2|}{\gamma_0g_n(x_2)}\tilde{z}_0^2-w_2\frac{\theta_2|x_2|}{\gamma_1g_n(x_2)}\tilde{z}_1^2+\\&w_2e_2\left[\bar{A}p_{Lds2}+\Delta_1(t)-\tilde{d}_{c1}\right]=w_2\bar{A}e_2e_3+\dot{V}_2|_{p_{Ld}}\end{aligned} \tag{4.83}$$

式中，$\dot{V}_2|_{p_{Ld}}$ 代表 $\dot{V}_2$ 当 $p_L=p_{Ld}$，即 $e_3=0$ 时的情况。

与直接/间接集成自适应鲁棒控制器设计类似，鲁棒反馈项 p_{Lds2} 需要满足下面两个条件：

$$\begin{cases}e_2\left[\bar{A}p_{Lds2}+\Delta_1(t)-\tilde{d}_{c1}\right]\leqslant\eta_2\\ e_2\bar{A}p_{Lds2}\leqslant 0\end{cases} \tag{4.84}$$

式中，$\eta_2>0$ 可以是任意小的正数。同样的，满足上述条件的鲁棒反馈项 p_{Lds2} 可以选择为

$$p_{Lds2}=-\frac{1}{\bar{A}}\frac{h_2^2(t)}{4\eta_2}e_2 \tag{4.85}$$

其中，$h_2(t)$ 是满足如下条件的光滑函数：

$$h_2(t)\geqslant d_{c1M}+|\theta_{M1}||\hat{z}_0|+|\theta_{M2}|\left|\frac{|x_2|}{g_n(x_2)}\hat{z}_1\right|+|\theta_{M3}||x_2|+|\theta_{M4}|+f_{\max} \tag{4.86}$$

其中，$\theta_{Mi}=\theta_{i\max}-\theta_{i\min},i=1,2,3,4$。

将式 (4.84) 的第一个条件代入式 (4.83)，可得

$$\dot{V}_2\leqslant w_2\bar{A}e_2e_3-w_2k_2e_2^2-w_2\frac{\theta_1|x_2|}{\gamma_0g_n(x_2)}\tilde{z}_0^2-w_2\frac{\theta_2|x_2|}{\gamma_1g_n(x_2)}\tilde{z}_1^2+w_2\eta_2 \tag{4.87}$$

4.4.2.2 步骤 2

由式 (4.87) 可知，若 $e_3=0$，则 e_2 和摩擦内状态的观测值将会指数收敛于一个球域，且该球域可以通过增大 k_2/减小 η_2 来减小。因此，步骤 2 的设计任务是使 e_3 趋近于零。

e_3 对时间的微分为

$$\dot{e}_3=q_L-\left(\frac{\gamma A}{V_a}x_2x_3+\frac{\gamma A}{V_b}x_2x_4\right)+\frac{\gamma-1}{S_pV_a}\dot{Q}_a-\frac{\gamma-1}{S_pV_b}\dot{Q}_b+\theta_5-\theta_6+\tilde{d}_{a0}-\tilde{d}_{b0}-\dot{p}_{Ldc}-\dot{p}_{Ldu} \tag{4.88}$$

其中，$q_L=\dfrac{\gamma R}{S_pV_a}(\dot{m}_{\text{ain}}T_{\text{s}}-\dot{m}_{\text{aout}}T_a)-\dfrac{\gamma R}{S_pV_b}(\dot{m}_{\text{bin}}T_{\text{s}}-\dot{m}_{\text{bout}}T_b)$；$\dot{p}_{Ldc}=\dfrac{\partial p_{Ld}}{\partial x_1}x_2+\dfrac{\partial p_{Ld}}{\partial x_2}\hat{\dot{x}}_2+\dfrac{\partial p_{Ld}}{\partial\hat{\boldsymbol{\theta}}}\dot{\hat{\boldsymbol{\theta}}}+\dfrac{\partial p_{Ld}}{\partial\hat{d}_{c1}}\dot{\hat{d}}_{c1}+\dfrac{\partial p_{Ld}}{\partial\hat{z}_0}\dot{\hat{z}}_0+\dfrac{\partial p_{Ld}}{\partial\hat{z}_1}\dot{\hat{z}}_1+\dfrac{\partial p_{Ld}}{\partial t}$；$\hat{\dot{x}}_2=\dfrac{1}{M}[\bar{A}(x_3-x_4)-\hat{\theta}_1\hat{z}_0+\hat{\theta}_2\dfrac{|x_2|}{g_n(x_2)}\hat{z}_1-\hat{\theta}_3x_2+\hat{\theta}_4]$；$\dot{p}_{Ldu}=\dfrac{1}{M}\dfrac{\partial p_{Ld}}{\partial x_2}\left[\tilde{\theta}_1\hat{z}_0+\tilde{\theta}_2\dfrac{|x_2|}{g_n(x_2)}\hat{z}_1-\tilde{\theta}_3x_2+\tilde{\theta}_4+\tilde{f}_0\right]$。式中，$\dot{p}_{Ldc}$ 是 p_{Ld} 微分的可计算部分，将会被用于这一步控制器中模型补偿项的设计；$\hat{\dot{x}}_2$ 是 $\dot{x}_2$ 的估计值；$\dot{p}_{Ldu}$ 是 p_{Ld} 微分的不可计算部分，将会被鲁棒反馈项抑制。

定义一个半正定函数

$$V_3=V_2+\frac{1}{2}w_3e_3^2 \tag{4.89}$$

式中，$w_3>0$ 是权重因子。微分 V_3 并将式 (4.83) 和式 (4.88) 代入可以得到

$$\begin{aligned}\dot{V}_3=\dot{V}_2|_{p_{Ld}}+w_3e_3\Bigg[&q_L+\frac{w_2}{w_3}\bar{A}e_2-\left(\frac{\gamma A}{V_a}x_2x_3+\frac{\gamma A}{V_b}x_2x_4\right)\\&+\frac{\gamma-1}{S_pV_a}\dot{Q}_a-\frac{\gamma-1}{S_pV_b}\dot{Q}_b+\theta_5-\theta_6-\dot{p}_{Ldc}+\tilde{d}_{a0}-\tilde{d}_{b0}-\dot{p}_{Ldu}\Bigg]\end{aligned} \tag{4.90}$$

将 q_L 作为第二层的虚拟控制输入，为其设计直接/间接集成自适应鲁棒控制律为

$$\begin{aligned}&q_{Ld}=q_{Lda1}+q_{Lda2}+q_{Lds1}+q_{Lds2},\\&q_{Lda1}=-\frac{w_2}{w_3}\bar{A}e_2+\left(\frac{\gamma A}{V_a}x_2x_3+\frac{\gamma A}{V_b}x_2x_4\right)-\frac{\gamma-1}{S_pV_a}\dot{Q}_a+\frac{\gamma-1}{S_pV_b}\dot{Q}_b-\hat{\theta}_5+\hat{\theta}_6+\dot{p}_{Ldc},\\&q_{Lds1}=-k_3e_3,k_3>0\end{aligned} \tag{4.91}$$

式中，q_{Lda1} 是模型补偿项；$\hat{\theta}_5$ 和 $\hat{\theta}_6$ 分别是参数 θ_5 和 θ_6 的在线估计值，估计算法设计见下节，利用非连续投影式参数自适应律保证未知参数在线估计是有界的；q_{Lds1} 是用来稳定名义系统的项，选择为 e_3 的简单比例反馈；q_{Lda2} 是待定的快速动态补偿项；q_{Lds2} 是用来抑制参数估计误差和不确定非线性影响的鲁棒反馈

项，待定。假设流量公式是精确的，将式 (4.91) 代入式 (4.90)，可得

$$\dot{V}_3 = \dot{V}_2|_{p_{Ld}} - w_3 k_3 e_3^2 + w_3 e_3(q_{Lda2} + q_{Lds2} - \tilde{\theta}_5 + \tilde{\theta}_6 + \tilde{d}_{a0} - \tilde{d}_{b0} - \dot{p}_{Ldu}) \tag{4.92}$$

与式 (4.80) 类似，定义一个常量 d_{c2} 和一个时变函数 $\Delta_2(t)$ 满足

$$d_{c2} + \Delta_2(t) = -\tilde{\theta}_5 + \tilde{\theta}_6 + \tilde{d}_{a0} - \tilde{d}_{b0} - \dot{p}_{Ldu} \tag{4.93}$$

类似的，低频分量 d_{c2} 可利用快速动态补偿项 q_{Lda2} 进行补偿，即 q_{Lda2} 选择为

$$q_{Lda2} = -\hat{d}_{c2} \tag{4.94}$$

式中，$\hat{d}_{c2}$ 是对 d_{c2} 的估计，它的自适应律为

$$\dot{\hat{d}}_{c2} = \mathrm{Proj}_{\hat{d}_{c2}}(\gamma_{c2} e_3) = \begin{cases} 0 & 当|\hat{d}_{c2}(t)| = d_{c2M}\ 且\hat{d}_{c2}(t)e_3 > 0 \\ \gamma_{c2} e_3 & 其他 \end{cases} \tag{4.95}$$

其中，$|\hat{d}_{c2}(0)| \leqslant d_{c2M}$。式中，$\gamma_{c2} > 0$ 是自适应率；$d_{c2M} > 0$ 是预先设定的边界。该自适应律保证了 $|\hat{d}_{c2}(t)| \leqslant d_{c2M}, \forall t$。将式 (4.93) 和式 (4.94) 代入式 (4.92) 可得

$$\dot{V}_3 = \dot{V}_2|_{p_{Ld}} - w_3 k_3 e_3^2 + w_3 e_3[q_{Lds2} + \Delta_2(t) - \tilde{d}_{c2}] \tag{4.96}$$

类似的，鲁棒反馈项 q_{Lds2} 需要满足下面两个条件：

$$\begin{cases} e_3[q_{Lds2} + \Delta_2(t) - \tilde{d}_{c2}] \leqslant \eta_3 \\ e_3 q_{Lds2} \leqslant 0 \end{cases} \tag{4.97}$$

式中，$\eta_3 > 0$ 可以是任意小的正数。满足上述条件的鲁棒反馈项 q_{Lds2} 可以选择为

$$q_{Lds2} = -\frac{h_3^2(t)}{4\eta_3} e_3 \tag{4.98}$$

其中，$h_3(t)$ 是满足如下条件的光滑函数：

$$\begin{aligned} h_3(t) \geqslant & \left|\frac{1}{M}\frac{\partial p_{Ld}}{\partial x_2}\right| \left[|\theta_{M1}||\hat{z}_0| + |\theta_{M2}|\left|\frac{|x_2|}{g_n(x_2)}\hat{z}_1\right| + |\theta_{M3}||x_2| + |\theta_{M4}| + f_{\max}\right] \\ & + |\theta_{M5}| + |\theta_{M6}| + d_{a\max} + d_{b\max} \end{aligned} \tag{4.99}$$

其中，$\theta_{Mi} = \theta_{i\max} - \theta_{i\min}, i = 5, 6$。

将式 (4.97) 的第一个条件代入式 (4.96)，可得

$$\dot{V}_3 \leqslant -w_2 k_2 e_2^2 - w_2 \frac{\theta_1 |x_2|}{\gamma_0 g_n(x_2)} \tilde{z}_0^2 - w_2 \frac{\theta_2 |x_2|}{\gamma_1 g_n(x_2)} \tilde{z}_1^2 - w_3 k_3 e_3^2 + w_2 \eta_2 + w_3 \eta_3 \leqslant -\lambda V_3 + \eta \tag{4.100}$$

式中，$\lambda=\min\left\{\frac{2k_2}{M},2k_3,2\frac{|x_2|}{g_n(x_2)}\right\}$；$\eta=w_2\eta_2+w_3\eta_3$。式 (4.100) 的解为

$$V_3(t)\leqslant \exp(-\lambda t)V_3(0)+\frac{\eta}{\lambda}[1-\exp(-\lambda t)] \tag{4.101}$$

由此可见，误差向量 $\boldsymbol{e}=[e_2,e_3,\tilde{z}_0,\tilde{z}_1]^{\mathrm{T}}$ 的上界为

$$\|\boldsymbol{e}(t)\|^2\leqslant \exp(-\lambda t)\|\boldsymbol{e}(0)\|+\frac{2\eta}{\lambda}[1-\exp(-\lambda t)] \tag{4.102}$$

因此，系统中所有误差信号都是有界的，特别是误差 e_2、e_3 将指数收敛于一个球域，且该球域大小可以通过 k_2、k_3、η_2、η_3 来调整，最终跟踪误差 e_1 是被保证有界的。

4.4.2.3 步骤 3

在获得 q_{Ld} 后，期望的控制阀阀口开度 $A(u)$ 为

$$A(u)=\begin{cases}\dfrac{S_pq_{Ld}}{\gamma RT_{\mathrm{s}}K_q(p_{\mathrm{s}},p_a,T_{\mathrm{s}})/V_a+\gamma RT_bK_q(p_b,p_0,T_b)/V_b} & q_{Ld}>0\\ \dfrac{S_pq_{Ld}}{-\gamma RT_aK_q(p_a,p_0,T_a)/V_a-\gamma RT_{\mathrm{s}}K_q(p_{\mathrm{s}},p_b,T_{\mathrm{s}})/V_b} & q_{Ld}\leqslant 0\end{cases} \tag{4.103}$$

式中，p_0 为大气压力。然后可根据阀口开度与控制电压的关系曲线（图 2.12）确定比例方向阀的控制电压 u。

4.4.3 在线参数估计算法设计

假设系统只具有参数不确定性，即 $\tilde{f}_0=\tilde{d}_{a0}=\tilde{d}_{b0}=0$，式 (4.67) 的后三个方程可以被重新表述为如下线性回归模型形式:

$$y_1=\bar{A}(x_3-x_4)-m\dot{x}_2=\theta_1\hat{z}_0-\theta_2\frac{|x_2|}{g_n(x_2)}\hat{z}_1+\theta_3x_2-\theta_4 \tag{4.104}$$

$$y_2=\frac{\gamma R}{S_pV_a}(\dot{m}_{a\mathrm{in}}T_{\mathrm{s}}-\dot{m}_{a\mathrm{out}}T_a)-\frac{\gamma A}{V_a}x_2x_3+\frac{\gamma-1}{S_pV_a}\dot{Q}_a-\dot{x}_3=-\theta_5 \tag{4.105}$$

$$y_3=\frac{\gamma R}{S_pV_b}(\dot{m}_{b\mathrm{in}}T_{\mathrm{s}}-\dot{m}_{b\mathrm{out}}T_b)+\frac{\gamma A}{V_b}x_2x_4+\frac{\gamma-1}{S_pV_b}\dot{Q}_b-\dot{x}_4=-\theta_6 \tag{4.106}$$

利用滤波器获取参数估计所需要的状态量，设 $H_f(s)$ 为相对阶数大于或等于 3 的稳定 LTI 传递函数，如

$$H_f(s)=\frac{\omega_f^2}{(\tau_fs+1)(s^2+2\xi\omega_fs+\omega_f^2)} \tag{4.107}$$

式中，τ_f、ω_f 和 ξ 为滤波器参数。将滤波器同时乘以式 (4.104)~式 (4.106) 的两边，可得

$$y_{1f}=H_f\left[\bar{A}(x_3-x_4)-m\dot{x}_2\right]=\theta_1\hat{z}_{0f}-\theta_2\left[\frac{|x_2|}{g_n(x_2)}\hat{z}_1\right]_f+\theta_3x_{2f}-\theta_4 1_f \tag{4.108}$$

$$y_{2f}=H_f\left[\frac{\gamma R}{S_pV_a}(\dot{m}_{\mathrm{ain}}T_{\mathrm{s}}-\dot{m}_{\mathrm{aout}}T_a)-\frac{\gamma A}{V_a}x_2x_3+\frac{\gamma-1}{S_pV_a}\dot{Q}_a-\dot{x}_3\right]=-\theta_5 1_f \tag{4.109}$$

$$y_{3f}=H_f\left[\frac{\gamma R}{S_pV_b}(\dot{m}_{\mathrm{bin}}T_{\mathrm{s}}-\dot{m}_{\mathrm{bout}}T_b)+\frac{\gamma A}{V_b}x_2x_4+\frac{\gamma-1}{S_pV_b}\dot{Q}_b-\dot{x}_4\right]=-\theta_6 1_f \tag{4.110}$$

式中，$\hat{z}_{0f}$、$\left[\frac{|x_2|}{g_n(x_2)}\hat{z}_1\right]_f$、$x_{2f}$ 和 1_f 分别为 $\hat{z}_0$、$\frac{|x_2|}{g_n(x_2)}\hat{z}_1$、$x_2$ 和 1 经过滤波器 $H_f(s)$ 的输出值。将未知参数向量 $\boldsymbol{\theta}$ 分解为三个子集 $\boldsymbol{\theta}_{1s}=[\theta_1,\theta_2,\theta_3,\theta_4]^{\mathrm{T}}$、$\boldsymbol{\theta}_{2s}=[\theta_5]^{\mathrm{T}}$ 和 $\boldsymbol{\theta}_{3s}=[\theta_6]^{\mathrm{T}}$，式 (4.108)~式 (4.110) 可表示成如下标准的线性回归模型形式：

$$y_{if}=\boldsymbol{\varphi}_{if}^{\mathrm{T}}\boldsymbol{\theta}_{is},\qquad i=1,2,3 \tag{4.111}$$

式中，$\boldsymbol{\varphi}_{if}$ 是回归向量，分别为 $\boldsymbol{\varphi}_{1f}^{\mathrm{T}}=\left[\hat{z}_{0f},-\left[\frac{|x_2|}{g_n(x_2)}\hat{z}_1\right]_f,x_{2f},-1_f\right]$，$\boldsymbol{\varphi}_{2f}^{\mathrm{T}}=[-1_f]$，$\boldsymbol{\varphi}_{3f}^{\mathrm{T}}=[-1_f]$。

定义预测输出为 $\hat{y}_{if}=\boldsymbol{\varphi}_{if}^{\mathrm{T}}\hat{\boldsymbol{\theta}}_{is}$，则预测误差为

$$\varepsilon_i=\hat{y}_{if}-y_{if}=\boldsymbol{\varphi}_{if}^{\mathrm{T}}\tilde{\boldsymbol{\theta}}_{is},\qquad i=1,2,3 \tag{4.112}$$

式 (4.112) 为标准的参数估计模型，由此可用最小二乘法获得未知参数向量的估计值 $\hat{\boldsymbol{\theta}}_{is}$，为保证参数估计值始终有界、实现参数估计设计和鲁棒控制器设计的完全分离，$\hat{\boldsymbol{\theta}}_{is}$ 利用第 3 章中介绍的非连续投影式参数自适应律进行更新，即

$$\dot{\hat{\boldsymbol{\theta}}}_{is}=\mathrm{sat}_{\dot{\boldsymbol{\theta}}_{Mi}}\left[\mathrm{Proj}_{\hat{\boldsymbol{\theta}}}(\boldsymbol{\Gamma}_i\boldsymbol{\tau}_i)\right] \tag{4.113}$$

自适应率矩阵为

$$\dot{\boldsymbol{\Gamma}}_i=\begin{cases}\alpha_i\boldsymbol{\Gamma}_i-\dfrac{\boldsymbol{\Gamma}_i\boldsymbol{\varphi}_{if}\boldsymbol{\varphi}_{if}^{\mathrm{T}}\boldsymbol{\Gamma}_i}{1+\nu_i\boldsymbol{\varphi}_{if}^{\mathrm{T}}\boldsymbol{\Gamma}_i\boldsymbol{\varphi}_{if}} & \text{当}\lambda_{\max}[\boldsymbol{\Gamma}_i(t)]\leqslant\rho_{Mi}\text{且}\|\mathrm{Proj}_{\hat{\boldsymbol{\theta}}}(\boldsymbol{\Gamma}_i\boldsymbol{\tau}_i)\|\leqslant\dot{\boldsymbol{\theta}}_{Mi}\\ 0 & \text{其他}\end{cases} \tag{4.114}$$

式中，$\alpha_i\geqslant 0$ 是遗忘因子；$\nu_i\geqslant 0$ 是归一化因子；ρ_{Mi} 是对 $\|\boldsymbol{\Gamma}_i(t)\|$ 预设的上界，保证了 $\boldsymbol{\Gamma}_i(t)\leqslant\rho_{Mi}I,\forall t$。自适应函数 $\boldsymbol{\tau}_i$ 为

$$\boldsymbol{\tau}_i=\frac{1}{1+\nu_i\boldsymbol{\varphi}_{if}^{\mathrm{T}}\boldsymbol{\Gamma}_i\boldsymbol{\varphi}_{if}}\boldsymbol{\varphi}_{if}\varepsilon_i \tag{4.115}$$

4.4.4 试验研究

4.4.4.1 控制器参数

在气动伺服位置控制试验装置其中一轴上对本章设计的含基于 LuGre 模型气缸摩擦力补偿的直接/间接集成自适应鲁棒控制器的有效性进行验证，算法实现的采样周期为 1 ms。用到的主要模型参数为 $M = 1.88$ kg，$A = 4.908 \times 10^{-4}$ m^2，$L=0.5$ m，$D=0.025$ m，$V_{0a}=2.5\times10^{-5}$ m^3，$V_{0b}=5\times10^{-5}$ m^3，$R=287$ N·m/(kg·K)，$\gamma = 1.4$，$T_{\mathrm{s}} = 300$ K，$p_{\mathrm{s}} = 7 \times 10^5$ Pa，$p_0 = 1 \times 10^5$ Pa，$\dfrac{F_{\mathrm{C}n}}{\sigma_{0n}} = 1.5 \times 10^{-4}$ m，$\dfrac{F_{\mathrm{S}n}}{\sigma_{0n}} = 2 \times 10^{-4}$ m，$\dot{x}_s = 0.005$ m/s。停止更新摩擦内状态变量估计的切断速度 $v_1 = 0.06$ m/s，$v_2 = 0.1$ m/s。模型中未知参数的名义值为 $\theta_1 = 3.2 \times 10^5$ N/m，$\theta_2 = 100$ N · s/m，$\theta_3 = 300$ N · s/m，$\theta_4 = 0$ N，$\theta_5 = 0$ Pa/s，$\theta_6 = 0$ Pa/s。未知参数的界为 $\boldsymbol{\theta}_{\min} = [0, 0, 0, -100, -10, -10]^{\mathrm{T}}$，$\boldsymbol{\theta}_{\max} = [3.2 \times 10^6, 1000, 3000, 100, 10, 10]^{\mathrm{T}}$。

为更好地阐述基于 LuGre 模型气缸摩擦力补偿的有效性，同时实现下面两个控制器并进行比较，评价的性能指标见 4.2.2.1 节。

C1）4.2 节提出的直接/间接集成自适应鲁棒控制器：该控制器设计时采用静态摩擦模型来描述气缸摩擦力。

C2）本节提出的含基于 LuGre 模型气缸摩擦力补偿的直接/间接集成自适应鲁棒控制器：经过多次尝试后，控制器增益选择为 $k_1 = 100$，$k_2 = 30$，$h_2(t) = 10$，$\eta_2 = 4$，$k_3 = 200$，$h_3(t) = 40$，$\eta_3 = 1$，摩擦内状态观测器增益为 $\gamma_0 = \gamma_1 = 0.2$，快速动态补偿项中 $\hat{d}_{c1}$、$\hat{d}_{c2}$ 的自适应律参数为 $\gamma_{c1} = 800$，$\gamma_{c2} = 10$，$d_{c1M} = 100$，$d_{c2M} = 10$。权重因子 $w_2 = 1$、$w_3 = 0.1$，自适应率矩阵初值选为 $\boldsymbol{\Gamma}_1(0) = \mathrm{diag}\{10^6, 10^3, 10^3, 10^2\}$，$\boldsymbol{\Gamma}_2(0) = 100$，$\boldsymbol{\Gamma}_3(0) = 100$，滤波器参数为 $\tau_f = 50$，$\omega_f = 100$，$\xi = 1$。参数估计算法中其他参数为 $\alpha_1 = \alpha_2 = \alpha_3 = 0.1$，$\nu_1 = \nu_2 = \nu_3 = 0.1$，$\rho_{M1} = 10^7$，$\rho_{M2} = \rho_{M3} = 10^3$，$\dot{\boldsymbol{\theta}}_{M1} = [10^4, 100, 100, 10]^{\mathrm{T}}$，$\dot{\boldsymbol{\theta}}_{M2} = \dot{\boldsymbol{\theta}}_{M3} = 100$。

4.4.4.2 试验结果

系统跟踪幅值为 0.125 m、频率分别为 0.25 Hz 和 0.5 Hz 的正弦期望轨迹时，两个控制器的跟踪误差曲线如图 4.16 和图 4.17 所示，表 4.3 给出了它们性能指标的对比，由此可见基于 LuGre 模型对气缸摩擦力进行补偿确实可以在很大程度上提高低速时的轨迹跟踪精度。图 4.18 显示的是跟踪上述 0.5 Hz 正弦期望轨迹时参数估计随时间变化的过程，可见参数迅速收敛。图 4.19 显示的摩擦内状态变量观测结果表明，所设计的状态观测器是稳定的，且性能良好。

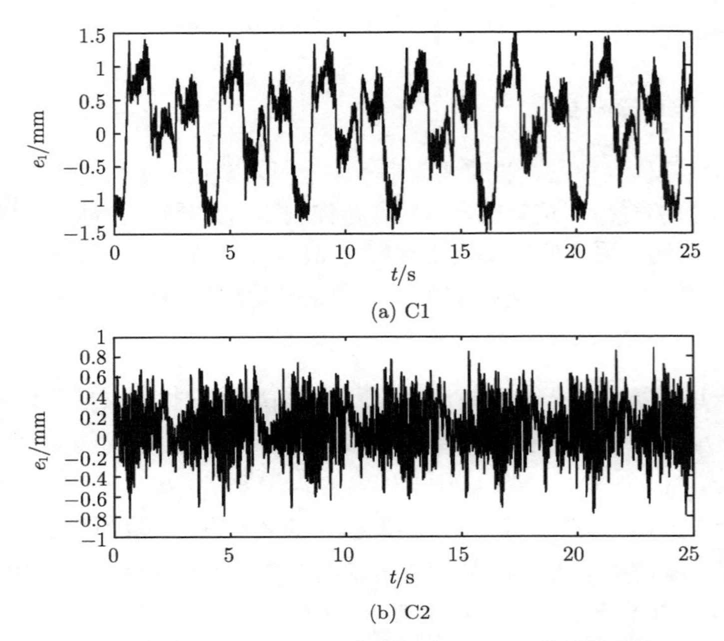

(a) C1

(b) C2

图 4.16　跟踪 0.25 Hz 正弦轨迹时 C1、C2 的误差曲线

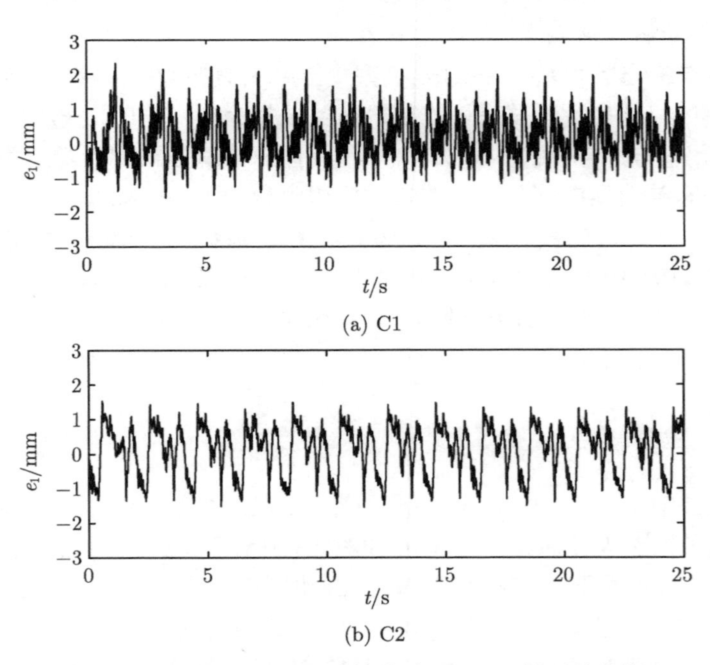

(a) C1

(b) C2

图 4.17　跟踪 0.5 Hz 正弦轨迹时 C1、C2 的误差曲线

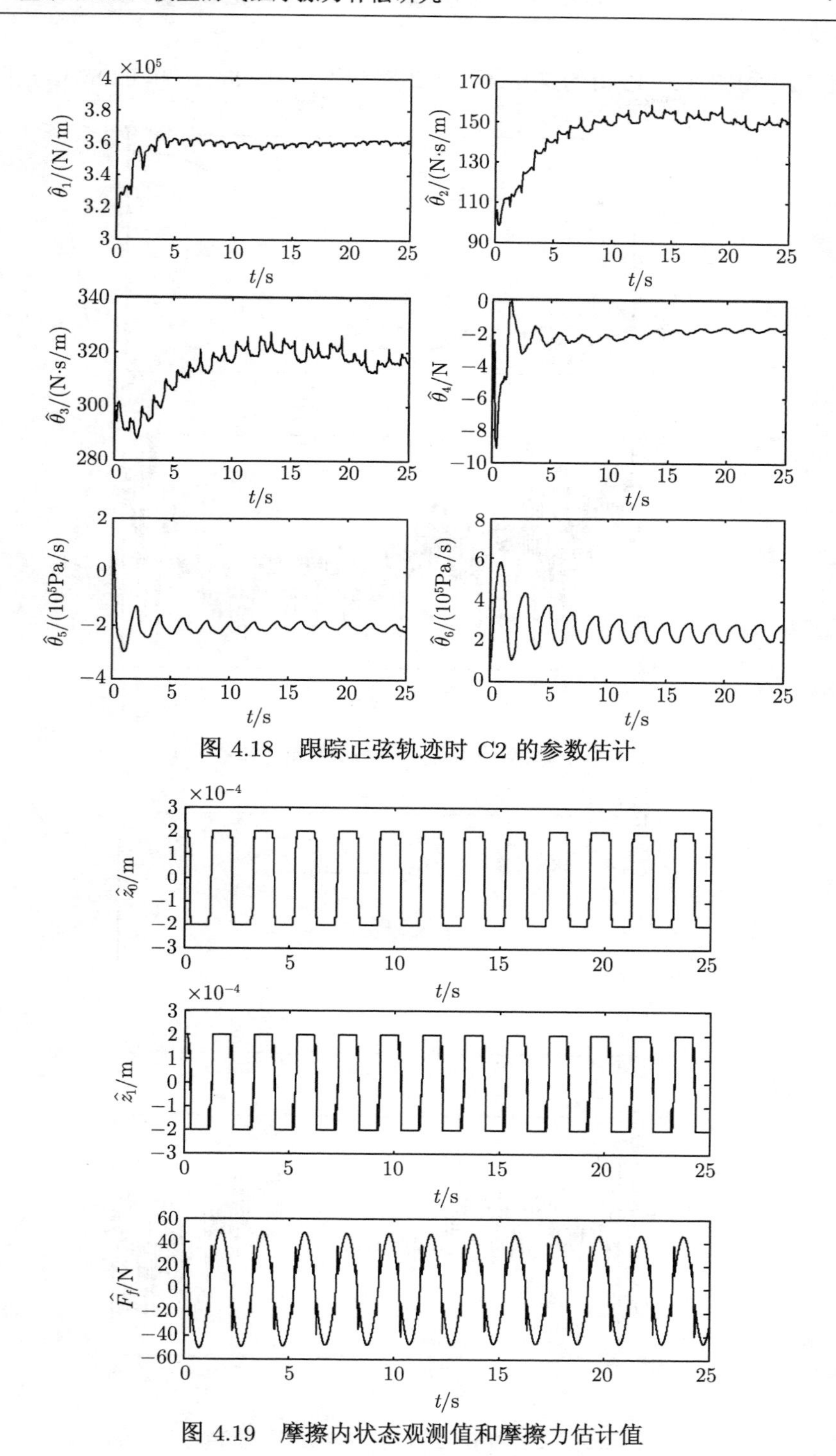

图 4.18 跟踪正弦轨迹时 C2 的参数估计

图 4.19 摩擦内状态观测值和摩擦力估计值

图 4.20 和图 4.21 给出的是系统在 C2 控制下对 0.125 Hz 和 0.25 Hz 正弦期望

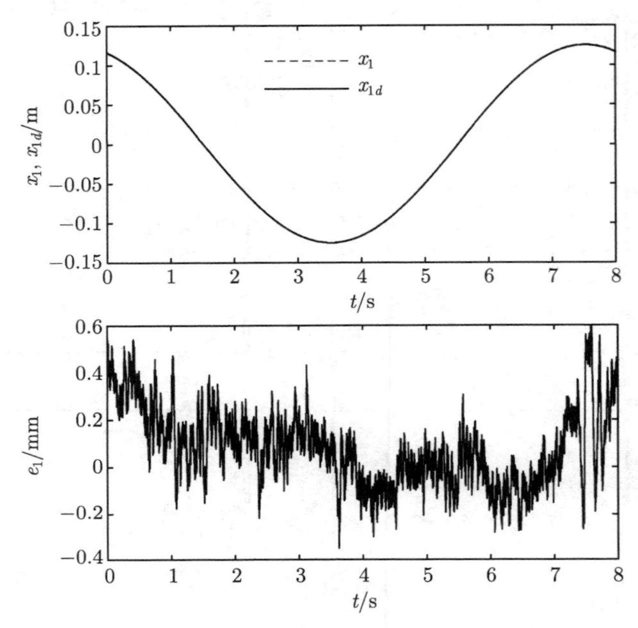

图 4.20　C2 对 0.125 Hz 正弦轨迹的跟踪响应

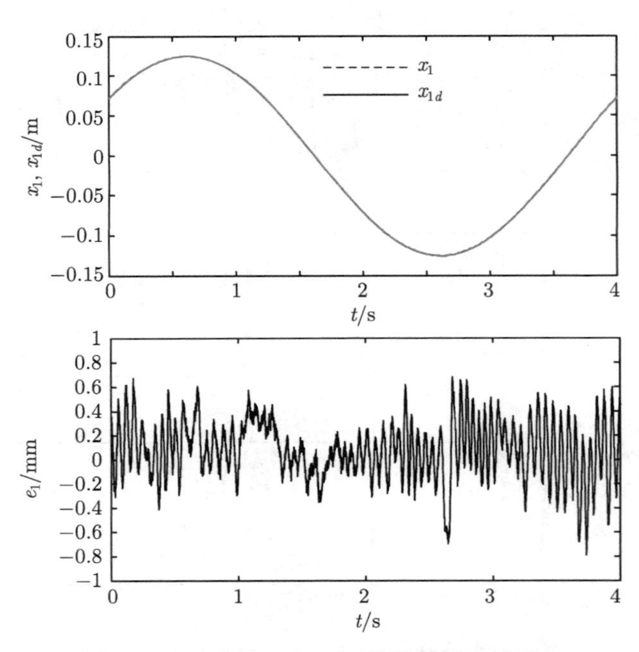

图 4.21　C2 对 0.25 Hz 正弦轨迹的跟踪响应

表 4.3 基于 LuGre 模型气缸摩擦力补偿结果性能指标

轨迹/m	C1			C2		
	$e_{1\mathrm{M}}$/mm	$\|e_1\|_{\mathrm{s}}$/mm	$e_{1\mathrm{F}}$/mm	$e_{1\mathrm{M}}$/mm	$\|e_1\|_{\mathrm{rms}}$/mm	$e_{1\mathrm{F}}$/mm
$0.125\sin(\pi t)$	2.27	0.64	1.96	1.61	0.68	1.32
$0.125\sin(0.5\pi t)$	1.48	0.78	1.48	0.91	0.27	0.88

轨迹的稳态响应，可见活塞实际位移和期望轨迹重合，气缸运行平稳、无爬行，跟踪性能优异。C2 对 0.25 Hz 正弦期望轨迹的最大稳态跟踪误差 $e_{1\mathrm{F}}$ 为 0.88 mm，平均稳态跟踪误差 $\|e_1\|_{\mathrm{rms}}$ 为 0.27 mm；对 0.125 Hz 正弦期望轨迹的最大稳态跟踪误差 $e_{1\mathrm{F}}$ 为 0.59 mm，平均稳态跟踪误差 $\|e_1\|_{\mathrm{rms}}$ 为 0.21 mm。图 4.22 给出的是系统在 C2 控制下对随机连续轨迹 $x_{1d} = 0.05\sin(1.25\pi t) + 0.05\sin(\pi t) + 0.05\sin(0.5\pi t)$ 的稳态跟踪响应，最大跟踪误差为 1.71 mm，平均跟踪误差为 0.45 mm。

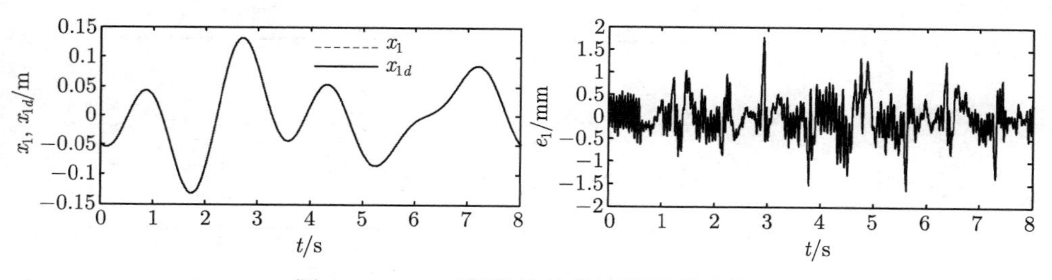

图 4.22 C2 对随机连续轨迹的跟踪响应

在气缸滑块上加载 3.16 kg 的有效载荷，控制器参数保持不变，测试本节所设计的控制器对模型不确定性的性能鲁棒性。图 4.23 给出的 C2 对 0.25 Hz 正弦期望轨迹的跟踪误差表明，系统跟踪性能基本不受影响。图 4.24 给出了 C2 对未知参数向量的估计，可见负载改变后，气缸摩擦力参数较之名义值会有大的改变，系统对于参数不确定性具有强的性能鲁棒性。

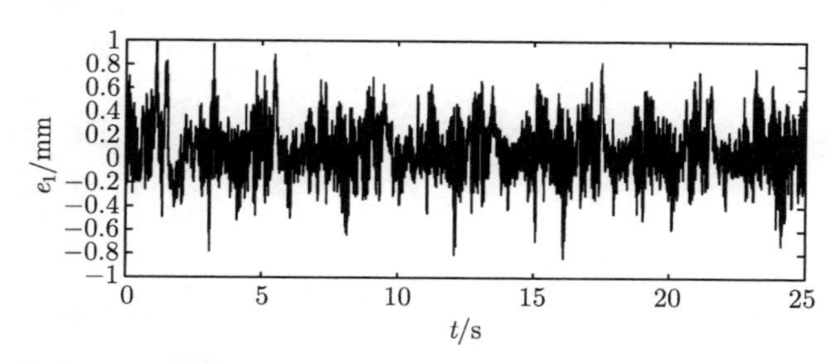

图 4.23 有负载情况下跟踪 0.25 Hz 正弦轨迹时 C2 的误差曲线

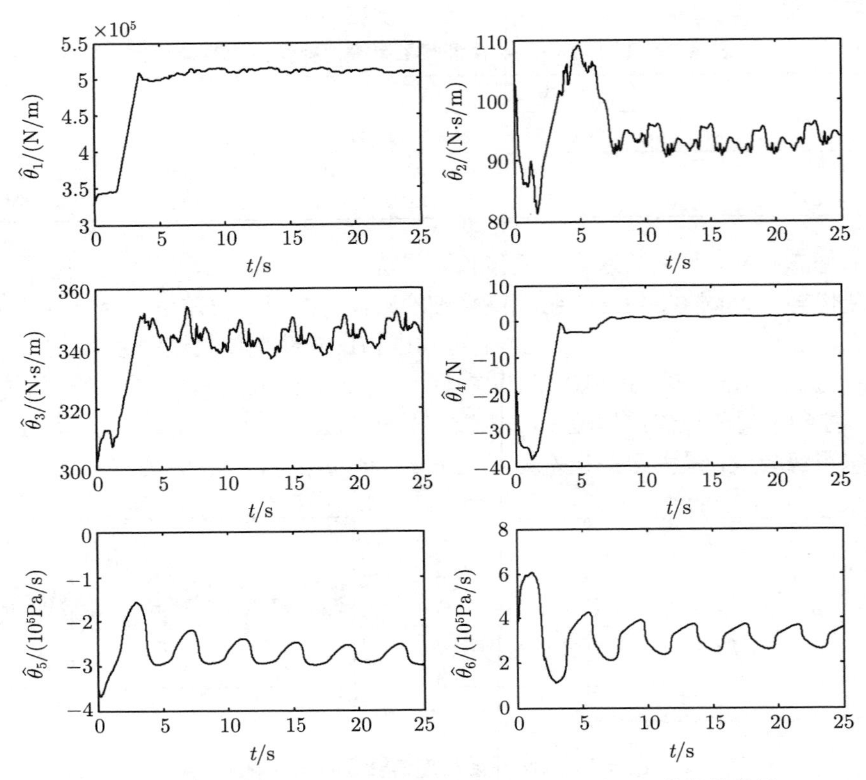

图 4.24　有负载情况下跟踪 0.25 Hz 正弦轨迹时 C2 的参数估计

第 5 章　基于交叉耦合方法的自适应鲁棒气动同步控制研究

本章提出一种基于交叉耦合方法的自适应鲁棒气动同步控制策略，既保证多气缸精确同步又不影响系统中每一气缸的轨迹跟踪控制精度。其基本思想是：将同步误差反馈至每个轴控制器的输入端与轨迹跟踪误差组成一个新的称为耦合误差的变量，为每个轴分别设计直接/间接集成自适应鲁棒控制器使耦合误差收敛，实现轨迹跟踪误差和同步误差同时收敛。以双气缸同步为例，本章给出控制器的详细设计步骤，并通过实验证明控制器的有效性和性能鲁棒性。最后，针对多气缸的广义同步控制问题，给出控制器设计方案。

5.1　同步控制策略概述

同步控制策略主要有三类：同等方式(equal-status approach)、主从方式(master-slave approach) 和交叉耦合方法 (cross-coupling approach)。主从方式指多个需要同步运动的对象，以其中一个对象的输出作为理想输出，其余对象受控来跟踪这一理想输出以达到同步。这种方式适用于各轴动态性能差异显著的系统，选择系统中响应速度最慢的那个轴为主动轴，让其他响应速度快的轴为从动轴跟踪主动轴的输出，从而达到同步的目的。本书所研究的气动同步系统各轴响应速度基本一致，所以这种控制策略明显不适合。同等方式是指根据多个对象所需要的相同运动要求产生理想参考轨迹，所有对象独立受控来跟踪这一理想输出以达到同步驱动。这种同步方式的优点是每个对象独立受控、相互间无作用，因而系统的稳定性容易保证；缺点是抗干扰能力弱，当某一轴受到干扰、无法精确跟踪理想输出后，同步精度立即变差。为弥补这一不足，气动同步研究中通常使用改进的同等方式，将同步误差通过一个同步控制器进行反馈 [12,169]。同步控制器的作用是根据同步误差对各轴控制器的输出进行修正，达到减小同步误差的目的，它的设计和调试依赖经验。虽然很多学者通过实验证实这种方法可以在一定程度上减小同步误差、提高同步系统的抗干扰能力，但同步系统的稳定性无法证明，且无法保证同步误差和各轴的轨迹跟踪误差同时收敛。

交叉耦合思想是 Koren[203] 为解决两轴进给系统的轮廓运动控制问题提出的，后被广泛应用于多轴运动系统以实现高性能轮廓加工 [204]。Tomizuka 等 [205] 首先提出将交叉耦合方法用于两轴的速度同步控制，Chiu 和 Tomizuka[206] 及 Sun[207] 进行了进一步深入研究，提出将交叉耦合方法用于多轴的位置同步控制，取得了良好的效果。基于交叉耦合方法的多轴位置同步控制策略的基本思想是：将同步误差直接反馈至每个轴控制器的输入端而非输出端，同步误差和单个轴的轨迹跟踪误差以某种设定模式组成一个新的称为耦合误差的变量，然后为每个轴分别设计控制器使耦合误差收敛，从而实现单个轴的轨迹跟踪误差和多轴间的同步误差同时收敛。这种思想还被用于机械手 [208]、行走机器人 [209–211] 和飞行器的同步控制 [212]，以及基于关节空间的并联平台控制 [213–215]。上述研究存在如下不足：① 仅针对电机伺服控制，如何应用于像气动位置伺服系统这样的高阶系统尚需进一步研究；② 控制算法多是 PID、自适应或滑模控制等较简单的算法，为实现多气缸的高精度位置同步控制，有必要采用能同时有效处理参数不确定性和不确定非线性的控制算法，如自适应鲁棒控制。

本章将交叉耦合思想与直接/间接集成自适应鲁棒控制结合起来，提出一种基于交叉耦合方法的自适应鲁棒气动同步控制策略，实现单缸的轨迹跟踪误差和多缸间的同步误差同时收敛，既保证多气缸精确同步又不影响系统中每一气缸的轨迹跟踪控制精度。

5.2　双气缸简易自适应鲁棒同步控制

为便于阐述基于交叉耦合方法的自适应鲁棒气动同步控制器设计，暂不考虑比例方向阀死区的自适应补偿，且采用静态摩擦模型来描述气缸摩擦力，即同步系统的两轴（两单缸气动位置伺服系统）仍采用式 (3.1) 所示的数学模型。

双缸气动同步系统的动力学模型可以写成

$$\boldsymbol{M}\ddot{\boldsymbol{x}} = \bar{A}\boldsymbol{p}_L - \boldsymbol{b}\dot{\boldsymbol{x}} - \boldsymbol{A}_f\boldsymbol{S}_f(\dot{\boldsymbol{x}}) - \boldsymbol{F}_L + \boldsymbol{f}_n + \tilde{\boldsymbol{f}}_0 \tag{5.1}$$

式中，$\boldsymbol{M} = \mathrm{diag}\{M_1, M_2\}$，$M_1$ 和 M_2 分别是两个无杆气缸运动部件及惯性负载的质量；$\boldsymbol{x} = [x_1, x_2]^{\mathrm{T}}$，$x_1$ 和 x_2 分别为两个无杆气缸活塞的位移；$\dot{\boldsymbol{x}} = [\dot{x}_1, \dot{x}_2]^{\mathrm{T}}$，$\dot{x}_1$ 和 $\dot{x}_2$ 分别为两个无杆气缸运动部件的速度；$\ddot{\boldsymbol{x}} = [\ddot{x}_1, \ddot{x}_2]^{\mathrm{T}}$，$\ddot{x}_1$ 和 $\ddot{x}_2$ 分别为两个无杆气缸运动部件的加速度；$\boldsymbol{b} = \mathrm{diag}\{b_1, b_2\}$，$b_1$ 和 b_2 分别为两个无杆气缸活塞及负载运动中的黏性摩擦系数；$\boldsymbol{A}_f = \mathrm{diag}\{A_{f1}, A_{f2}\}$，$\boldsymbol{S}_f(\dot{\boldsymbol{x}}) = [S_{f1}(\dot{x}_1), S_{f2}(\dot{x}_2)]^{\mathrm{T}}$，$A_{f1}S_{f1}(\dot{x}_1)$ 和 $A_{f2}S_{f2}(\dot{x}_2)$ 分别是两个无杆气缸的光滑摩擦模型，如式 (2.2) 所示；$\boldsymbol{F}_L = [F_{L1}, F_{L2}]^{\mathrm{T}}$，$F_{L1}$ 和 F_{L2} 分别为两个无杆气缸的外负载力；$\boldsymbol{f}_n = [f_{n1}, f_{n2}]^{\mathrm{T}}$，$\tilde{\boldsymbol{f}}_0 = [\tilde{f}_{01}, \tilde{f}_{02}]^{\mathrm{T}}$，$(f_{n1} + \tilde{f}_{01})$ 和 $(f_{n2} + \tilde{f}_{02})$ 表示两轴的建模误差及其他干扰的影响，其中 f_{n1} 和 f_{n2} 分别为它们的标称值；$\boldsymbol{p}_L = [p_{L1}, p_{L2}]^{\mathrm{T}}$，其中 $p_{L1} = p_{a1} - p_{b1}$、$p_{L2} = p_{a2} - p_{b2}$ 为气缸两腔压差，p_{a1} 和 p_{b1} 分别表示气缸 1 的两腔压力，p_{a2} 和 p_{b2} 分

别表示气缸 2 的两腔压力，它们的单位为 10^5 Pa；$\bar{A}=10^5A$，A 为气缸活塞有效面积。

定义未知参数向量 $\boldsymbol{\theta}_1=[\theta_{11},\theta_{12},\theta_{13},\theta_{14},\theta_{15},\theta_{16}]^{\mathrm{T}}=[b_1,A_{f1},-F_{L1}+f_{n1},b_2,A_{f2},-F_{L2}+f_{n2}]^{\mathrm{T}}$，式 (5.1) 可以写成如下形式：

$$\boldsymbol{M}\ddot{\boldsymbol{x}}=\bar{A}\boldsymbol{p}_L+\boldsymbol{\varphi}_1^{\mathrm{T}}\boldsymbol{\theta}_1+\tilde{\boldsymbol{f}}_0 \tag{5.2}$$

其中，$\boldsymbol{\varphi}_1^{\mathrm{T}}=\begin{bmatrix}\dot{x}_1 & S_{f1}(\dot{x}_1) & 1 & 0 & 0 & 0\\ 0 & 0 & 0 & \dot{x}_2 & S_{f2}(\dot{x}_2) & 1\end{bmatrix}$。

气缸两腔压差的微分方程为

$$\dot{\boldsymbol{p}}_L=\boldsymbol{q}_L+\boldsymbol{F}_p+\boldsymbol{d}_n+\tilde{\boldsymbol{d}}_0 \tag{5.3}$$

式中，$\boldsymbol{q}_L=\begin{bmatrix}q_{L1}\\ q_{L2}\end{bmatrix}=\begin{bmatrix}\dfrac{\gamma R}{S_pV_{a1}}(\dot{m}_{\mathrm{ain1}}T_s-\dot{m}_{\mathrm{aout1}}T_{a1})-\dfrac{\gamma R}{S_pV_{b1}}(\dot{m}_{\mathrm{bin1}}T_s-\dot{m}_{\mathrm{bout1}}T_{b1})\\ \dfrac{\gamma R}{S_pV_{a2}}(\dot{m}_{\mathrm{ain2}}T_s-\dot{m}_{\mathrm{aout2}}T_{a2})-\dfrac{\gamma R}{S_pV_{b2}}(\dot{m}_{\mathrm{bin2}}T_s-\dot{m}_{\mathrm{bout2}}T_{b2})\end{bmatrix}$；

$\boldsymbol{F}_p=\begin{bmatrix}-\dfrac{\gamma A}{V_{a1}}\dot{x}_1p_{a1}-\dfrac{\gamma A}{V_{b1}}\dot{x}_1p_{b1}+\dfrac{\gamma-1}{S_pV_{a1}}\dot{Q}_{a1}-\dfrac{\gamma-1}{S_pV_{b1}}\dot{Q}_{b1}\\ -\dfrac{\gamma A}{V_{a2}}\dot{x}_2p_{a2}-\dfrac{\gamma A}{V_{b2}}\dot{x}_2p_{b2}+\dfrac{\gamma-1}{S_pV_{a2}}\dot{Q}_{a2}-\dfrac{\gamma-1}{S_pV_{b2}}\dot{Q}_{b2}\end{bmatrix}$；$\boldsymbol{d}_n=\begin{bmatrix}d_{n1}\\ d_{n2}\end{bmatrix}$；$\tilde{\boldsymbol{d}}_0=\begin{bmatrix}\tilde{d}_{01}\\ \tilde{d}_{02}\end{bmatrix}$；$(d_{n1}+\tilde{d}_{01})$ 和 $(d_{n2}+\tilde{d}_{02})$ 表示两轴的建模误差及其他干扰的影响，其中 d_{n1} 和 d_{n2} 分别为它们的标称值，上述各项的含义见式 (3.1)，下标中的 1、2 代表同步系统中的气缸 1、气缸 2。

定义未知参数向量 $\boldsymbol{\theta}_2=[\theta_{21},\theta_{22}]^{\mathrm{T}}=[d_{n1},d_{n2}]^{\mathrm{T}}$，式 (5.3) 可以写成如下形式：

$$\dot{\boldsymbol{p}}_L=\boldsymbol{q}_L+\boldsymbol{F}_p+\boldsymbol{\varphi}_2^{\mathrm{T}}\boldsymbol{\theta}_2+\tilde{\boldsymbol{d}}_0 \tag{5.4}$$

其中，$\boldsymbol{\varphi}_2^{\mathrm{T}}=\begin{bmatrix}1 & 0\\ 0 & 1\end{bmatrix}$。

虽然参数向量 $\boldsymbol{\theta}_1$、$\boldsymbol{\theta}_2$ 未知，但是其不确定性的范围在实际中却是可以预测的，所以假设系统中的参数不确定性和不确定非线性均是有界的，并且满足：

$$\begin{cases}\boldsymbol{\theta}_i\in\boldsymbol{\Omega}_{\boldsymbol{\theta}_i}\triangleq\{\boldsymbol{\theta}_i:\boldsymbol{\theta}_{\mathrm{min}i}\leqslant\boldsymbol{\theta}_i\leqslant\boldsymbol{\theta}_{\mathrm{max}i}\} \qquad i=1,2\\ \tilde{\boldsymbol{f}}_0\in\boldsymbol{\Omega}_{\tilde{f}_0}\triangleq\left\{\tilde{\boldsymbol{f}}_0:\|\tilde{\boldsymbol{f}}_0\|\leqslant f_{\max}\right\}\\ \tilde{\boldsymbol{d}}_0\in\boldsymbol{\Omega}_{\tilde{d}_0}\triangleq\left\{\tilde{\boldsymbol{d}}_0:\|\tilde{\boldsymbol{d}}_0\|\leqslant d_{\max}\right\}\end{cases} \tag{5.5}$$

式中，$\boldsymbol{\theta}_{\mathrm{min}i}$ 和 $\boldsymbol{\theta}_{\mathrm{max}i}$ 分别为未知参数向量的最小和最大值；$f_{\max}$ 和 $d_{\max}$ 为已知的正值。

基于交叉耦合方法的自适应鲁棒气动同步控制器的设计目标是构建两个比例方向阀的控制输入 $\boldsymbol{u}=[u_1,u_2]^{\mathrm{T}}$，使得两个气缸活塞位移精确同步，同时保证每个气缸尽可能准地跟踪期望轨迹 $x_d(t)$，令系统具有良好的瞬态性能。与前文一样，将采用更新速度受限的非连续投影式参数自适应律，使参数估计值始终在已知界内、参数估计设计和鲁棒控制器设计完全分离。

5.2.1　同步控制器设计

5.2.1.1　步骤 1

定义气动同步系统轨迹跟踪误差向量为

$$\boldsymbol{e}=\begin{bmatrix} e_1 \\ e_2 \end{bmatrix}=\begin{bmatrix} x_1-x_d \\ x_2-x_d \end{bmatrix}=\boldsymbol{x}-\boldsymbol{x}_d \tag{5.6}$$

同步误差向量为

$$\boldsymbol{\epsilon}=\begin{bmatrix} \epsilon_1 \\ \epsilon_2 \end{bmatrix}=\begin{bmatrix} e_1-e_2 \\ e_2-e_1 \end{bmatrix}=\boldsymbol{T}\boldsymbol{e} \tag{5.7}$$

式中，$\boldsymbol{T}=\begin{bmatrix} 1 & -1 \\ -1 & 1 \end{bmatrix}$ 是同步变换矩阵。为设计控制器使轨迹跟踪误差和同步误差同时收敛，将两者按照如下方式组合，定义耦合误差向量为

$$\boldsymbol{E}=\boldsymbol{e}+\boldsymbol{\beta}T^{\mathrm{T}}\int_0^t \boldsymbol{\epsilon}\mathrm{d}w \tag{5.8}$$

式中，$\boldsymbol{E}=[E_1,E_2]^{\mathrm{T}}$，$\boldsymbol{\beta}=\mathrm{diag}\{\beta_1,\beta_2\}$ 是正定对角耦合增益矩阵。由此可见，耦合误差中同时包含了轨迹跟踪误差和同步误差的信息，两轴的耦合误差为

$$\begin{aligned} E_1&=e_1+\beta_1\int_0^t(\epsilon_1-\epsilon_2)\mathrm{d}w \\ E_2&=e_2+\beta_2\int_0^t(\epsilon_2-\epsilon_1)\mathrm{d}w \end{aligned} \tag{5.9}$$

定义一个类似滑模面的变量为

$$\boldsymbol{r}=\dot{\boldsymbol{E}}+\boldsymbol{\Lambda}\boldsymbol{E} \tag{5.10}$$

式中，$\boldsymbol{\Lambda}=\mathrm{diag}\{\Lambda_1,\Lambda_2\}$ 是正定对角增益矩阵。将式 (5.10) 对时间微分，可得

$$\dot{\boldsymbol{r}}=\ddot{\boldsymbol{e}}+\boldsymbol{\beta}\boldsymbol{T}^{\mathrm{T}}\dot{\boldsymbol{\epsilon}}+\boldsymbol{\Lambda}\dot{\boldsymbol{e}}+\boldsymbol{\Lambda}\boldsymbol{\beta}\boldsymbol{T}^{\mathrm{T}}\boldsymbol{\epsilon} \tag{5.11}$$

定义一个非负函数

$$V_2=\frac{1}{2}\boldsymbol{r}^{\mathrm{T}}\boldsymbol{M}\boldsymbol{r}+\frac{1}{2}\boldsymbol{\epsilon}^{\mathrm{T}}\boldsymbol{K}_\epsilon\boldsymbol{\epsilon}+\frac{1}{2}\left(\int_0^t\boldsymbol{T}^{\mathrm{T}}\boldsymbol{\epsilon}\mathrm{d}w\right)^{\mathrm{T}}\boldsymbol{\beta}\boldsymbol{\Lambda}\boldsymbol{K}_\epsilon\left(\int_0^t\boldsymbol{T}^{\mathrm{T}}\boldsymbol{\epsilon}\mathrm{d}w\right) \tag{5.12}$$

式中，$\boldsymbol{K}_\epsilon = \mathrm{diag}\{K_{\epsilon 1}, K_{\epsilon 2}\}$ 是正定对角矩阵。微分 V_2 并将式 (5.2) 和式 (5.11) 代入可以得到

$$\begin{aligned}\dot{V}_2 = &\boldsymbol{r}^{\mathrm{T}}\left[\bar{A}\boldsymbol{p}_L + \boldsymbol{\varphi}_1^{\mathrm{T}}\boldsymbol{\theta}_1 + \tilde{\boldsymbol{f}}_0 - \boldsymbol{M}\ddot{\boldsymbol{x}}_d + \boldsymbol{M}\boldsymbol{\beta}\boldsymbol{T}^{\mathrm{T}}\dot{\boldsymbol{\epsilon}} + \boldsymbol{M}\boldsymbol{\Lambda}\dot{\boldsymbol{E}}\right] + \\ &\boldsymbol{\epsilon}^{\mathrm{T}}\boldsymbol{K}_\epsilon\dot{\boldsymbol{\epsilon}} + \left(\int_0^t \boldsymbol{T}^{\mathrm{T}}\boldsymbol{\epsilon}\mathrm{d}w\right)^{\mathrm{T}}\boldsymbol{\beta}\boldsymbol{\Lambda}\boldsymbol{K}_\epsilon T^{\mathrm{T}}\boldsymbol{\epsilon}\end{aligned} \tag{5.13}$$

将 $\boldsymbol{p}_L$ 作为虚拟控制输入，期望虚拟控制输入 $\boldsymbol{p}_{Ld}$ 的直接/间接集成自适应鲁棒控制律为

$$\begin{aligned}&\boldsymbol{p}_{Ld} = \boldsymbol{p}_{Lda1} + \boldsymbol{p}_{Lda2} + \boldsymbol{p}_{Lds1} + \boldsymbol{p}_{Lds2}, \\ &\boldsymbol{p}_{Lda1} = \frac{1}{\bar{A}}\left[-\boldsymbol{\varphi}_1^{\mathrm{T}}\hat{\boldsymbol{\theta}}_1 + \boldsymbol{M}\ddot{\boldsymbol{x}}_d - \boldsymbol{M}\boldsymbol{\beta}\boldsymbol{T}^{\mathrm{T}}\dot{\boldsymbol{\epsilon}} - \boldsymbol{M}\boldsymbol{\Lambda}\dot{\boldsymbol{E}} - \boldsymbol{K}_\epsilon\boldsymbol{T}^{\mathrm{T}}\boldsymbol{\epsilon}\right], \\ &\boldsymbol{p}_{Lds1} = -\frac{1}{\bar{A}}\boldsymbol{K}_p\boldsymbol{r}\end{aligned} \tag{5.14}$$

式中，$\boldsymbol{p}_{Lda1}$ 是模型补偿项，其中最后一项用来补偿引入耦合误差对系统动态的影响，它的作用在后面稳定性分析中会显现；$\hat{\boldsymbol{\theta}}_1$ 是利用非连续投影式参数自适应律获得的未知参数在线估计值，参数估计值始终在已知界内；$\boldsymbol{p}_{Lds1}$ 是用来稳定名义系统的项，选择为 $\boldsymbol{r}$ 的简单比例反馈；$\boldsymbol{K}_p$ 是正定对角反馈增益矩阵；$\boldsymbol{p}_{Lda2}$ 是待定的快速动态补偿项；$\boldsymbol{p}_{Lds2}$ 是待定的用来抑制参数估计误差和不确定非线性影响的鲁棒反馈项。令 $\boldsymbol{e}_p = \boldsymbol{p}_L - \boldsymbol{p}_{Ld}$ 表示实际和期望虚拟控制输入之间的误差，将式 (5.14) 代入式 (5.13)，可得

$$\begin{aligned}\dot{V}_2 = &\boldsymbol{r}^{\mathrm{T}}\bar{A}\boldsymbol{e}_p - \boldsymbol{r}^{\mathrm{T}}\boldsymbol{T}\boldsymbol{K}_p\boldsymbol{r} + \boldsymbol{r}^{\mathrm{T}}\left(\bar{A}\boldsymbol{p}_{Lda2} + \bar{A}\boldsymbol{p}_{Lds2} - \boldsymbol{\varphi}_1^{\mathrm{T}}\tilde{\boldsymbol{\theta}}_1 + \tilde{\boldsymbol{f}}_0\right) \\ &-\boldsymbol{r}^{\mathrm{T}}\boldsymbol{K}_\epsilon\boldsymbol{T}^{\mathrm{T}}\boldsymbol{\epsilon} + \boldsymbol{\epsilon}^{\mathrm{T}}\boldsymbol{K}_\epsilon\dot{\boldsymbol{\epsilon}} + \left(\int_0^t \boldsymbol{T}^{\mathrm{T}}\boldsymbol{\epsilon}\mathrm{d}w\right)^{\mathrm{T}}\boldsymbol{\beta}\boldsymbol{\Lambda}\boldsymbol{K}_\epsilon\boldsymbol{T}^{\mathrm{T}}\boldsymbol{\epsilon}\end{aligned} \tag{5.15}$$

将式 (5.10) 代入式 (5.15) 中 $\boldsymbol{r}^{\mathrm{T}}\boldsymbol{K}_\epsilon\boldsymbol{T}^{\mathrm{T}}\boldsymbol{\epsilon}$ 这一项，将其展开，因为同步系统的两轴结构一致，可以假设 $\beta_1 = \beta_2$、$\Lambda_1 = \Lambda_2$ 和 $K_{\epsilon 1} = K_{\epsilon 2}$，式 (5.15) 可以简化为

$$\begin{aligned}\dot{V}_2 = &\boldsymbol{r}^{\mathrm{T}}\bar{A}\boldsymbol{e}_p - \boldsymbol{r}^{\mathrm{T}}\boldsymbol{K}_p r + \boldsymbol{r}^{\mathrm{T}}\left(\bar{A}\boldsymbol{p}_{Lda2} + \bar{A}\boldsymbol{p}_{Lds2} - \boldsymbol{\varphi}_1^{\mathrm{T}}\tilde{\boldsymbol{\theta}}_1 + \tilde{\boldsymbol{f}}_0\right) \\ &-(\boldsymbol{T}^{\mathrm{T}}\boldsymbol{\epsilon})^{\mathrm{T}}\boldsymbol{\beta}^{\mathrm{T}}\boldsymbol{K}_\epsilon(\boldsymbol{T}^{\mathrm{T}}\boldsymbol{\epsilon}) - \boldsymbol{\epsilon}^{\mathrm{T}}\boldsymbol{\Lambda}^{\mathrm{T}}\boldsymbol{K}_\epsilon\boldsymbol{\epsilon}\end{aligned} \tag{5.16}$$

参数估计误差带来的模型不确定性及不确定非线性可被分解为低频分量 $\boldsymbol{d}_{c1}$ 和高频分量 $\boldsymbol{\Delta}_1(t)$，即

$$\boldsymbol{d}_{c1} + \boldsymbol{\Delta}_1(t) = -\boldsymbol{\varphi}_1^{\mathrm{T}}\tilde{\boldsymbol{\theta}}_1 + \tilde{\boldsymbol{f}}_0 \tag{5.17}$$

低频分量 $\boldsymbol{d}_{c1}$ 可利用快速动态补偿项 $\boldsymbol{p}_{Lda2}$ 进行补偿，即 $\boldsymbol{p}_{Lda2}$ 选择为

$$\boldsymbol{p}_{Lda2} = -\frac{1}{\bar{A}}\hat{\boldsymbol{d}}_{c1} \tag{5.18}$$

式中，$\hat{\boldsymbol{d}}_{c1}$ 是 $\boldsymbol{d}_{c1}$ 的估计值，它的自适应律为

$$\dot{\hat{\boldsymbol{d}}}_{c1} = \mathrm{Proj}_{\hat{\boldsymbol{d}}_{c1}}(\boldsymbol{\gamma}_{c1}\boldsymbol{r}) = \begin{cases} 0 & \text{当} \|\hat{\boldsymbol{d}}_{c1}\| = d_{c1M} \text{ 且} \hat{\boldsymbol{d}}_{c1}^{\mathrm{T}}(t)\boldsymbol{r} > 0 \\ \gamma_{c1}\boldsymbol{r} & \text{其他} \end{cases} \tag{5.19}$$

其中，$\|\hat{\boldsymbol{d}}_{c1}(0)\| \leqslant d_{c1M}$。式中，$\boldsymbol{\gamma}_{c1} = \mathrm{diag}\{\gamma_{c11}, \gamma_{c12}\}$ 是对角自适应率矩阵；$d_{c1M} > 0$ 是预先设定的边界。该自适应律保证了 $\|\hat{\boldsymbol{d}}_{c1}(t)\| \leqslant d_{c1M}, \forall t$。将式 (5.17) 和式 (5.18) 代入式 (5.16) 可得

$$\begin{aligned} \dot{V}_2 = &\boldsymbol{r}^{\mathrm{T}}\bar{A}\boldsymbol{e}_p - \boldsymbol{r}^{\mathrm{T}}\boldsymbol{K}_p\boldsymbol{r} + \boldsymbol{r}^{\mathrm{T}}\left[\bar{A}\boldsymbol{p}_{Lds2} - \tilde{\boldsymbol{d}}_{c1} + \boldsymbol{\Delta}_1(t)\right] \\ &-(\boldsymbol{T}^{\mathrm{T}}\boldsymbol{\epsilon})^{\mathrm{T}}\boldsymbol{\beta}^{\mathrm{T}}\boldsymbol{K}_\epsilon(\boldsymbol{T}^{\mathrm{T}}\boldsymbol{\epsilon}) - \boldsymbol{\epsilon}^{\mathrm{T}}\boldsymbol{\Lambda}^{\mathrm{T}}\boldsymbol{K}_\epsilon\boldsymbol{\epsilon} = \boldsymbol{r}^{\mathrm{T}}\bar{A}\boldsymbol{e}_p + \dot{V}_2|_{\boldsymbol{p}_{Ld}} \end{aligned} \tag{5.20}$$

式中，$\dot{V}_2|_{\boldsymbol{p}_{Ld}}$ 代表 $\dot{V}_2$ 当 $\boldsymbol{p}_L = \boldsymbol{p}_{Ld}$，即 $\boldsymbol{e}_p = 0$ 时的情况。

鲁棒反馈项 $\boldsymbol{p}_{Lds2}$ 需要满足下面两个条件：

$$\begin{cases} \boldsymbol{r}^{\mathrm{T}}[\bar{A}\boldsymbol{p}_{Lds2} - \tilde{\boldsymbol{d}}_{c1} + \boldsymbol{\Delta}_1(t)] \leqslant \eta_2 \\ \boldsymbol{r}^{\mathrm{T}}\bar{A}\boldsymbol{p}_{Lds2} \leqslant 0 \end{cases} \tag{5.21}$$

式中，$\eta_2 > 0$ 可以是任意小的正数。同样的，满足上述条件的鲁棒反馈项 $\boldsymbol{p}_{Lda2}$ 可以选择为

$$\boldsymbol{p}_{Lds2} = -\frac{1}{\bar{A}}\frac{h_2^2(t)}{4\eta_2}\boldsymbol{r} \tag{5.22}$$

其中，$h_2(t)$ 是满足如下条件的光滑函数：

$$h_2(t) \geqslant d_{c1M} + \|\boldsymbol{\theta}_{M1}\|\|\boldsymbol{\varphi}_1\| + f_{\max} \tag{5.23}$$

其中，$\boldsymbol{\theta}_{M1} = \boldsymbol{\theta}_{\max 1} - \boldsymbol{\theta}_{\min 1}$。

将式 (5.21) 的第一个条件代入式 (5.20)，可得

$$\dot{V}_2 \leqslant \boldsymbol{r}^{\mathrm{T}}\bar{A}\boldsymbol{e}_p - \boldsymbol{r}^{\mathrm{T}}\boldsymbol{K}_p\boldsymbol{r} - (\boldsymbol{T}^{\mathrm{T}}\boldsymbol{\epsilon})^{\mathrm{T}}\boldsymbol{\beta}^{\mathrm{T}}\boldsymbol{K}_\epsilon(\boldsymbol{T}^{\mathrm{T}}\boldsymbol{\epsilon}) - \boldsymbol{\epsilon}^{\mathrm{T}}\boldsymbol{\Lambda}^{\mathrm{T}}\boldsymbol{K}_\epsilon\boldsymbol{\epsilon} + \eta_2 \tag{5.24}$$

由式 (5.24) 可知，若 $\boldsymbol{e}_p = 0$、$\boldsymbol{K}_p$ 足够大或 η_2 足够小，则式 (5.12) 所示的李雅普诺夫函数的微分负定，误差向量 $\boldsymbol{r}$ 和同步误差向量 $\boldsymbol{\epsilon}$ 有界；由式 (5.10) 可知，耦合误差向量 $\boldsymbol{E}$ 和耦合微分误差向量 $\dot{\boldsymbol{E}}$ 是有界的；对式 (5.8) 进行微分可知，跟踪误差微分向量 $\dot{\boldsymbol{e}}$ 是有界的；对式 (5.7) 进行微分可知，同步误差微分向量 $\dot{\boldsymbol{\epsilon}}$ 是有界的，控制器输出是有界的；因为同步误差向量 $\boldsymbol{\epsilon}$ 和耦合误差向量 $\boldsymbol{E}$ 有界，由它们的定义可以很容易看出跟踪误差向量 $\boldsymbol{e}$ 也必然是有界的。由此可见，系统中所有信号都是有界的，该控制器实现了轨迹跟踪误差和同步误差的同时收敛，步骤 2 的设计任务是使 $\boldsymbol{e}_p$ 趋近于零。

5.2.1.2 步骤 2

$\boldsymbol{e}_p$ 对时间的微分为

$$\dot{\boldsymbol{e}}_p = \boldsymbol{q}_L + \boldsymbol{F}_p + \boldsymbol{\varphi}_2^{\mathrm{T}}\boldsymbol{\theta}_2 + \tilde{\boldsymbol{d}}_0 - \dot{\boldsymbol{p}}_{Ldc} - \dot{\boldsymbol{p}}_{Ldu} \tag{5.25}$$

其中，$\dot{\boldsymbol{p}}_{Ldc} = \dfrac{\partial \boldsymbol{p}_{Ld}}{\partial \boldsymbol{x}}\dot{\boldsymbol{x}} + \dfrac{\partial \boldsymbol{p}_{Ld}}{\partial \dot{\boldsymbol{x}}}\hat{\ddot{\boldsymbol{x}}} + \dfrac{\partial \boldsymbol{p}_{Ld}}{\partial \hat{\boldsymbol{\theta}}_1}\dot{\hat{\boldsymbol{\theta}}}_1 + \dfrac{\partial \boldsymbol{p}_{Ld}}{\partial \hat{\boldsymbol{d}}_{c1}}\dot{\hat{\boldsymbol{d}}}_{c1} + \dfrac{\partial \boldsymbol{p}_{Ld}}{\partial t}$；$\hat{\ddot{\boldsymbol{x}}} = \boldsymbol{M}^{-1}(\bar{A}\boldsymbol{p}_L + \boldsymbol{\varphi}_1^{\mathrm{T}}\hat{\boldsymbol{\theta}}_1)$；$\dot{\boldsymbol{p}}_{Ldu} = \boldsymbol{M}^{-1}\dfrac{\partial \boldsymbol{p}_{Ld}}{\partial \dot{\boldsymbol{x}}}(-\boldsymbol{\varphi}_1^{\mathrm{T}}\tilde{\boldsymbol{\theta}}_1 + \tilde{\boldsymbol{f}}_0)$。式中，$\dot{\boldsymbol{p}}_{Ldc}$ 是 $\boldsymbol{p}_{Ld}$ 微分的可计算部分，将会被用于这一步控制器中模型补偿项的设计；$\hat{\ddot{\boldsymbol{x}}}$ 是 $\ddot{\boldsymbol{x}}$ 的估计值；$\dot{\boldsymbol{p}}_{Ldu}$ 是 $\boldsymbol{p}_{Ld}$ 微分的不可计算部分，将会被鲁棒反馈项抑制。

定义一个半正定函数

$$V_3 = V_2 + \frac{1}{2}\boldsymbol{e}_p^{\mathrm{T}}\boldsymbol{e}_p \tag{5.26}$$

微分 V_3 并将式 (5.20) 和式 (5.25) 代入可以得到

$$\dot{V}_3 = \dot{V}_2|_{\boldsymbol{p}_{Ld}} + \boldsymbol{e}_p^{\mathrm{T}}\left(\boldsymbol{q}_L + \bar{A}\boldsymbol{r} + \boldsymbol{F}_p + \boldsymbol{\varphi}_2^{\mathrm{T}}\boldsymbol{\theta}_2 + \tilde{\boldsymbol{d}}_0 - \dot{\boldsymbol{p}}_{Ldc} - \dot{\boldsymbol{p}}_{Ldu}\right) \tag{5.27}$$

将 $\boldsymbol{q}_L$ 作为虚拟控制输入，为其设计直接/间接集成自适应鲁棒控制律为

$$\begin{aligned} &\boldsymbol{q}_{Ld} = \boldsymbol{q}_{Lda1} + \boldsymbol{q}_{Lda2} + \boldsymbol{q}_{Lds1} + \boldsymbol{q}_{Lds2}, \\ &\boldsymbol{q}_{Lda1} = -\bar{A}\boldsymbol{r} - \boldsymbol{F}_p - \boldsymbol{\varphi}_2^{\mathrm{T}}\hat{\boldsymbol{\theta}}_2 + \dot{\boldsymbol{p}}_{Ldc}, \\ &\boldsymbol{q}_{Lds1} = -\boldsymbol{K}_q\boldsymbol{e}_p \end{aligned} \tag{5.28}$$

式中，$\boldsymbol{q}_{Lda1}$ 是模型补偿项；$\hat{\boldsymbol{\theta}}_2$ 是利用非连续投影式参数自适应律获得的未知参数的在线估计值，参数估计值始终在已知界内；$\boldsymbol{q}_{Lds1}$ 是用来稳定名义系统的项，选择为 $\boldsymbol{e}_p$ 的简单比例反馈；$\boldsymbol{K}_q$ 是正定对角反馈增益矩阵；$\boldsymbol{q}_{Lda2}$ 是待定的快速动态补偿项；$\boldsymbol{q}_{Lds2}$ 是待定的用来抑制参数估计误差和不确定非线性影响的鲁棒反馈项。假设流量公式是精确的，将式 (5.28) 代入式 (5.27)，可得

$$\dot{V}_3 = \dot{V}_2|_{\boldsymbol{p}_{Ld}} - \boldsymbol{e}_p^{\mathrm{T}}\boldsymbol{K}_q\boldsymbol{e}_p + \boldsymbol{e}_p^{\mathrm{T}}\left(\boldsymbol{q}_{Lda2} + \boldsymbol{q}_{Lds2} - \boldsymbol{\varphi}_2^{\mathrm{T}}\tilde{\boldsymbol{\theta}}_2 + \tilde{\boldsymbol{d}}_0 - \dot{\boldsymbol{p}}_{Ldu}\right) \tag{5.29}$$

与式 (5.17) 类似，定义一个常量 $\boldsymbol{d}_{c2}$ 和一个时变函数 $\boldsymbol{\Delta}_2(t)$ 满足

$$\boldsymbol{d}_{c2} + \boldsymbol{\Delta}_2(t) = -\boldsymbol{\varphi}_2^{\mathrm{T}}\tilde{\boldsymbol{\theta}}_2 + \tilde{\boldsymbol{d}}_0 - \dot{\boldsymbol{p}}_{Ldu} \tag{5.30}$$

类似的，低频分量 $\boldsymbol{d}_{c2}$ 可利用快速动态补偿项 $\boldsymbol{q}_{Lda2}$ 进行补偿，即 $\boldsymbol{q}_{Lda2}$ 选择为

$$\boldsymbol{q}_{Lda2} = -\hat{\boldsymbol{d}}_{c2} \tag{5.31}$$

式中，$\hat{\boldsymbol{d}}_{c2}$ 是对 $\boldsymbol{d}_{c2}$ 的估计，它的自适应律为

$$\dot{\hat{\boldsymbol{d}}}_{c2} = \mathrm{Proj}_{\hat{\boldsymbol{d}}_{c2}}(\boldsymbol{\gamma}_{c2}\boldsymbol{e}_p) = \begin{cases} 0 & \text{当}\|\hat{\boldsymbol{d}}_{c2}\| = d_{c2M}\ \text{且}\hat{\boldsymbol{d}}_{c2}^{\mathrm{T}}(t)\boldsymbol{e}_p > 0 \\ \boldsymbol{\gamma}_{c2}\boldsymbol{e}_p & \text{其他} \end{cases} \tag{5.32}$$

其中，$\|\hat{\boldsymbol{d}}_{c2}(0)\| \leqslant d_{c2M}$。式中，$\boldsymbol{\gamma}_{c2} = \mathrm{diag}\{\gamma_{c21}, \gamma_{c22}\}$ 是对角自适应率矩阵；$d_{c2M} > 0$ 是预先设定的边界。该自适应律保证了 $\|\hat{\boldsymbol{d}}_{c2}(t)\| \leqslant d_{c2M}, \forall t$。将式 (5.30) 和式 (5.31) 代入式 (5.29) 可得

$$\dot{V}_3 = \dot{V}_2|_{\boldsymbol{p}_{Ld}} - \boldsymbol{e}_p^{\mathrm{T}}\boldsymbol{K}_q\boldsymbol{e}_p + \boldsymbol{e}_p^{\mathrm{T}}\left[\boldsymbol{q}_{Lds2} - \tilde{\boldsymbol{d}}_{c2} + \boldsymbol{\Delta}_2(t)\right] \tag{5.33}$$

类似的，鲁棒反馈项 $\boldsymbol{q}_{Lds2}$ 需要满足下面两个条件：

$$\begin{cases} \boldsymbol{e}_p^{\mathrm{T}}\left[\boldsymbol{q}_{Lds2} - \tilde{\boldsymbol{d}}_{c2} + \boldsymbol{\Delta}_2(t)\right] \leqslant \eta_3 \\ \boldsymbol{e}_p^{\mathrm{T}}\boldsymbol{q}_{Lds2} \leqslant 0 \end{cases} \tag{5.34}$$

式中，$\eta_3 > 0$ 可以是任意小的正数。满足上述条件的鲁棒反馈项 $\boldsymbol{q}_{Lds2}$ 可以选择为

$$\boldsymbol{q}_{Lds2} = -\frac{h_3^2(t)}{4\eta_3}\boldsymbol{e}_p \tag{5.35}$$

其中，$h_3(t)$ 是满足如下条件的光滑函数：

$$h_3(t) \geqslant \|\boldsymbol{M}^{-1}\frac{\partial \boldsymbol{p}_{Ld}}{\partial \dot{\boldsymbol{x}}}\|(\|\boldsymbol{\theta}_{M1}\|\|\boldsymbol{\varphi}_1\| + f_{\max}) + d_{c2M} + \|\boldsymbol{\theta}_{M2}\|\|\boldsymbol{\varphi}_2\| + d_{\max} \tag{5.36}$$

其中，$\boldsymbol{\theta}_{M2} = \boldsymbol{\theta}_{\max 2} - \boldsymbol{\theta}_{\min 2}$。

将式 (5.34) 的第一个条件代入式 (5.33)，可得

$$\dot{V}_3 \leqslant -\boldsymbol{r}^{\mathrm{T}}\boldsymbol{K}_p r - \boldsymbol{e}_p^{\mathrm{T}}\boldsymbol{K}_q\boldsymbol{e}_p - (\boldsymbol{T}^{\mathrm{T}}\boldsymbol{\epsilon})^{\mathrm{T}}\boldsymbol{\beta}^{\mathrm{T}}\boldsymbol{K}_\epsilon(\boldsymbol{T}^{\mathrm{T}}\boldsymbol{\epsilon}) - \boldsymbol{\epsilon}^{\mathrm{T}}\boldsymbol{\Lambda}^{\mathrm{T}}\boldsymbol{K}_\epsilon\boldsymbol{\epsilon} + \eta_2 + \eta_3 \tag{5.37}$$

由此可见，$\boldsymbol{K}_q$ 足够大或 η_3 足够小，则 $\boldsymbol{e}_p$ 有界且趋近于零。

5.2.1.3　步骤 3

在获得 $\boldsymbol{q}_{Ld}$ 后，同步系统两个控制阀的期望阀口开度 $A_i(u)$ 为

$$A_i(u) = \begin{cases} \dfrac{S_p q_{Ldi}}{\gamma R T_{\mathrm{s}} K_q(p_{\mathrm{s}}, p_{ai}, T_{\mathrm{s}})/V_{ai} + \gamma R T_{bi} K_q(p_{bi}, p_0, T_{bi})/V_{bi}} & q_{Ldi} > 0 \\ \dfrac{S_p q_{Ldi}}{-\gamma R T_{ai} K_q(p_{ai}, p_0, T_{ai})/V_{ai} - \gamma R T_{\mathrm{s}} K_q(p_{\mathrm{s}}, p_{bi}, T_{\mathrm{s}})/V_{bi}} & q_{Ldi} \leqslant 0 \end{cases} \tag{5.38}$$

式中，下标中的 $i = 1, 2$ 分别表示同步系统的两轴；p_0 为大气压力。然后可根据阀口开度与控制电压的关系曲线（图 2.12）确定比例方向阀的控制电压 u_i。

5.2.2 参数估计算法设计

设 $H_f(s)$ 为三阶稳定 LTI 低通滤波器，其传递函数为

$$H_f(s) = \frac{\omega_f^2}{(\tau_f s + 1)(s^2 + 2\xi\omega_f s + \omega_f^2)} \tag{5.39}$$

式中，τ_f、ω_f 和 ξ 为滤波器参数。

将滤波器同时乘以式 (5.2) 和式 (5.4) 的两边，当 $\tilde{\boldsymbol{f}}_0 = 0$ 和 $\tilde{\boldsymbol{d}}_0 = 0$ 时，可得

$$\boldsymbol{y}_{1f} = H_f\left(\boldsymbol{M}\ddot{\boldsymbol{x}} - \bar{A}\boldsymbol{p}_L\right) = \boldsymbol{\varphi}_{1f}^{\mathrm{T}}\boldsymbol{\theta}_1 \tag{5.40}$$

$$\boldsymbol{y}_{2f} = H_f\left(\dot{\boldsymbol{p}}_L - \boldsymbol{q}_L + \boldsymbol{F}_p\right) = \boldsymbol{\varphi}_{2f}^{\mathrm{T}}\boldsymbol{\theta}_2 \tag{5.41}$$

其中，$\boldsymbol{\varphi}_{1f}^{\mathrm{T}} = \begin{bmatrix} \dot{x}_{1f} & S_{f1f}(\dot{x}_1) & 1_f & 0 & 0 & 0 \\ 0 & 0 & 0 & \dot{x}_{2f} & S_{f2f}(\dot{x}_2) & 1_f \end{bmatrix}$；$\boldsymbol{\varphi}_{2f}^{\mathrm{T}} = \begin{bmatrix} 1_f & 0 \\ 0 & 1_f \end{bmatrix}$。式中，$\dot{x}_{1f}$、$\dot{x}_{2f}$、$S_{f1f}(\dot{x}_1)$、$S_{f2f}(\dot{x}_2)$ 和 1_f 分别为 $\dot{x}_1$、$\dot{x}_2$、$S_{f1}(\dot{x}_1)$、$S_{f2}(\dot{x}_2)$ 和 1 经过滤波器 $H_f(s)$ 的输出值。

定义预测输出为 $\hat{\boldsymbol{y}}_{if} = \boldsymbol{\varphi}_{if}^{\mathrm{T}}\hat{\boldsymbol{\theta}}_i$，则预测误差为

$$\boldsymbol{\varepsilon}_i = \hat{\boldsymbol{y}}_{if} - \boldsymbol{y}_{if} = \boldsymbol{\varphi}_{if}^{\mathrm{T}}\tilde{\boldsymbol{\theta}}_i, \qquad i = 1, 2 \tag{5.42}$$

式 (5.42) 为标准的参数估计模型，由此可用最小二乘法获得未知参数向量的估计值 $\hat{\boldsymbol{\theta}}_i$，为保证参数估计值始终有界、实现参数估计设计和鲁棒控制器设计的完全分离，$\hat{\boldsymbol{\theta}}_i$ 利用第 3 章中介绍的非连续投影式参数自适应律进行更新，即

$$\dot{\hat{\boldsymbol{\theta}}}_i = \mathrm{sat}_{\dot{\boldsymbol{\theta}}_{Mi}}\left[\mathrm{Proj}_{\hat{\boldsymbol{\theta}}}(\boldsymbol{\Gamma}_i\boldsymbol{\tau}_i)\right] \tag{5.43}$$

自适应率矩阵为

$$\dot{\boldsymbol{\Gamma}}_i = \begin{cases} \alpha_i\boldsymbol{\Gamma}_i - \dfrac{\boldsymbol{\Gamma}_i\boldsymbol{\varphi}_{if}\boldsymbol{\varphi}_{if}^{\mathrm{T}}\boldsymbol{\Gamma}_i}{1 + \nu_i\boldsymbol{\varphi}_{if}^{\mathrm{T}}\boldsymbol{\Gamma}_i\boldsymbol{\varphi}_{if}} & \text{当}\lambda_{\max}[\boldsymbol{\Gamma}_i(t)] \leqslant \rho_{Mi}\ \text{且}\|\mathrm{Proj}_{\hat{\boldsymbol{\theta}}}(\boldsymbol{\Gamma}_i\boldsymbol{\tau}_i)\| \leqslant \dot{\boldsymbol{\theta}}_{Mi} \\ 0 & \text{其他} \end{cases} \tag{5.44}$$

式中，$\alpha_i \geqslant 0$ 是遗忘因子；$\nu_i \geqslant 0$ 是归一化因子；$\lambda_{\max}[\boldsymbol{\Gamma}_i(t)]$ 为 $\boldsymbol{\Gamma}_i(t)$ 的最大特征值；ρ_{Mi} 是对 $\|\boldsymbol{\Gamma}_i(t)\|$ 预设的上界，保证了 $\boldsymbol{\Gamma}_i(t) \leqslant \rho_{Mi}I, \forall t$。自适应函数 $\boldsymbol{\tau}_i$ 为

$$\boldsymbol{\tau}_i = \frac{1}{1 + \nu_i\boldsymbol{\varphi}_{if}^{\mathrm{T}}\boldsymbol{\Gamma}_i\boldsymbol{\varphi}_{if}}\boldsymbol{\varphi}_{if}\boldsymbol{\varepsilon}_i \tag{5.45}$$

5.2.3 试验研究

在气动伺服位置控制试验装置上对本节设计的双气缸简易自适应鲁棒同步控制器的有效性进行验证，算法实现的采样周期为 1 ms。用到的主要模型参数为 $\boldsymbol{M} = \text{diag}\{1.88, 1.88\}$ kg，$A = 4.908 \times 10^{-4}\ \text{m}^2$，$L = 0.5$ m，$D = 0.025$ m，$V_{0a} = 2.5 \times 10^{-5}\ \text{m}^3$，$V_{0b} = 5 \times 10^{-5}\ \text{m}^3$，$R = 287\ \text{N}\cdot\text{m}/(\text{kg}\cdot\text{K})$，$\gamma = 1.4$，$T_\text{s} = 300$ K，$p_\text{s} = 7 \times 10^5$ Pa，$p_0 = 1 \times 10^5$ Pa。模型中未知参数的名义值为 $\theta_{11} = 100$ N· s/m，$\theta_{12} = 80$ N，$\theta_{13} = 0$ N，$\theta_{14} = 100$ N· s/m，$\theta_{15} = 80$ N，$\theta_{16} = 0$ N，$\theta_{21} = 0$ Pa/s, $\theta_{22} = 0$ Pa/s。未知参数的界为 $\boldsymbol{\theta}_{\min1} = [0, 0, -100, 0, 0, -100]^\text{T}$，$\boldsymbol{\theta}_{\max1} = [300, 250, 100, 300, 250, 100]^\text{T}$，$\boldsymbol{\theta}_{\min2} = [-100, -100]^\text{T}$，$\boldsymbol{\theta}_{\max2} = [100, 100]^\text{T}$。

经过多次尝试后，控制器中参数选择为 $\boldsymbol{\beta} = \text{diag}\{0.3, 0.3\}$，$\boldsymbol{\Lambda} = \text{diag}\{100, 100\}$，$\boldsymbol{K}_p = \text{diag}\{30, 40\}$，$h_2(t) = 100$，$\eta_2 = 4$，$\boldsymbol{\gamma}_{\boldsymbol{c}1} = \text{diag}\{150, 150\}$，$d_{c1M} = 10$，$\boldsymbol{K}_q = \text{diag}\{400, 400\}$，$h_3(t) = 400$，$\eta_3 = 10$，$\boldsymbol{\gamma}_{c2} = \text{diag}\{10, 10\}$，$d_{c2M} = 10$。滤波器参数为 $\tau_f = 50$，$\omega_f = 100$，$\xi = 1$，自适应率矩阵初值选为 $\boldsymbol{\Gamma}_1(0) = \text{diag}\{100, 100, 100, 100, 100, 100\}$，$\boldsymbol{\Gamma}_2(0) = \text{diag}\{10, 10\}$，遗忘因子选为 $\alpha_1 = \alpha_2 = 0.1$，归一化因子选为 $\nu_1 = \nu_2 = 0.1$，参数最大更新率为 $\rho_{M1} = 1000$，$\rho_{M2} = 100$。此外，光滑函数矩阵选择为 $\boldsymbol{S}_f(\dot{\boldsymbol{x}}) = \left[\dfrac{2}{\pi}\arctan(1000\dot{x}_1), \dfrac{2}{\pi}\arctan(1000\dot{x}_2)\right]^\text{T}$。

图 5.1 是气动同步系统对 $x_d = 0.125\sin(0.5\pi t)$ 的正弦轨迹同步跟踪结果，系统的两个气缸运动平稳，无明显抖动，它们的运动轨迹基本重合，最大同步误差为 1.51 mm，小于幅值的 1.3%，平均同步跟踪误差为 0.80 mm。气动同步系统

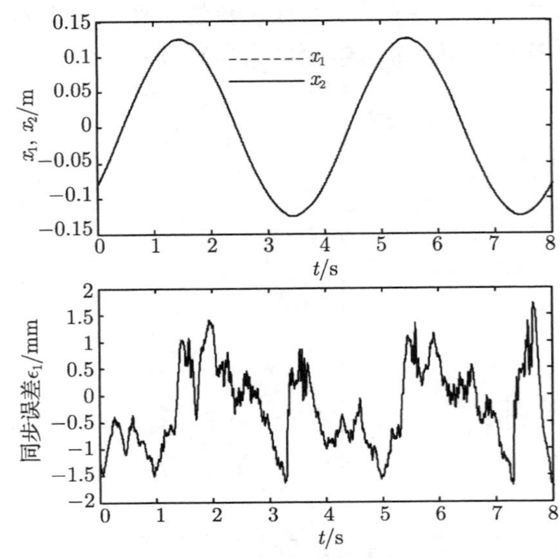

图 5.1 0.25 Hz 正弦轨迹同步跟踪响应

对 $x_d = 0.125\sin(\pi t)$ 的正弦轨迹同步跟踪结果如图 5.2 所示，最大同步误差为 2.05 mm，平均同步误差为 0.99 mm。图 5.3 是气动同步系统对随机连续轨迹 $x_d =$

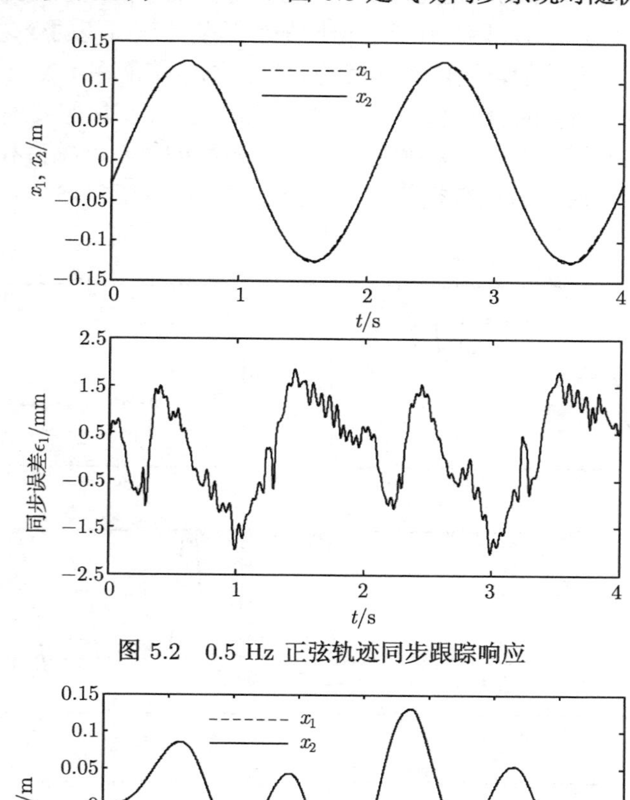

图 5.2　0.5 Hz 正弦轨迹同步跟踪响应

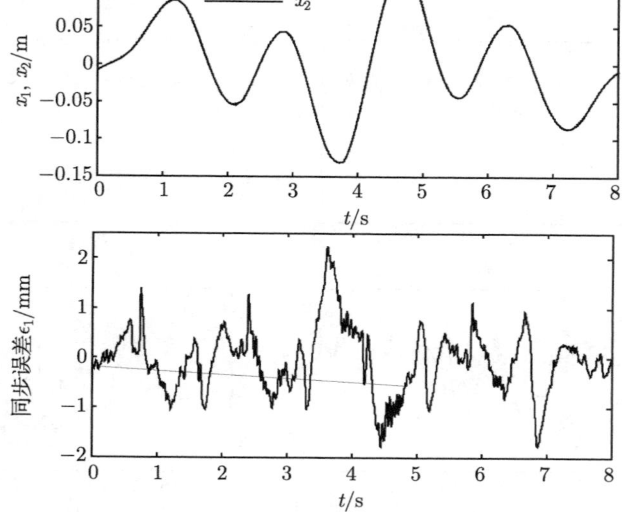

图 5.3　气动同步系统对随机连续轨迹的跟踪响应

$0.05\sin(1.25\pi t)+0.05\sin(\pi t)+0.05\sin(0.5\pi t)$ 的稳态跟踪响应，最大同步误差为 2.24 mm，平均同步误差为 0.65 mm。图 5.4~图 5.6 分别显示的是系统跟踪 0.25 Hz 正弦轨迹、0.5 Hz 正弦轨迹和随机连续轨迹时的参数估计随时间的变化过程。由此可见，基于交叉耦合方法的自适应鲁棒气动同步控制策略能在不影响系统中每一气缸的轨迹跟踪控制精度的前提下，实现两气缸精确同步。如果需要进一步提高同步精度，就需要在控制器设计时采用基于 LuGre 模型的气缸摩擦力补偿方法，详细的控制器设计步骤及自适应鲁棒气动同步控制策略的性能鲁棒性实验验证将在下一节给出。

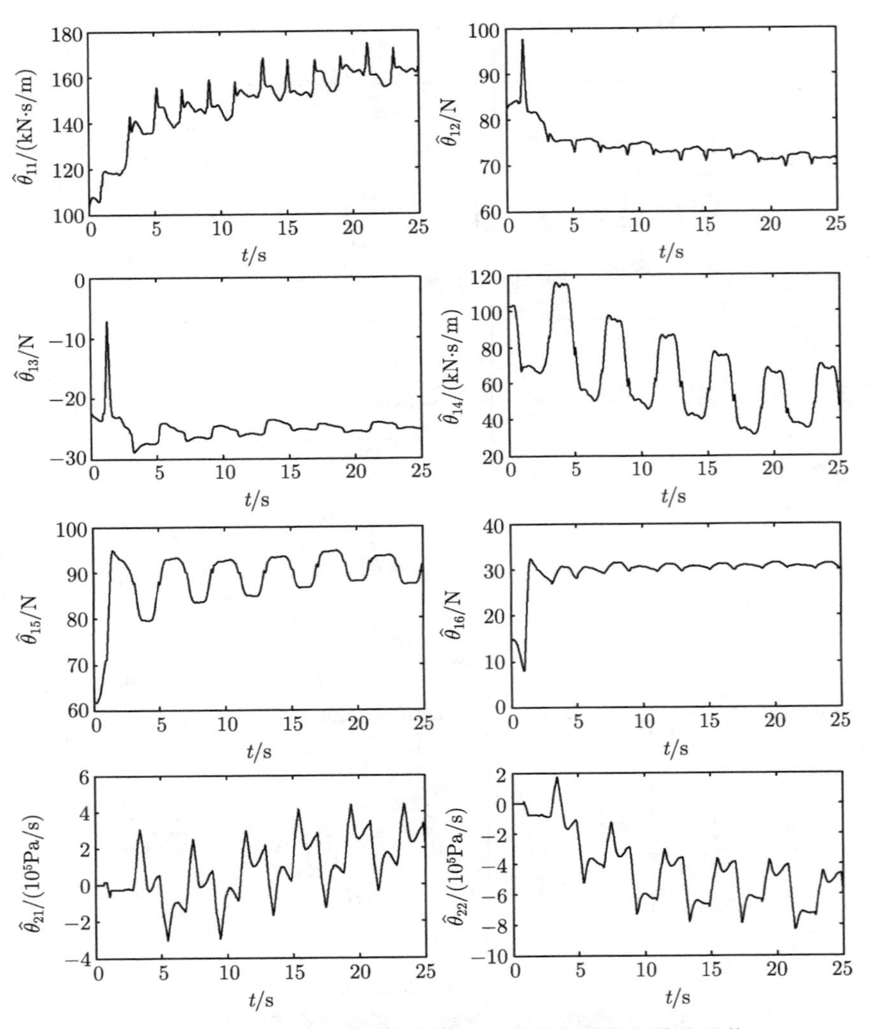

图 5.4　跟踪 0.25 Hz 正弦轨迹时气动同步系统参数估计值

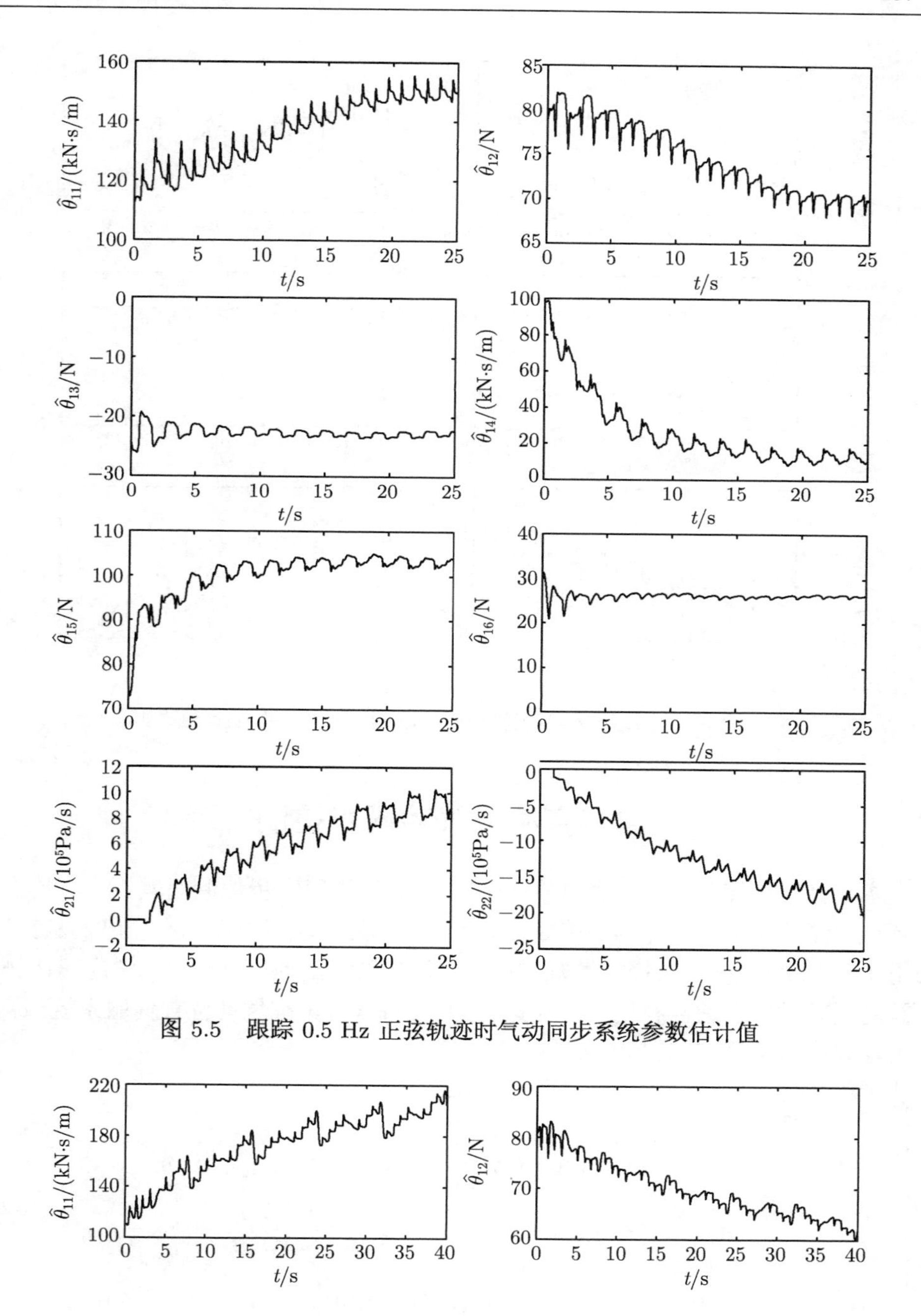

图 5.5 跟踪 0.5 Hz 正弦轨迹时气动同步系统参数估计值

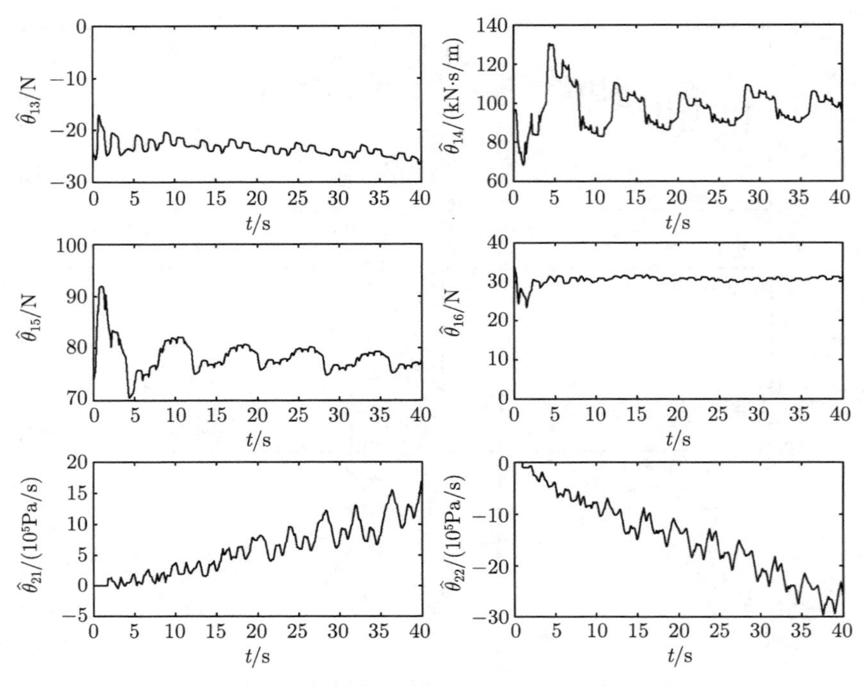

图 5.6 跟踪随机连续轨迹时气动同步系统参数估计值

5.3 高精度气动同步控制

本节针对如图 5.7 所示多气缸（$n \geqslant 2$）的高精度同步控制问题，给出基于交叉耦合方法的自适应鲁棒同步控制器设计方案。为实现多气缸的高精度同步控制，采用 LuGre 动态模型来描述气缸摩擦力，为提高算法的可移植性，考虑对比例方向阀的死区进行自适应补偿，即同步系统的各轴（各单缸气动位置伺服系统）采用如下形式的数学模型来描述：

$$\begin{cases} \dot{x}_{i1} = x_{i2} \\ M_i\dot{x}_{i2} = \bar{A}(x_{i3} - x_{i4}) - \theta_{i1}z_i + \theta_{i2}\dfrac{|x_{i2}|}{g_n(x_{i2})}z_i - \theta_{i3}x_{i2} + \theta_{i4} + \tilde{f}_{i0} \\ \dot{x}_{i3} = \dfrac{\gamma R}{S_pV_{ia}}(\dot{m}_{ia\mathrm{in}}T_\mathrm{s} - \dot{m}_{ia\mathrm{out}}T_{ia}) - \dfrac{\gamma A}{V_{ia}}x_{i2}x_{i3} + \dfrac{\gamma-1}{S_pV_{ia}}\dot{Q}_{ia} + \theta_{i6} + \tilde{d}_{ia0} \\ \dot{x}_{i4} = \dfrac{\gamma R}{S_pV_{ib}}(\dot{m}_{ib\mathrm{in}}T_\mathrm{s} - \dot{m}_{ib\mathrm{out}}T_{ib}) + \dfrac{\gamma A}{V_{ib}}x_{i2}x_{i4} + \dfrac{\gamma-1}{S_pV_{ib}}\dot{Q}_{ib} + \theta_{i8} + \tilde{d}_{ib0} \end{cases} \tag{5.46}$$

式中，$\boldsymbol{x}_i = [x_{i1}, x_{i2}, x_{i3}, x_{i4}]^\mathrm{T} = [x_i, \dot{x}_i, p_{ia}/S_p, p_{ib}/S_p]^\mathrm{T}$ 为状态变量；未知参数向量 $\boldsymbol{\theta}_i = [\theta_{i1}, \theta_{i2}, \theta_{i3}, \theta_{i4}, \theta_{i5}, \theta_{i6}, \theta_{i7}, \theta_{i8}]^\mathrm{T}$ 定义为 $\theta_{i1} = \sigma_{i0}$，$\theta_{i2} = \sigma_{i1}$，$\theta_{i3} = \sigma_{i1}+b_i$，$\theta_{i4} =$

$-F_{iL}+f_{in}$，$\theta_{i5}=u_{i+}$，$\theta_{i6}=d_{ian}$，$\theta_{i7}=u_{i-}$，$\theta_{i8}=d_{ibn}$。

假设系统中的参数不确定性和不确定非线性均是有界的，并且满足：

$$\begin{cases}\boldsymbol{\theta}_i\in\boldsymbol{\Omega}_{\boldsymbol{\theta}_i}\triangleq\{\boldsymbol{\theta}_i:\boldsymbol{\theta}_{i\min}\leqslant\boldsymbol{\theta}_i\leqslant\boldsymbol{\theta}_{i\max}\}\\ \left|\tilde{f}_{i0}(t)\right|\leqslant f_{i\max},\left|\tilde{d}_{ia0}(t)\right|\leqslant d_{ia\max},\left|\tilde{d}_{ib0}(t)\right|\leqslant d_{ib\max}\end{cases}\tag{5.47}$$

式中，$\boldsymbol{\theta}_{i\min}=[\theta_{i1\min},\theta_{i2\min},\theta_{i3\min},\theta_{i4\min},\theta_{i5\min},\theta_{i6\min},\theta_{i7\min},\theta_{i8\min}]^{\mathrm{T}}$ 和 $\boldsymbol{\theta}_{i\max}=[\theta_{i1\max},\theta_{i2\max},\theta_{i3\max},\theta_{i4\max},\theta_{i5\max},\theta_{i6\max},\theta_{i7\max},\theta_{i8\max}]^{\mathrm{T}}$ 分别为未知参数向量的最小和最大值；$f_{i\max}$、$d_{ia\max}$ 和 $d_{ib\max}$ 为已知的正值。

气动同步控制器的设计目标是为系统每轴的比例方向阀构建一个控制输入 u_i，使得各气缸活塞位移精确保持一致并同时尽可能准地跟踪期望轨迹 $x_{1d}(t)$，且系统具有良好的瞬态性能。同步目标可以定义为

$$e_1=e_2=\cdots=e_n\tag{5.48}$$

式中，$e_i=x_{i1}-x_{1d}$ 是第 i 个气缸的轨迹跟踪误差。采用 3.4.2 节的在线参数估计算法对系统每轴的未知参数进行估计，因为采用的是更新速度受限的非连续投影式参数自适应律，参数估计值始终在已知界内，参数估计算法设计和鲁棒控制器设计完全分离。为节省篇幅，本节只给出非线性鲁棒控制器部分的设计过程。

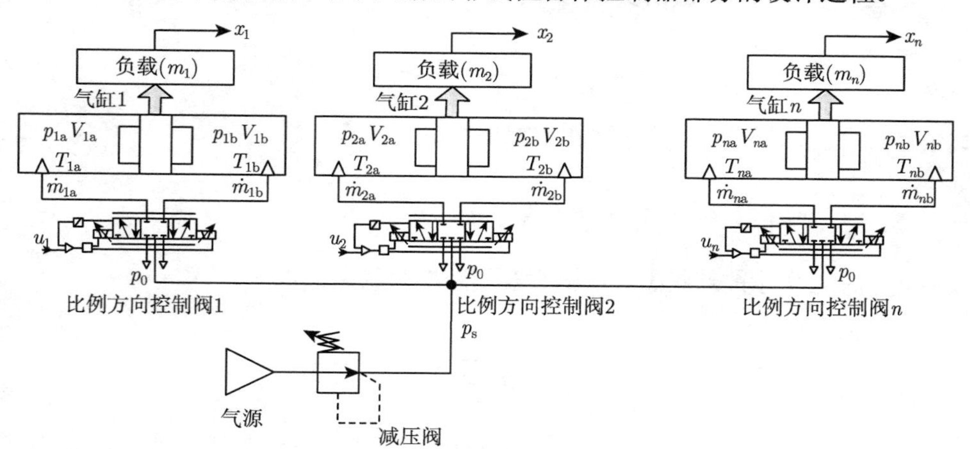

图 5.7 多轴气动位置伺服系统示意图

5.3.1 控制器设计

5.3.1.1 步骤 1

式 (5.48) 所示的同步目标可以被划分为 n 个子目标 $e_i=e_{i+1}$，注意当 $i=n$ 时，$n+1$ 表示 1。定义气动同步系统各轴的同步误差为

$$\begin{cases} \epsilon_1 = e_1 - e_2 \\ \epsilon_2 = e_2 - e_3 \\ \quad\vdots \\ \epsilon_n = e_n - e_1 \end{cases} \tag{5.49}$$

式中，ϵ_i 是第 i 轴的同步误差。当各轴的同步误差 $\epsilon_i = 0$ 时，意味着式 (5.48) 所示的同步目标得到了满足。

为设计控制器使轨迹跟踪误差和同步误差同时收敛，将两者按照如下方式组合，为各轴定义一个新的称为耦合误差的变量 E_i：

$$E_i = e_i + \beta_i \int_0^t (\epsilon_i - \epsilon_{i-1}) \mathrm{d}w \tag{5.50}$$

式中，β_i 是正的耦合系数，它决定了同步误差为耦合误差中的权重，注意当 $i = 1$ 时，$i - 1$ 为 n。E_i 对时间的微分为

$$\dot{E}_i = \dot{e}_i + \beta_i(\epsilon_i - \epsilon_{i-1}) \tag{5.51}$$

定义一个类似滑模面的变量为

$$r_i = \dot{E}_i + \varLambda_i E_i \tag{5.52}$$

式中，$\varLambda_i$ 是正的增益。将式 (5.52) 对时间微分，可得

$$\dot{r}_i = \ddot{e}_i + \beta_i(\dot{\epsilon}_i - \dot{\epsilon}_{i-1}) + \varLambda_i \dot{E}_i \tag{5.53}$$

采用式 (4.71) 所示的双状态观测器来观测摩擦内状态 z_i：

$$\begin{cases} \dot{\hat{z}}_{i0} = \mathrm{Proj}_{\hat{z}} \left[x_{i2} - \dfrac{|x_{i2}|}{g_n(x_{i2})} \hat{z}_{i0} - \gamma_{i0} r_i \right] \\ \dot{\hat{z}}_{i1} = \mathrm{Proj}_{\hat{z}} \left[x_{i2} - \dfrac{|x_{i2}|}{g_n(x_{i2})} \hat{z}_{i1} + \gamma_{i1} \dfrac{|x_{i2}|}{g_n(x_{i2})} r_i \right] \end{cases} \tag{5.54}$$

式中，$\gamma_{i0} > 0$ 和 $\gamma_{i1} > 0$ 为状态观测器增益。定义一个非负函数：

$$\begin{aligned} V_2 = &\sum_{i=1}^{n} \frac{1}{2} M_i r_i^2 + \sum_{i=1}^{n} \frac{1}{2} K_\epsilon \epsilon_i^2 + \sum_{i=1}^{n} \frac{1}{2} \beta_i \varLambda_i K_\epsilon \left[\int_0^t (\epsilon_i - \epsilon_{i-1}) \mathrm{d}w \right]^2 \\ &+ \sum_{i=1}^{n} \frac{1}{2\gamma_{i0}} \theta_{i1} \tilde{z}_{i0}^2 + \sum_{i=1}^{n} \frac{1}{2\gamma_{i1}} \theta_{i2} \tilde{z}_{i1}^2 \end{aligned} \tag{5.55}$$

式中，K_ϵ 是正的增益。微分 V_2 并将式 (5.46) 和式 (5.53) 代入可以得到

$$
\begin{aligned}
\dot{V}_2 =& \sum_{i=1}^{n} r_i \left[\bar{A}(x_{i3}-x_{i4}) - \theta_{i1} z_i + \theta_{i2} \frac{|x_{i2}|}{g_n(x_{i2})} z_i - \theta_{i3} x_{i2} + \theta_{i4} + \tilde{f}_{i0} - M\ddot{x}_{id} + \right. \\
& \left. \beta_i(\dot{\epsilon}_i - \dot{\epsilon}_{i-1}) + \Lambda_i \dot{E}_i \right] + \sum_{i=1}^{n} K_\epsilon \epsilon_i \dot{\epsilon}_i + \sum_{i=1}^{n} \beta_i \Lambda_i K_\epsilon \left[\int_0^t (\epsilon_i - \epsilon_{i-1}) \mathrm{d}w \right] (\epsilon_i - \epsilon_{i-1}) \\
& + \sum_{i=1}^{n} \frac{1}{\gamma_{i0}} \theta_{i1} \tilde{z}_{i0} \left[-\frac{|x_{i2}|}{g_n(x_{i2})} \tilde{z}_{i0} - \gamma_{i0} r_i \right] \\
& + \sum_{i=1}^{n} \frac{1}{\gamma_{i1}} \theta_{i2} \tilde{z}_{i1} \left[-\frac{|x_{i2}|}{g_n(x_{i2})} \tilde{z}_{i1} + \gamma_{i1} \frac{|x_{i2}|}{g_n(x_{i2})} r_i \right]
\end{aligned}
\tag{5.56}
$$

将 $p_{Li} = x_{i3} - x_{i4}$ 作为虚拟控制输入，期望虚拟控制输入 p_{Ldi} 的直接/间接集成自适应鲁棒控制律为

$$
\begin{aligned}
& p_{Ldi} = p_{Lda1i} + p_{Lda2i} + p_{Lds1i} + p_{Lds2i}, \\
& p_{Lda1i} = \frac{1}{\bar{A}} \left[\hat{\theta}_{i1} \hat{z}_{i0} - \hat{\theta}_{i2} \frac{|x_{i2}|}{g_n(x_{i2})} \hat{z}_{i1} + \hat{\theta}_{i3} x_{i2} - \hat{\theta}_{i4} + \right. \\
& \qquad \left. M\ddot{x}_{id} - \beta_i(\dot{\epsilon}_i - \dot{\epsilon}_{i-1}) - \Lambda_i \dot{E}_i - K_\epsilon(\epsilon_i - \epsilon_{i-1}) \right], \\
& p_{Lds1i} = -\frac{1}{\bar{A}} k_{i2} r_i, k_{i2} > 0
\end{aligned}
\tag{5.57}
$$

式中，p_{Lda1i} 是模型补偿项，其中最后一项用来补偿引入耦合误差对系统动态的影响，它的作用在后面稳定性分析中会显现；$\hat{\theta}_{i1}$、$\hat{\theta}_{i2}$、$\hat{\theta}_{i3}$ 和 $\hat{\theta}_{i4}$ 是利用非连续投影式参数自适应律获得的未知参数的在线估计值，参数估计值始终在已知界内；p_{Lds1i} 是用来稳定名义系统的项，选择为 r_i 的简单比例反馈；p_{Lda2i} 是待定的快速动态补偿项；p_{Lds2i} 是用来抑制参数估计误差和不确定非线性影响的鲁棒反馈项，待定。令 $e_{pi} = p_{Li} - p_{Ldi}$ 表示实际和期望虚拟控制输入之间的误差，将式 (5.57) 代入式 (5.56)，可得

$$
\begin{aligned}
\dot{V}_2 =& \sum_{i=1}^{n} \bar{A} r_i e_{pi} - \sum_{i=1}^{n} k_{i2} r_i^2 - \sum_{i=1}^{n} \frac{\theta_{i1}|x_{i2}|}{\gamma_{i0} g_n(x_{i2})} \tilde{z}_{i0}^2 - \sum_{i=1}^{n} \frac{\theta_{i2}|x_{i2}|}{\gamma_{i1} g_n(x_{i2})} \tilde{z}_{i1}^2 \\
& + \sum_{i=1}^{n} r_i \left[\bar{A}(p_{Lda2i} + p_{Lds2i}) + \tilde{\theta}_{i1} \hat{z}_{i0} - \tilde{\theta}_{i2} \frac{|x_2|}{g_n(x_{i2})} \hat{z}_{i1} + \tilde{\theta}_{i3} x_{i2} - \tilde{\theta}_{i4} + \tilde{f}_{i0} \right] \\
& - \sum_{i=1}^{n} r_i K_\epsilon (\epsilon_i - \epsilon_{i-1}) + \sum_{i=1}^{n} K_\epsilon \epsilon_i \dot{\epsilon}_i \\
& + \sum_{i=1}^{n} \beta_i \Lambda_i K_\epsilon \left[\int_0^t (\epsilon_i - \epsilon_{i-1}) \mathrm{d}w \right] (\epsilon_i - \epsilon_{i-1})
\end{aligned}
\tag{5.58}
$$

上式中 $\sum\limits_{i=1}^{n} r_i K_\epsilon(\epsilon_i-\epsilon_{i-1})$ 如下：

$$
\begin{aligned}
\sum_{i=1}^{n} r_i K_\epsilon(\epsilon_i-\epsilon_{i-1}) &= r_1K_\epsilon\epsilon_1 - r_1K_\epsilon\epsilon_n + r_2K_\epsilon\epsilon_2 - r_2K_\epsilon\epsilon_1 + \cdots + r_nK_\epsilon\epsilon_n - r_nK_\epsilon\epsilon_{n-1} \\
&= r_1K_\epsilon\epsilon_1 - r_2K_\epsilon\epsilon_1 + r_2K_\epsilon\epsilon_2 - r_3K_\epsilon\epsilon_2 + \cdots + r_nK_\epsilon\epsilon_n - r_1K_\epsilon\epsilon_n \\
&= \sum_{i=1}^{n}(r_i - r_{i+1})K_\epsilon\epsilon_i
\end{aligned} \tag{5.59}
$$

根据 r_i 的定义可知

$$
\begin{aligned}
r_i - r_{i+1} &= \dot{E}_i + \Lambda_i E_i - \dot{E}_{i+1} - \Lambda_i E_{i+1} \\
&= \dot{e}_i - \dot{e}_{i+1} + \beta_i(2\epsilon_i - \epsilon_{i-1} - \epsilon_{i+1}) \\
&\quad + \Lambda_i(e_i - e_{i+1}) + \Lambda_i\beta_i\int_0^t (2\epsilon_i - \epsilon_{i-1} - \epsilon_{i+1})\mathrm{d}w \\
&= \dot{\epsilon}_i + \beta_i(2\epsilon_i - \epsilon_{i-1} - \epsilon_{i+1}) + \Lambda_i\epsilon_i + \Lambda_i\beta_i\int_0^t (2\epsilon_i - \epsilon_{i-1} - \epsilon_{i+1})\mathrm{d}w
\end{aligned} \tag{5.60}
$$

此外，容易证明下式成立：

$$
\sum_{i=1}^{n}(2\epsilon_i - \epsilon_{i-1} - \epsilon_{i+1})\epsilon_i = 2\sum_{i=1}^{n}(\epsilon_i - \epsilon_{i+1})^2 \tag{5.61}
$$

由式 (5.59)~式 (5.61) 可以得到

$$
\begin{aligned}
\sum_{i=1}^{n} r_i K_\epsilon(\epsilon_i-\epsilon_{i-1}) = &\sum_{i=1}^{n} K_\epsilon\epsilon_i\dot{\epsilon}_i + \sum_{i=1}^{n} K_\epsilon\Lambda_i\epsilon_i^2 + \sum_{i=1}^{n} 2K_\epsilon\beta_i(\epsilon_i - \epsilon_{i+1})^2 + \\
&\sum_{i=1}^{n}\beta_i\Lambda_iK_\epsilon\left[\int_0^t(\epsilon_i - \epsilon_{i-1})\mathrm{d}w\right](\epsilon_i - \epsilon_{i-1})
\end{aligned} \tag{5.62}
$$

将式 (5.62) 代入式 (5.58) 可得

$$
\begin{aligned}
\dot{V}_2 = &\sum_{i=1}^{n}\bar{A}r_ie_{pi} - \sum_{i=1}^{n}k_{i2}r_i^2 - \sum_{i=1}^{n}\frac{\theta_{i1}|x_{i2}|}{\gamma_{i0}g_n(x_{i2})}\tilde{z}_{i0}^2 - \sum_{i=1}^{n}\frac{\theta_{i2}|x_{i2}|}{\gamma_{i1}g_n(x_{i2})}\tilde{z}_{i1}^2 - \\
&\sum_{i=1}^{n}K_\epsilon\Lambda_i\epsilon_i^2 - \sum_{i=1}^{n}2K_\epsilon\beta_i(\epsilon_i - \epsilon_{i+1})^2 + \\
&\sum_{i=1}^{n}r_i\left[\bar{A}(p_{Lda2i} + p_{Lds2i}) + \tilde{\theta}_{i1}\hat{z}_{i0} - \tilde{\theta}_{i2}\frac{|x_2|}{g_n(x_{i2})}\hat{z}_{i1} + \tilde{\theta}_{i3}x_{i2} - \tilde{\theta}_{i4} + \tilde{f}_{i0}\right]
\end{aligned} \tag{5.63}
$$

参数估计误差带来的模型不确定性及不确定非线性可被分解为低频分量 d_{ic1} 和高频分量 $\Delta_{i1}(t)$，即

$$
d_{ic1} + \Delta_{i1}(t) = \tilde{\theta}_{i1}\hat{z}_{i0} - \tilde{\theta}_{i2}\frac{|x_2|}{g_n(x_{i2})}\hat{z}_{i1} + \tilde{\theta}_{i3}x_{i2} - \tilde{\theta}_{i4} + \tilde{f}_{i0} \tag{5.64}
$$

低频分量 d_{ic1} 可利用快速动态补偿项 p_{Lda2i} 进行补偿，即 p_{Lda2i} 选择为

$$p_{Lda2i} = -\frac{1}{\bar{A}}\hat{d}_{ic1} \tag{5.65}$$

式中，$\hat{d}_{ic1}$ 是 d_{ic1} 的估计值，它的自适应律为

$$\dot{\hat{d}}_{ic1} = \mathrm{Proj}_{\hat{d}_{ic1}}(\gamma_{ic1} r_i) = \begin{cases} 0 & \text{当}|\hat{d}_{ic1}(t)| = d_{ic1M} \text{ 且} \hat{d}_{ic1}(t) r_i > 0 \\ \gamma_{ic1} r_i & \text{其他} \end{cases} \tag{5.66}$$

其中，$|\hat{d}_{ic1}(0)| \leqslant d_{ic1M}$。式中，$\gamma_{ic1} > 0$ 是自适应率；$d_{ic1M} > 0$ 是预先设定的边界。该自适应律保证了 $|\hat{d}_{ic1}(t)| \leqslant d_{ic1M}, \forall t$。将式 (5.64) 和式 (5.65) 代入式 (5.63) 可得

$$\begin{aligned}\dot{V}_2 =& \sum_{i=1}^{n} \bar{A} r_i e_{pi} - \sum_{i=1}^{n} k_{i2} r_i^2 - \sum_{i=1}^{n} \frac{\theta_{i1}|x_{i2}|}{\gamma_{i0} g_n(x_{i2})} \tilde{z}_{i0}^2 - \sum_{i=1}^{n} \frac{\theta_{i2}|x_{i2}|}{\gamma_{i1} g_n(x_{i2})} \tilde{z}_{i1}^2 \\ & - \sum_{i=1}^{n} K_\epsilon \Lambda_i \epsilon_i^2 - \sum_{i=1}^{n} K_\epsilon \beta_i (\epsilon_i - \epsilon_{i+1})^2 + \sum_{i=1}^{n} r_i \left[\bar{A} p_{Lds2i} + \Delta_{i1}(t) - \tilde{d}_{ic1}\right] \\ =& \sum_{i=1}^{n} \bar{A} r_i e_{pi} + \dot{V}_2|_{p_{Ldi}}\end{aligned} \tag{5.67}$$

式中，$\dot{V}_2|_{p_{Ldi}}$ 代表当 $p_{Li} = p_{Ldi}$ 时的 $\dot{V}_2$，即 $e_{pi} = 0$ 时的情况。

与自适应鲁棒控制器设计类似，鲁棒反馈项 p_{Lds2i} 需要满足下面两个条件：

$$\begin{cases} r_i \left[\bar{A} p_{Lds2i} + \Delta_{i1}(t) - \tilde{d}_{ic1}\right] \leqslant \eta_{i2} \\ r_i \bar{A} p_{Lds2i} \leqslant 0 \end{cases} \tag{5.68}$$

式中，$\eta_{i2} > 0$ 可以是任意小的正数。同样的，满足上述条件的鲁棒反馈项 p_{Lds2i} 可以选择为

$$p_{Lds2i} = -\frac{1}{\bar{A}} \frac{h_{i2}^2(t)}{4\eta_{i2}} r_i \tag{5.69}$$

其中，$h_{i2}(t)$ 是满足如下条件的光滑函数：

$$h_{i2}(t) \geqslant d_{ic1M} + |\theta_{iM1}||\hat{z}_{i0}| + |\theta_{iM2}| \left| \frac{|x_{i2}|}{g_n(x_{i2})} \hat{z}_{i1} \right| + |\theta_{iM3}||x_{i2}| + |\theta_{iM4}| + f_{i\max} \tag{5.70}$$

式中，$\theta_{iM1} = \theta_{i1\max} - \theta_{i1\min}$；$\theta_{iM2} = \theta_{i2\max} - \theta_{i2\min}$；$\theta_{iM3} = \theta_{i3\max} - \theta_{i3\min}$；$\theta_{iM4} = \theta_{i4\max} - \theta_{i4\min}$。

将式 (5.68) 的第一个条件代入式 (5.67)，可得

$$\begin{aligned}\dot{V}_2 \leqslant & \sum_{i=1}^{n} \bar{A} r_i e_{pi} - \sum_{i=1}^{n} k_{i2} r_i^2 - \sum_{i=1}^{n} \frac{\theta_{i1}|x_{i2}|}{\gamma_{i0} g_n(x_{i2})} \tilde{z}_{i0}^2 - \sum_{i=1}^{n} \frac{\theta_{i2}|x_{i2}|}{\gamma_{i1} g_n(x_{i2})} \tilde{z}_{i1}^2 \\ & - \sum_{i=1}^{n} K_\epsilon \Lambda_i \epsilon_i^2 - \sum_{i=1}^{n} K_\epsilon \beta_i (\epsilon_i - \epsilon_{i+1})^2 + \sum_{i=1}^{n} \eta_{i2}\end{aligned} \tag{5.71}$$

由式 (5.71) 可知，若 $e_{pi}=0$、k_{i2} 足够大或 η_{i2} 足够小，则式 (5.55) 所示的李雅普诺夫函数的微分负定，误差 r_i 和同步误差 ϵ_i 有界；由式 (5.52) 可知，耦合误差 E_i 和耦合误差的一阶微分 $\dot{E}_i$ 有界；因为同步误差 ϵ_i 和耦合误差 E_i 是有界的，由它们的定义可以很容易看出 e_i 有界，进一步根据式 (5.51) 可知，跟踪误差的一阶微分 $\dot{e}_i$ 是有界的。由此可见，系统中所有信号是有界的，该控制器实现了轨迹跟踪误差和同步误差的同时收敛。

5.3.1.2 步骤 2

步骤 2 的设计任务是使 e_{pi} 趋近于零，e_{pi} 对时间的微分为

$$\begin{aligned}\dot{e}_{pi}=&g_{it}x_{ie}-\left(\frac{\gamma A}{V_{ia}}x_{i2}x_{i3}+\frac{\gamma A}{V_{ib}}x_{i2}x_{i4}\right)+\frac{\gamma-1}{S_pV_{ia}}\dot{Q}_{ia}-\frac{\gamma-1}{S_pV_{ib}}\dot{Q}_{ib}\\&+\theta_{i6}-\theta_{i8}+\tilde{d}_{ia0}-\tilde{d}_{ib0}-\dot{p}_{Ldci}-\dot{p}_{Ldui}\end{aligned}\tag{5.72}$$

其中，$g_{it}=\begin{cases}\dfrac{\gamma RT_{\rm s}}{S_pV_{ia}}g(p_{\rm s},p_{ia},T_{\rm s})+\dfrac{\gamma RT_{ib}}{S_pV_{ib}}g(p_{ib},p_0,T_{ib}) & x_{ie}\geqslant 0\\ \dfrac{\gamma RT_{ia}}{S_pV_{ia}}g(p_{ia},p_0,T_{ia})+\dfrac{\gamma RT_{\rm s}}{S_pV_{ib}}g(p_{\rm s},p_{ib},T_{\rm s}) & x_{ie}<0\end{cases}$；$\dot{p}_{Ldci}=\dfrac{\partial p_{Ldi}}{\partial x_{i1}}x_{i2}+\dfrac{\partial p_{Ldi}}{\partial x_{i2}}\dot{\hat{x}}_{i2}+\dfrac{\partial p_{Ldi}}{\partial\hat{\boldsymbol{\theta}}_i}\dot{\hat{\boldsymbol{\theta}}}_i+\dfrac{\partial p_{Ldi}}{\partial\hat{d}_{ic1}}\dot{\hat{d}}_{ic1}+\dfrac{\partial p_{Ldi}}{\partial\hat{z}_{i0}}\dot{\hat{z}}_{i0}+\dfrac{\partial p_{Ldi}}{\partial\hat{z}_{i1}}\dot{\hat{z}}_{i1}+\dfrac{\partial p_{Ldi}}{\partial t}$；$\dot{\hat{x}}_{i2}=\dfrac{1}{M_i}[\bar{A}(x_{i3}-x_{i4})-\hat{\theta}_{i1}\hat{z}_{i0}+\hat{\theta}_{i2}\dfrac{|x_{i2}|}{g_n(x_{i2})}\hat{z}_{i1}-\hat{\theta}_{i3}x_{i2}+\hat{\theta}_{i4}]$；$\dot{p}_{Ldui}=\dfrac{1}{M_i}\dfrac{\partial p_{Ldi}}{\partial x_{i2}}[-\tilde{\theta}_{i1}\hat{z}_{i0}+\tilde{\theta}_{i2}\dfrac{|x_{i2}|}{g_n(x_{i2})}\hat{z}_{i1}-\tilde{\theta}_{i3}x_{i2}+\tilde{\theta}_{i4}+\tilde{f}_{i0}]$。式中，$\dot{p}_{Ldci}$ 是 p_{Ldi} 微分的可计算部分，将会被用于这一步控制器中模型补偿项的设计；$\dot{\hat{x}}_{i2}$ 是 $\dot{x}_{i2}$ 的估计值；$\dot{p}_{Ldui}$ 是 p_{Ldi} 微分的不可计算部分，将会被鲁棒反馈项抑制。

根据 4.4 节的分析，各轴的比例方向阀实际死区输出 x_{ie} 和理想输出 x_{ied} 之间的误差为

$$\Delta_{iD}(t)=x_{ie}-x_{ied}=D[ID(x_{ied})]-x_{ied}=\begin{cases}k_x\tilde{\theta}_{i5} & u_i\geqslant u_{i+}\\-x_{ied} & u_{i-}<u_i<u_{i+}\\k_x\tilde{\theta}_{i7} & u_i\leqslant u_{i-}\end{cases}\tag{5.73}$$

其中，$\tilde{\theta}_{i5}=\hat{\theta}_{i5}-\theta_{i5}$；$\tilde{\theta}_{i7}=\hat{\theta}_{i7}-\theta_{i7}$。式中，$\hat{\theta}_{i5}$ 和 $\hat{\theta}_{i7}$ 是利用非连续投影式参数自适应律获得的未知参数 θ_{i5} 和 θ_{i7} 的在线估计值。因为参数估计值始终在已知界内，所以误差 $\Delta_{iD}(t)$ 是有界的。

定义一个半正定函数

$$V_3=V_2+\sum_{i=1}^{n}\frac{1}{2}e_{pi}^2\tag{5.74}$$

微分 V_3 并将式 (5.67) 和式 (5.72) 代入可以得到

$$\begin{aligned}\dot{V}_3=&\dot{V}_2|_{p_{Ldi}}+\sum_{i=1}^{n}e_{pi}\left[g_{it}x_{ied}+g_{it}\Delta_{iD}+\bar{A}r_i-\left(\frac{\gamma A}{V_{ia}}x_{i2}x_{i3}+\frac{\gamma A}{V_{ib}}x_{i2}x_{i4}\right)\right.\\&\left.+\frac{\gamma-1}{S_pV_{ia}}\dot{Q}_{ia}-\frac{\gamma-1}{S_pV_{ib}}\dot{Q}_{ib}+\theta_{i6}-\theta_{i8}+\tilde{d}_{ia0}-\tilde{d}_{ib0}-\dot{p}_{Ldci}-\dot{p}_{Ldui}\right]\end{aligned}\tag{5.75}$$

将 q_{Li} 作为第二层的虚拟控制输入，为其设计直接/间接集成自适应鲁棒控制律为

$$\begin{aligned}&q_{Ldi}=q_{Lda1i}+q_{Lda2i}+q_{Lds1i}+q_{Lds2i},\\&q_{Lda1i}=-\bar{A}r_i+\left(\frac{\gamma A}{V_{ia}}x_{i2}x_{i3}+\frac{\gamma A}{V_{ib}}x_{i2}x_{i4}\right)-\frac{\gamma-1}{S_pV_{ia}}\dot{Q}_{ia}+\frac{\gamma-1}{S_pV_{ib}}\dot{Q}_{ib}-\hat{\theta}_{i6}+\hat{\theta}_{i8}+\dot{p}_{Ldci},\\&q_{Lds1}=-k_{i3}e_{pi},k_{i3}>0\end{aligned}\tag{5.76}$$

式中，q_{Lda1i} 是模型补偿项；$\hat{\theta}_{i6}$ 和 $\hat{\theta}_{i8}$ 分别是参数 θ_{i6} 和 θ_{i8} 的在线估计值；q_{Lds1i} 是用来稳定名义系统的项，选择为 e_{pi} 的简单比例反馈；q_{Lda2i} 是待定的快速动态补偿项；q_{Lds2i} 是用来抑制参数估计误差和不确定非线性影响的鲁棒反馈项，待定。假设流量公式是精确的，将式 (5.76) 代入式 (5.75)，可得

$$\dot{V}_3=\dot{V}_2|_{p_{Ldi}}-\sum_{i=1}^{n}k_{i3}e_{pi}^2+\sum_{i=1}^{n}e_{pi}(q_{Lda2i}+q_{Lds2i}+g_{it}\Delta_{iD}-\tilde{\theta}_{i6}+\tilde{\theta}_{i8}+\tilde{d}_{ia0}-\tilde{d}_{ib0}-\dot{p}_{Ldui})\tag{5.77}$$

与式 (5.64) 类似，定义一个常量 d_{ic2} 和一个时变函数 $\Delta_{i2}(t)$ 满足

$$d_{ic2}+\Delta_{i2}(t)=g_{it}\Delta_{iD}-\tilde{\theta}_{i6}+\tilde{\theta}_{i8}+\tilde{d}_{ia0}-\tilde{d}_{ib0}-\dot{p}_{Ldui}\tag{5.78}$$

类似的，低频分量 d_{ic2} 可利用快速动态补偿项 q_{Lda2i} 进行补偿，即 q_{Lda2i} 选择为

$$q_{Lda2i}=-\hat{d}_{ic2}\tag{5.79}$$

式中，$\hat{d}_{ic2}$ 是对 d_{ic2} 的估计，它的自适应律为

$$\dot{\hat{d}}_{ic2}=\mathrm{Proj}_{\hat{d}_{ic2}}(\gamma_{ic2}e_{pi})=\begin{cases}0 & 当|\hat{d}_{ic2}(t)|=d_{ic2M}\ 且\hat{d}_{ic2}(t)e_{pi}>0\\\gamma_{ic2}e_{pi} & 其他\end{cases}\tag{5.80}$$

其中，$|\hat{d}_{ic2}(0)|\leqslant d_{ic2M}$。式中，$\gamma_{ic2}>0$ 是自适应率；$d_{ic2M}>0$ 是预先设定的边界。该自适应律保证了 $|\hat{d}_{ic2}(t)|\leqslant d_{ic2M},\forall t$。将式 (5.78) 和式 (5.79) 代入式 (5.77) 可得

$$\dot{V}_3=\dot{V}_2|_{p_{Ldi}}-\sum_{i=1}^{n}k_{i3}e_{pi}^2+\sum_{i=1}^{n}e_{pi}[q_{Lds2i}+\Delta_{i2}(t)-\tilde{d}_{ic2}]\tag{5.81}$$

类似的，鲁棒反馈项 q_{Lds2i} 需要满足下面两个条件：

$$\begin{cases} e_{pi}[q_{Lds2i} + \Delta_{i2}(t) - \tilde{d}_{ic2}] \leqslant \eta_{i3} \\ e_{pi} q_{Lds2i} \leqslant 0 \end{cases} \tag{5.82}$$

式中，$\eta_{i3} > 0$ 可以是任意小的正数。满足上述条件的鲁棒反馈项 q_{Lds2i} 可以选择为

$$q_{Lds2i} = -\frac{h_{i3}^2(t)}{4\eta_{i3}} e_{pi} \tag{5.83}$$

其中，$h_{i3}(t)$ 是满足如下条件的光滑函数：

$$\begin{aligned} h_{i3}(t) \geqslant & \left|\frac{1}{M_i}\frac{\partial p_{Ldi}}{\partial x_{i2}}\right| \left[|\theta_{iM1}||\hat{z}_{i0}| + |\theta_{iM2}|\left|\frac{|x_{i2}|}{g_n(x_{i2})}\hat{z}_{i1}\right| + |\theta_{iM3}||x_{i2}| + |\theta_{iM4}| + f_{i\max}\right] \\ & + |\theta_{iM6}| + |\theta_{iM8}| + d_{ia\max} + d_{ib\max} + |g_{it}\Delta_{iD}| \end{aligned} \tag{5.84}$$

其中，$\theta_{iM6} = \theta_{i6\max} - \theta_{i6\min}$；$\theta_{iM8} = \theta_{i8\max} - \theta_{i8\min}$。

将式 (5.82) 的第一个条件代入式 (5.81)，可得

$$\begin{aligned} \dot{V}_3 \leqslant & -\sum_{i=1}^{n} k_{i2} r_i^2 - \sum_{i=1}^{n} k_{i3} e_{pi}^2 - \sum_{i=1}^{n} \frac{\theta_{i1}|x_{i2}|}{\gamma_{i0} g_n(x_{i2})} \tilde{z}_{i0}^2 - \sum_{i=1}^{n} \frac{\theta_{i2}|x_{i2}|}{\gamma_{i1} g_n(x_{i2})} \tilde{z}_{i1}^2 \\ & - \sum_{i=1}^{n} K_\epsilon \Lambda_i \epsilon_i^2 - \sum_{i=1}^{n} K_\epsilon \beta_i (\epsilon_i - \epsilon_{i+1})^2 + \sum_{i=1}^{n} \eta_{i2} + \sum_{i=1}^{n} \eta_{i3} \end{aligned} \tag{5.85}$$

由此可见，k_{i3} 足够大或 η_{i3} 足够小，e_{pi} 有界且趋近于零。

5.3.1.3 步骤 3

在获得 q_{Ldi} 后，期望的阀口实际轴向开度 x_{ied} 可以通过下式计算：

$$x_{ied} = g_{it}^{-1} q_{Ldi} \tag{5.86}$$

在获得 x_{ied} 后，将它代入式 (4.32) 可获得比例方向阀的控制电压 u_i 为

$$u_i = \frac{x_{ied}}{k_x} + \hat{\theta}_{i5}\chi_+(x_{ied}) + \hat{\theta}_{i7}\chi_-(x_{ied}) \tag{5.87}$$

5.3.2 高精度气动同步控制试验研究

在气动伺服位置控制试验装置上对本节设计的高精度气动同步控制器的有效性进行验证，算法实现的采样周期为 1 ms。用到的主要模型参数为 $M_1 = M_2 = 1.88$ kg，$A = 4.908 \times 10^{-4}$ m^2，$L = 0.5$ m，$D = 0.025$ m，$V_{0a} = 2.5 \times 10^{-5}$ m^3，$V_{0b} = 5 \times 10^{-5}$ m^3，$R = 287$ N · m/(kg · K)，$\gamma = 1.4$，$T_s = 300$ K，$p_s = 7 \times 10^5$ Pa，$p_0 = 1 \times 10^5$ Pa，$\dfrac{F_{Cn}}{\sigma_{0n}} = 1.5 \times 10^{-4}$ m，$\dfrac{F_{Sn}}{\sigma_{0n}} = 2 \times 10^{-4}$ m，$\dot{x}_s$ =0.005 m/s。模

型中未知参数的名义值选为 $\theta_{11}=\theta_{21}=3.2\times10^5$ N/m，$\theta_{12}=\theta_{22}=100$ N · s/m，$\theta_{13}=\theta_{23}=300$ N · s/m，$\theta_{14}=\theta_{24}=0$ N，$\theta_{15}=0.45$ V，$\theta_{25}=0.3$ V，$\theta_{16}=\theta_{26}=0$ Pa/s，$\theta_{17}=-0.45$ V，$\theta_{27}=-0.3$ V，$\theta_{18}=\theta_{28}=0$ Pa/s。未知参数的界为 $\boldsymbol{\theta}_{1\min}=\boldsymbol{\theta}_{2\min}=[0,0,0,-100,0,-100,-1,-100]^{\mathrm{T}}$，$\boldsymbol{\theta}_{1\max}=\boldsymbol{\theta}_{2\max}=[3.2\times10^6,1000,3000,100,1,100,0,100]^{\mathrm{T}}$。

经过多次尝试后，控制器增益选择为 $\beta_1=\beta_2=0.3$，$\Lambda_1=\Lambda_2=100$，$k_{12}=30$，$k_{22}=40$，$h_{12}(t)=200$，$h_{22}(t)=100$，$\eta_{12}=\eta_{22}=4$，$\gamma_{1c1}=\gamma_{2c1}=150$，$d_{1c1M}=d_{2c1M}=10$，$\gamma_{10}=\gamma_{20}=0.2$，$\gamma_{11}=\gamma_{21}=0.3$，$k_{13}=k_{23}=400$，$h_{13}(t)=h_{23}(t)=40$，$\eta_{13}=\eta_{23}=1$，$\gamma_{1c2}=\gamma_{2c2}=10$，$d_{1c2M}=d_{2c2M}=10$。参数估计算法中参数设置情况见 4.2 节和 4.3 节。

气动同步系统跟踪幅值为 0.125 m、频率为 0.25 Hz 的正弦期望轨迹时的稳态响应如图 5.8 所示，左图给出了系统两个气缸的活塞位移曲线和同步误差曲线，右图给出了两个气缸的轨迹跟踪误差曲线。气缸 1 的最大稳态跟踪误差为 0.79 mm、平均稳态跟踪误差为 0.27 mm，气缸 2 的最大稳态跟踪误差为 0.78 mm、平均稳态跟踪误差为 0.26 mm，两气缸的最大同步误差为 0.89 mm，小于幅值的 1%，平均同步误差为 0.19 mm。由此可见，本节提出的气动同步控制策略既能保证系统中每一气缸精确跟踪期望的运动轨迹，又能实现气缸间高精度位置同步。图 5.9 和图 5.10 分别为控制器对该工况下系统中各轴（各单缸气动位置伺服系统）未知参数的估计，可见引入交叉耦合并不会影响参数辨识过程。

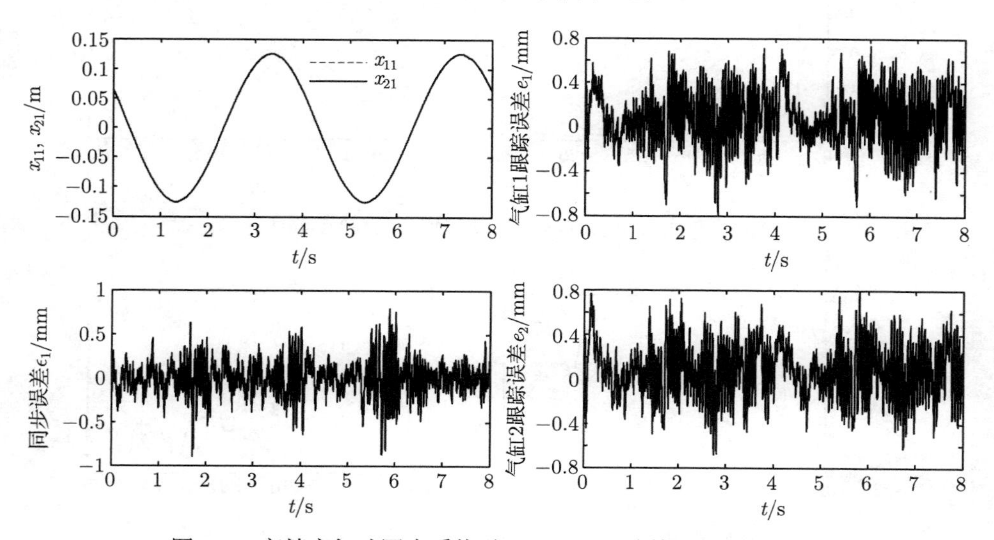

图 5.8 高精度气动同步系统对 0.25 Hz 正弦轨迹的跟踪响应

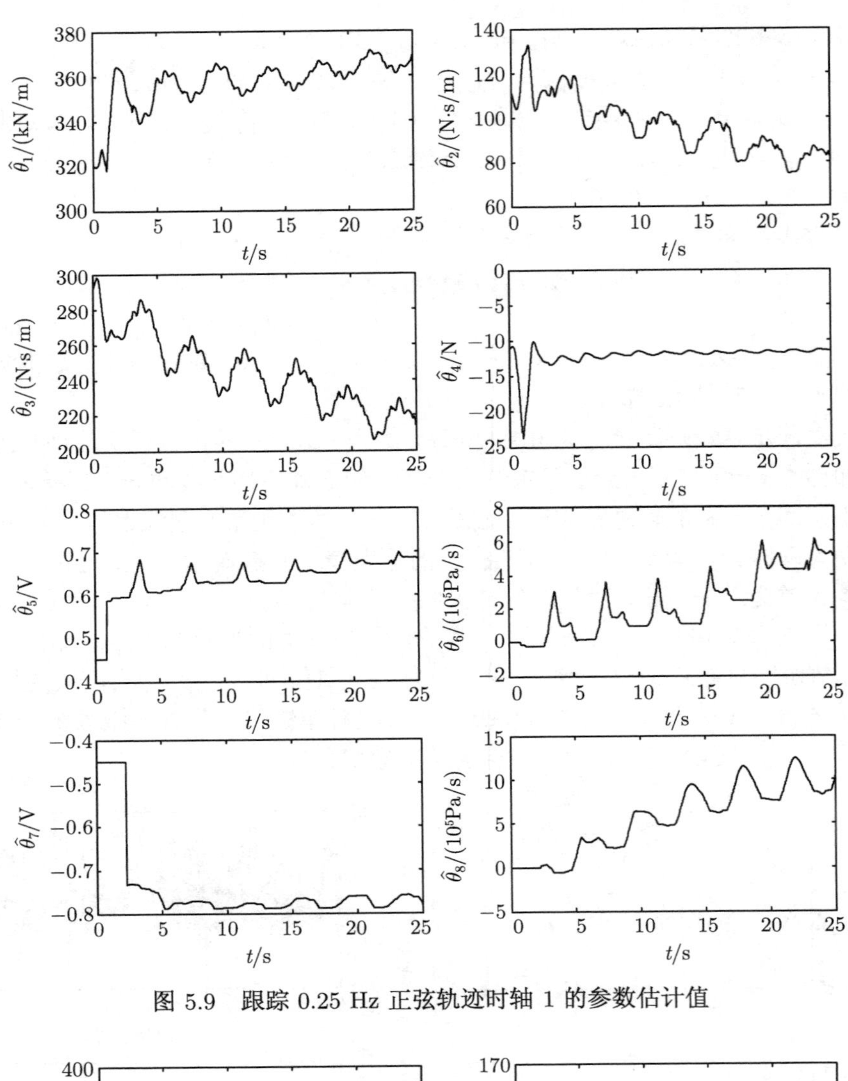

图 5.9　跟踪 0.25 Hz 正弦轨迹时轴 1 的参数估计值

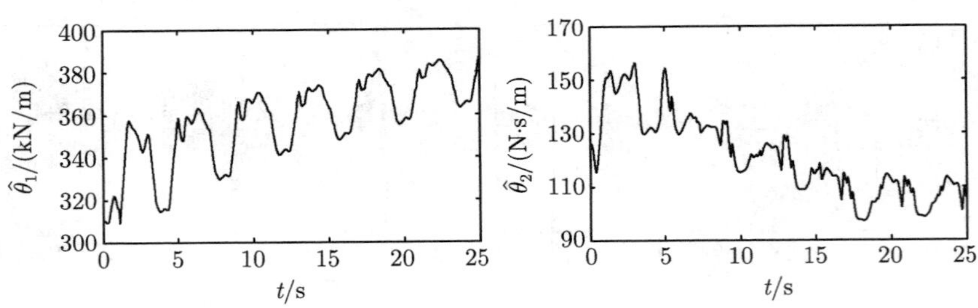

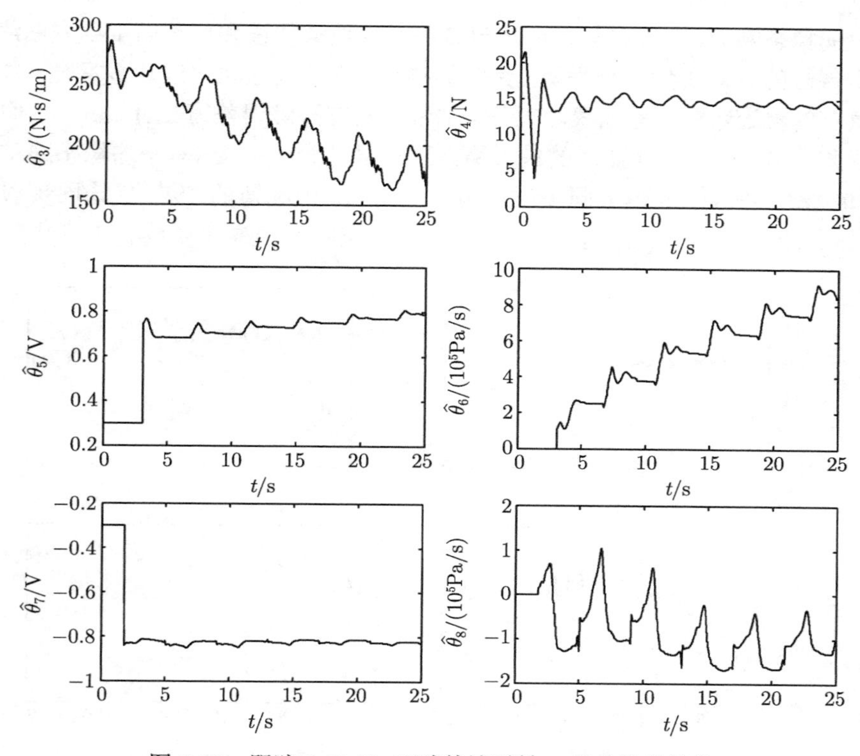

图 5.10 跟踪 0.25 Hz 正弦轨迹时轴 2 的参数估计值

图 5.11 给出了气动同步系统跟踪幅值为 0.125 m、频率为 0.5 Hz 的正弦期望

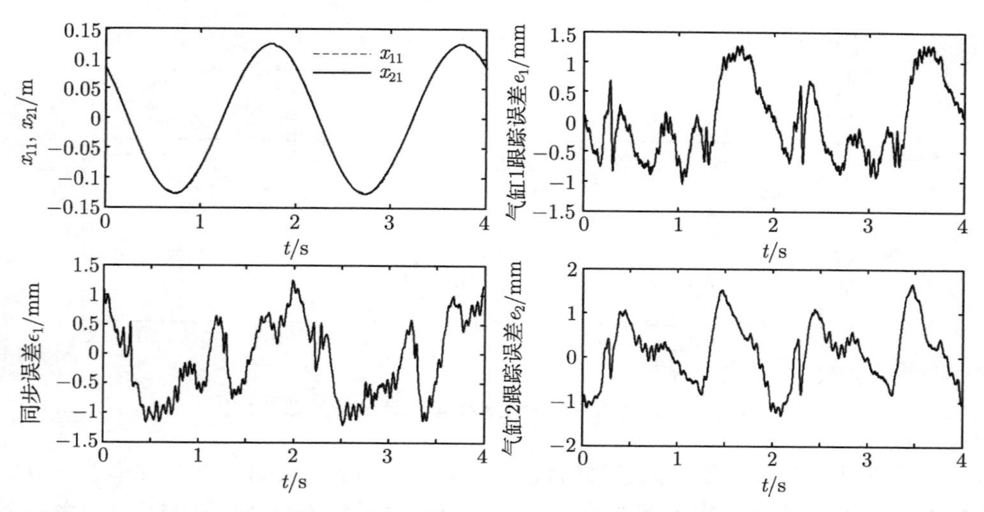

图 5.11 高精度气动同步系统对 0.5 Hz 正弦轨迹的跟踪响应

轨迹时的稳态响应，左图是系统两个气缸的活塞位移曲线和位置同步误差曲线，可见两个气缸的运动仍然十分平稳、无明显抖动，它们的运动轨迹基本重合，右图是两个气缸的轨迹跟踪误差曲线。气缸 1 的最大稳态跟踪误差为 1.29 mm、平均稳态跟踪误差为 0.62 mm，气缸 2 的最大稳态跟踪误差为 1.67 mm、平均稳态跟踪误差为 0.70 mm，两气缸的最大同步误差为 1.25 mm，为幅值的 1%，平均同步误差为 0.67 mm。图 5.12 和图 5.13 给出了该工况下系统中各轴未知参数的估计过程。

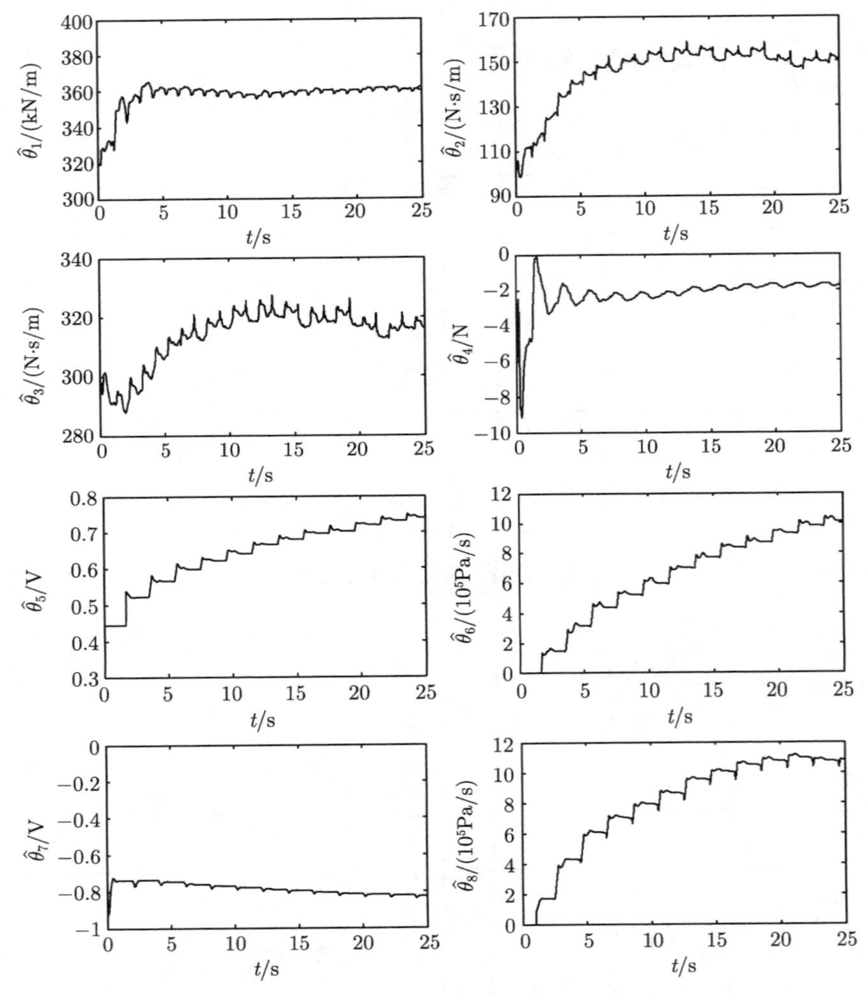

图 5.12　跟踪 0.5 Hz 正弦轨迹时轴 1 的参数估计值

气动同步系统跟踪随机连续轨迹 $x_{1d} = 0.05\sin(1.25\pi t) + 0.05\sin(\pi t) + 0.05\sin(0.5\pi t)$ 时的稳态响应如图 5.14 所示，左图给出了系统两个气缸的活塞位移曲线

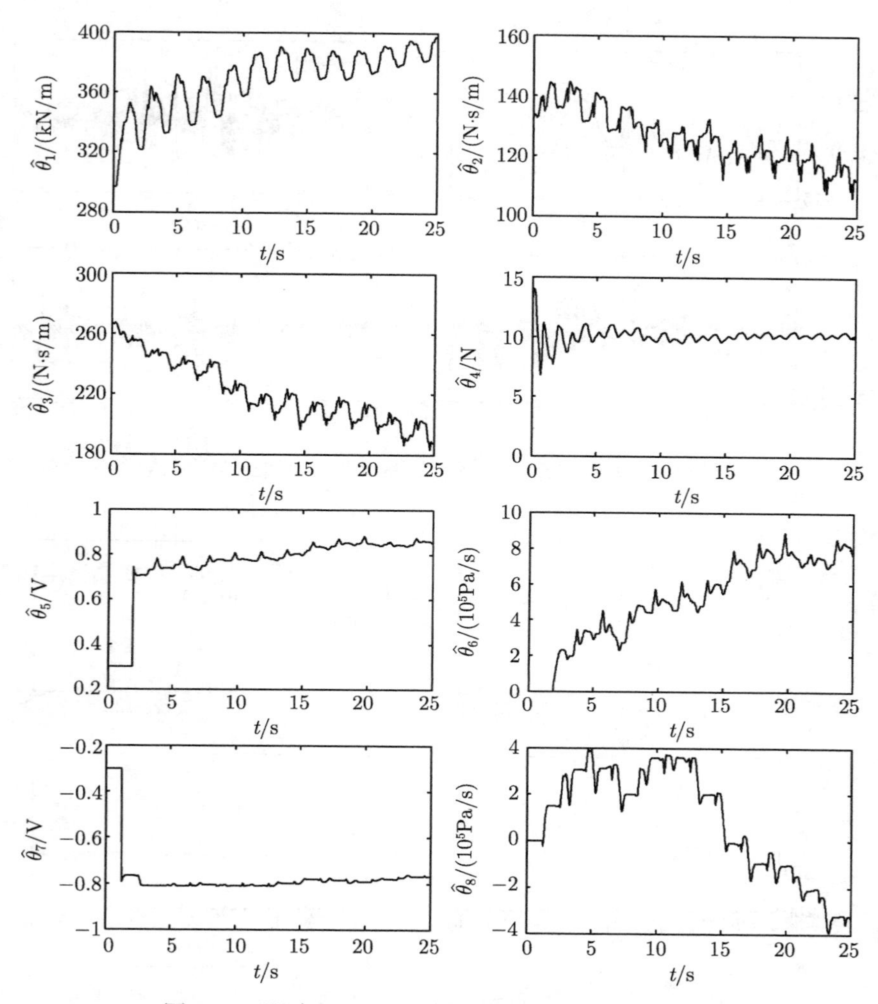

图 5.13　跟踪 0.5 Hz 正弦轨迹时轴 2 的参数估计值

和同步误差曲线，右图给出了两个气缸的轨迹跟踪误差曲线。气缸 1 的最大稳态跟踪误差为 1.70 mm、平均稳态跟踪误差为 0.42 mm，气缸 2 的最大稳态跟踪误差为 1.79 mm、平均稳态跟踪误差为 0.41 mm，两气缸的最大同步误差为 1.34 mm，小于幅值的 1.1%，平均同步误差为 0.42 mm。图 5.15 和图 5.16 分别为控制器对该工况下系统中各轴未知参数的估计。气动同步系统工作时，各气缸两腔压力变化过程如图 5.17 所示，可见系统内动态是稳定的。跟踪随机连续轨迹时，各轴的控制输出如图 5.18 所示，控制信号有颤振，会缩短阀的寿命，这应该是为获得高同步精度必须付出的代价。

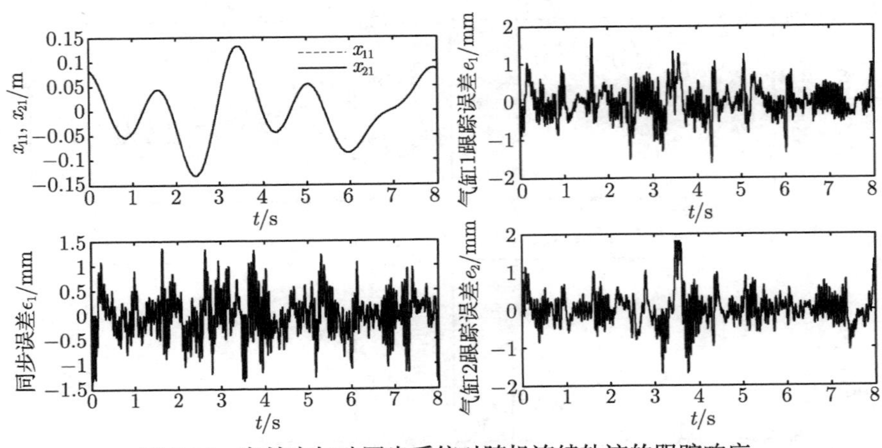

图 5.14　高精度气动同步系统对随机连续轨迹的跟踪响应

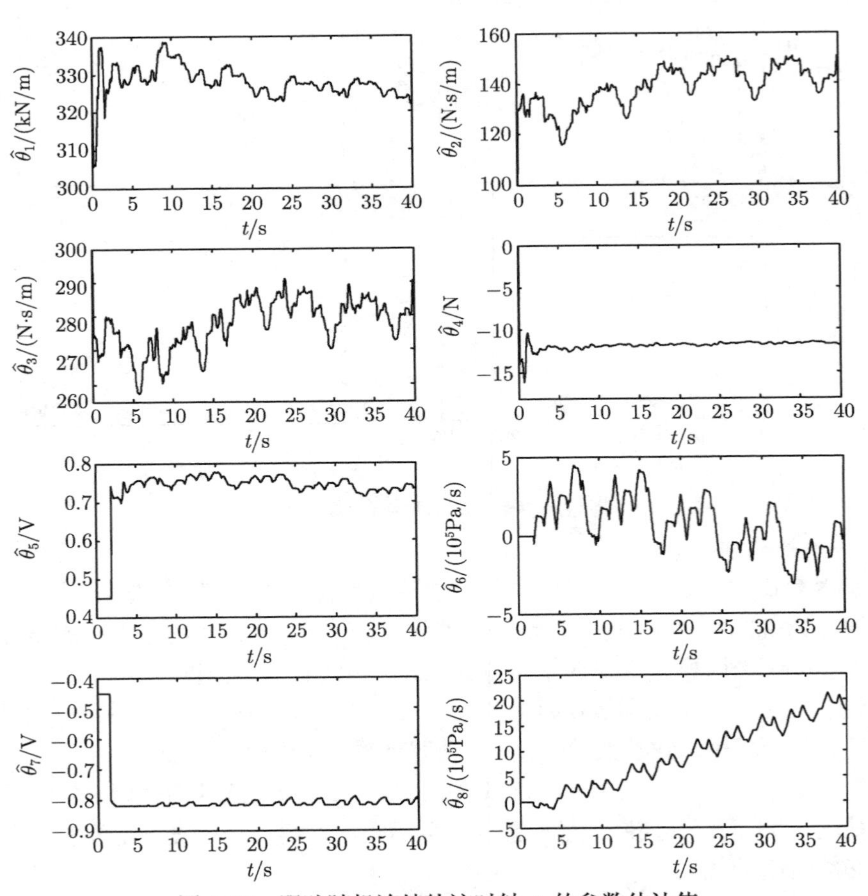

图 5.15　跟踪随机连续轨迹时轴 1 的参数估计值

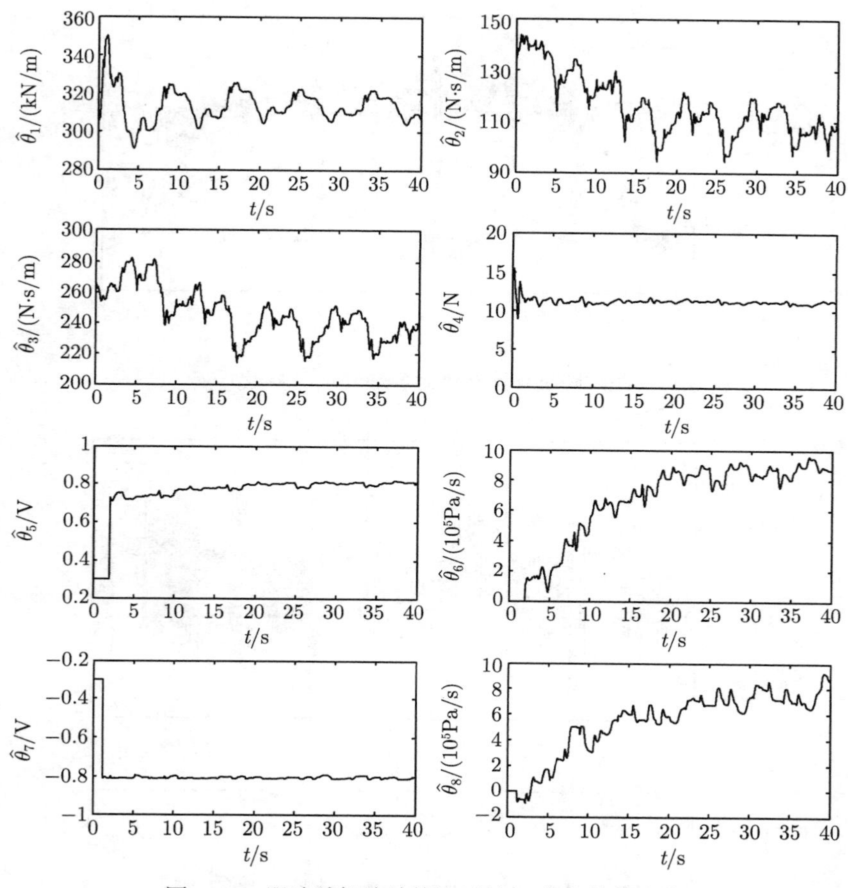

图 5.16 跟踪随机连续轨迹时轴 2 的参数估计值

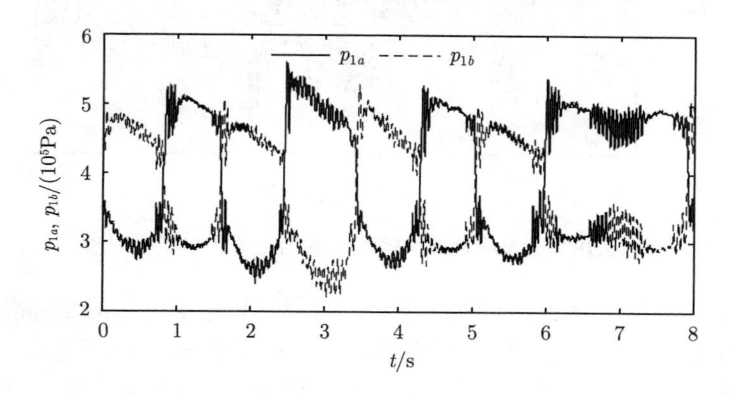

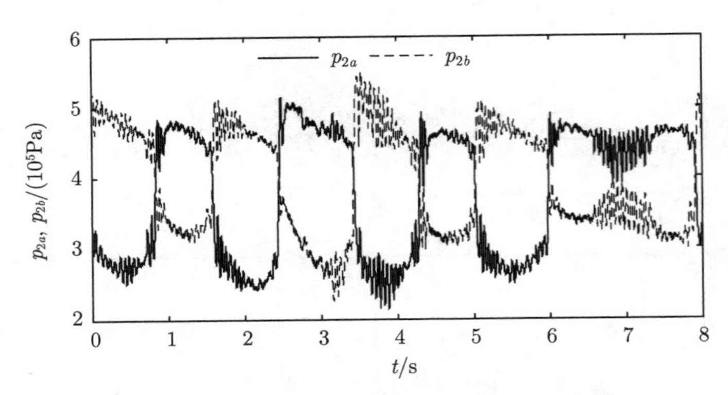

图 5.17　跟踪随机连续轨迹时各轴气缸两腔压力变化过程

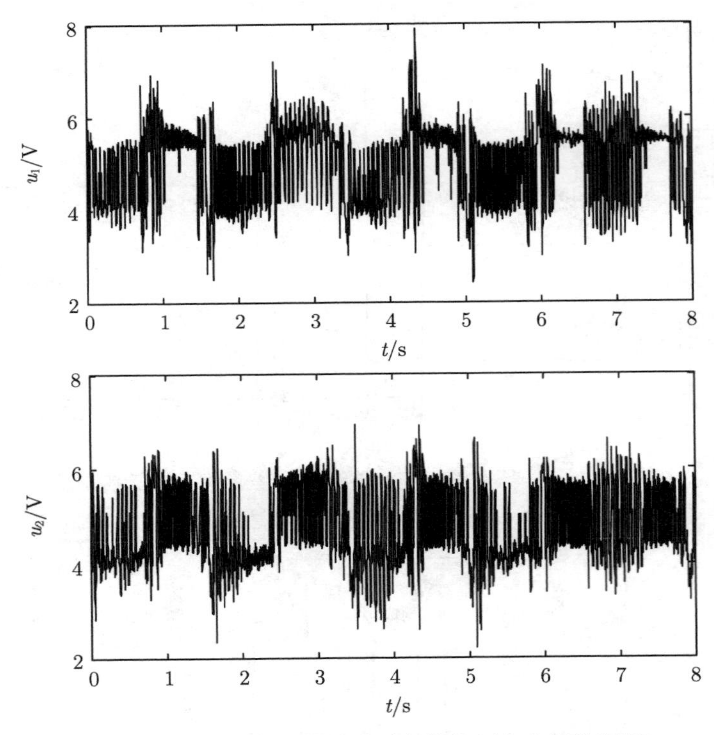

图 5.18　跟踪随机连续轨迹时各轴比例方向阀控制量

图 5.19 给出的是气动同步系统跟踪正弦期望轨迹 $x_{1d} = 0.125\sin(\pi t)$ 的稳态同步误差曲线，在 t=7.5 s 时，利用负载缸给无杆气缸施加一个干扰，并在 t=12 s 时移除该干扰，可见只在扰动信号加入和消失瞬间会产生瞬时尖峰，系统没有产生振荡或不稳定，所加的干扰并没有明显影响同步控制性能和单轴的轨迹跟踪控制性能，所设计的控制器均具有较强的抗干扰能力。

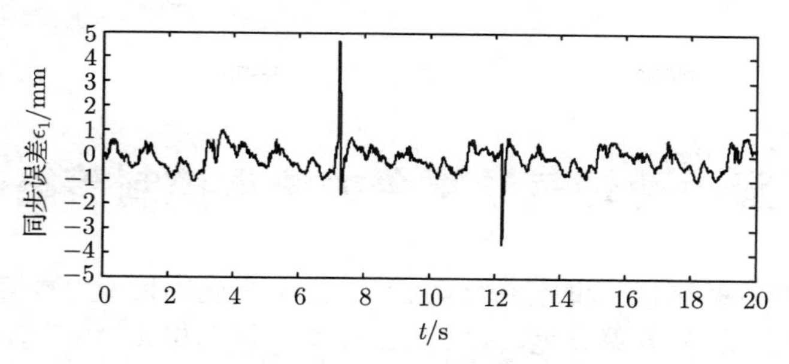

图 5.19 有干扰情况下系统跟踪 0.5 Hz 正弦轨迹时的稳态同步误差曲线

第 6 章　两轴气动平台的协调控制策略研究

本章针对两轴气动平台的轮廓运动控制问题，以轮廓误差为直接控制目标，通过构建任务坐标系，将轮廓误差转化成与两轴期望运动相关的量，增强两轴之间的协调性，在此基础上提出一种基于任务坐标系的自适应鲁棒轮廓运动控制策略，给出控制器的详细设计步骤，并通过实验证明控制器的有效性和性能鲁棒性。

6.1　轮廓运动控制概述

两轴气动平台通过无杆气缸驱动末端执行器在一个二维空间（X/Y 轴）内移动，是一种气压驱动的平面门架，受控制精度所限，目前大多用于完成搬运、分拣等简单工序。考虑到气动系统具有功率–质量比大、清洁、价格低、结构简单、易维护等显著优点，如果能提高轮廓运动控制精度，气动平台将在切割、焊接、涂胶、装配等工业领域具有更广阔的应用前景。

两轴气动平台轮廓运动控制的目标是通过协调两个驱动气缸的运动使末端执行器沿期望轮廓轨迹运动，如图 6.1 所示，将当前实际位置到期望轮廓的最短距离定义为轮廓误差并与位置跟踪误差（当前实际位置与期望位置之间的距离）相比较可以发现：位置跟踪误差小并不一定意味着轮廓误差小，如 $\boldsymbol{q}'$ 比 $\boldsymbol{q}$ 的位置跟踪误差大但轮廓误差小，显然后者比前者更直接表征控制目标。许多学者致力于研究两轴气动平台的控制策略，但都是以提高单轴的位置控制精度间接地提高轮廓运动控制精度，例如，Chen 和 Hwang 研究了气压驱动 X-Y 平台的迭代学习控制，利用具有时滞参数的 P/PD 型更新律寻求最优控制参数，从而提高重复轨迹跟踪性能[216,217]；Cho 为气压驱动 X-Y 平台设计了基于神经网络的 PID 控制器，利用神经网络辅助 PID 对系统非线性进行补偿[218]；Lu 等研究了气马达驱动的 X-Y 平台的控制方法，采用反步法设计了滑模控制器[219]。由于两轴控制器之间无耦合，上述研究的轮廓运动控制性能不理想，为解决这个问题，必须在两轴间引入有效的协调机制。

增强两轴之间的协调性可以采用基于交叉耦合的轮廓运动控制。交叉耦合思想在上一章有较详细的介绍，在此不再赘述、基于交叉耦合方法的轮廓运动控制策略的基本思想是：将轮廓误差直接反馈至每个轴控制器的输入端而非输出端，轮廓误差和单个轴的轨迹跟踪误差以某种设定模式组成一个新的称为耦合误差的变量，然后为每个轴分别设计控制器使耦合误差收敛，从而增加两轴之间的协调性。

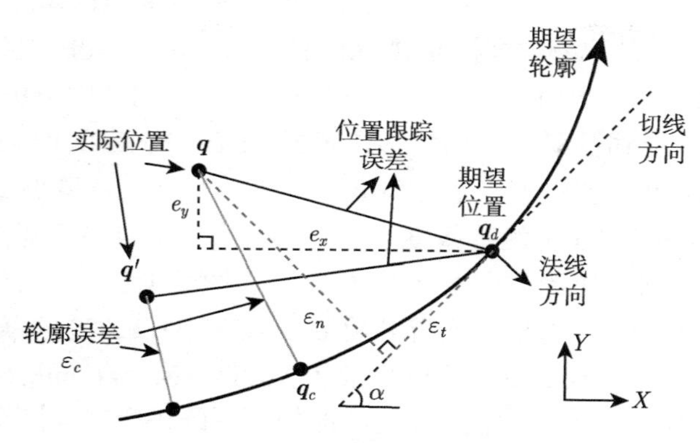

图 6.1　两轴轮廓运动误差示意图

交叉耦合控制方法很多，其中基于任务坐标系的方法综合性能最优，也最受学者重视 [179, 220]。基于任务坐标系的轮廓运动控制以轮廓误差为直接控制目标，通过构建任务坐标系，将轮廓误差转化成与两轴期望运动相关的量，从而增强两轴之间的协调性 [180, 181, 221]。

轮廓运动控制的一个难点是建立合适的轮廓误差计算模型。轮廓误差是实际轮廓与期望轮廓之间的几何偏差，从事相关研究的学者普通采用当前时刻的末端执行器实际位置和期望轮廓之间的最短距离来量化它 [221, 222]。理论上，轮廓误差只和当前实际位置和期望轮廓的几何形状有关，而和期望位置或位置跟踪误差无关，按此建立的精确轮廓误差计算模型非常复杂，不适用于实时控制。基于任务坐标系的轮廓运动控制利用位置跟踪误差估计轮廓误差，虽然导致轮廓误差依赖于期望位置/期望运动，但是计算模型简单，在低速小曲率轮廓运动情况下可以取得良好的效果 [180, 181]。需要指出的是，精确轮廓误差计算模型目前仍是高性能轮廓加工领域研究的热点，为解决高速大曲率轮廓运动控制问题，国内外学者不断提出新的任务坐标系构建方法 [223]。

本章将基于任务坐标系的交叉耦合控制与直接/间接集成自适应鲁棒控制结合起来，提出一种基于任务坐标系的轮廓运动控制，实现两轴气动平台的高性能轮廓运动控制。

6.2　两轴气动平台的数学模型

图 6.2 是本课题组搭建的两轴气动平台轮廓运动控制实验装置，两个无杆气缸（DGC-25-500-G-PPV-A）垂直布置，X 轴驱动气缸在上，一端与 Y 轴驱动气缸的滑块固定，另一端与滑动导轨相连。末端执行器固定于 X 轴驱动气缸的滑块上，该

平台可以控制其在 X-Y 两个方向 500 mm×500 mm 范围内运动。两轴的驱动气缸各由一个 Festo 公司的比例方向控制阀（MPYE-5-1/8-HF-010B）控制，气缸两腔压力及控制阀供气口的压力由 Festo 公司的压力传感器（SPTW-P10R-G14-VD-M1）检测，采用 MTS 公司的磁致伸缩位移传感器（RPS0500MD601V810050）测量气缸活塞的位移和速度。位移测量重复精度小于 ±0.001%FS（最小 ±2.5 μm），速度测量精度为 0.1 mm/s，压力测量精度为 ±1%FS。气源压力由三联件调节，并利用一个 14 L 的气容保证比例方向控制阀在工作时供气口压力不出现大的波动。各传感器信号的读取和控制算法的实现利用 dSPACE（DS1103）系统完成。dSPACE 的代码生成工具 ——TargetLink 可以直接从 MATLAB/Simulink/Stateflow 生成代码，ControlDesk 试验工具软件包可以与实时控制系统进行交互操作，如调整参数、显示系统的状态、跟踪过程响应曲线等，提高了研究效率。

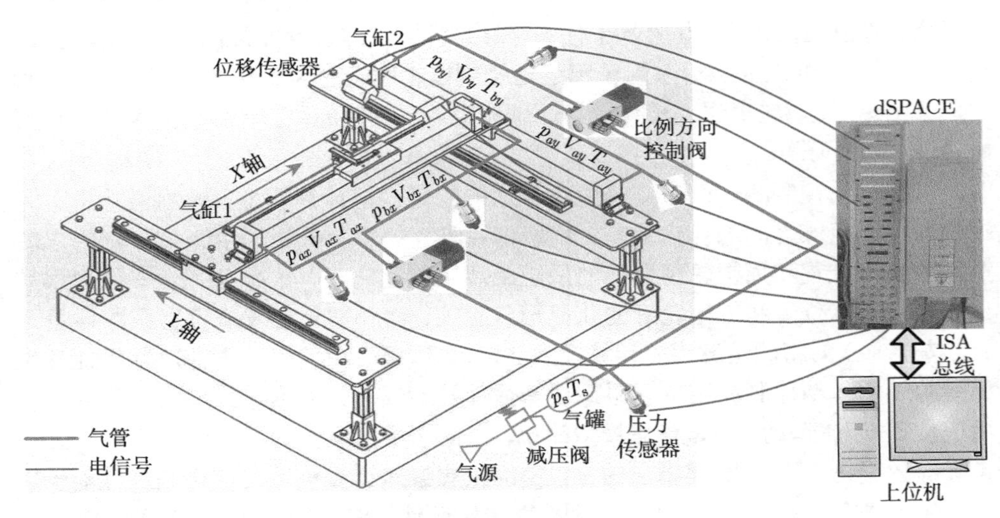

图 6.2　两轴气动平台实验装置原理图

两轴气动平台的动力学模型可以写成

$$\boldsymbol{M}\ddot{\boldsymbol{q}} = A\boldsymbol{p}_L - \boldsymbol{B}\dot{\boldsymbol{q}} - \boldsymbol{A}_f\boldsymbol{S}_f(\dot{\boldsymbol{q}}) - \boldsymbol{F}_L + \boldsymbol{d}_{fn} + \tilde{\boldsymbol{d}}_f \tag{6.1}$$

式中，$\boldsymbol{M} = \mathrm{diag}\{M_x, M_y\}$，$M_x$ 和 M_y 代表两轴运动部件及惯性负载的质量；$\boldsymbol{q} = [x(t), y(t)]^{\mathrm{T}}$，$x(t)$ 和 $y(t)$ 代表两轴的位移；$\dot{\boldsymbol{q}} = [\dot{x}(t), \dot{y}(t)]^{\mathrm{T}}$，$\dot{x}(t)$ 和 $\dot{y}(t)$ 代表两轴的速度；$\ddot{\boldsymbol{q}} = [\ddot{x}(t), \ddot{y}(t)]^{\mathrm{T}}$，$\ddot{x}(t)$ 和 $\ddot{y}(t)$ 代表两轴的加速度；$\boldsymbol{B} = \mathrm{diag}\{b_x, b_y\}$，$b_x$ 和 b_y 代表两轴运动中的黏性摩擦系数；A 为气缸活塞有效面积；$\boldsymbol{p}_L = [p_{Lx}, p_{Ly}]^{\mathrm{T}} = [p_{ax} - p_{bx}, p_{ay} - p_{by}]^{\mathrm{T}}$ 为驱动气缸两腔压差向量，p_{ax} 和 p_{bx} 分别表示 X 轴驱动气缸的两腔压力，p_{ay} 和 p_{by} 分别表示 Y 轴驱动气缸的两腔压力；$\boldsymbol{A}_f = \mathrm{diag}\{A_{fx}, A_{fy}\}$，$\boldsymbol{S}_f(\dot{\boldsymbol{q}}) = [S_{fx}(\dot{x}), S_{fy}(\dot{y})]^{\mathrm{T}}$，$A_{fx}S_{fx}(\dot{x})$ 和 $A_{fy}S_{fy}(\dot{y})$ 分别是两轴的光滑摩擦模型，如式 (2.2)

所示；$\boldsymbol{F}_L = [F_{Lx}, F_{Ly}]^{\mathrm{T}}$，$F_{Lx}$ 和 F_{Ly} 分别代表两个轴受到的外负载力；$\boldsymbol{d}_{fn} = [d_{fnx}, d_{fny}]^{\mathrm{T}}$，$\tilde{\boldsymbol{d}}_f = [\tilde{d}_{fx}, \tilde{d}_{fy}]^{\mathrm{T}}$，$(d_{fnx} + \tilde{d}_{fx})$ 和 $(d_{fny} + \tilde{d}_{fy})$ 表示两轴的建模误差及其他干扰的影响，其中 d_{fnx} 和 d_{fny} 分别为它们的标称值。

驱动气缸两腔压差的微分方程为

$$\dot{\boldsymbol{p}}_L = \boldsymbol{q}_L + \boldsymbol{F}_p + \boldsymbol{d}_{pn} + \tilde{\boldsymbol{d}}_p \tag{6.2}$$

式中，$\boldsymbol{q}_L = [q_{Lx}, q_{Ly}]^{\mathrm{T}}$ 和 $\boldsymbol{F}_p = [F_{px}, F_{py}]^{\mathrm{T}}$ 为两个 2×1 已知函数向量，$\boldsymbol{q}_L = \begin{bmatrix} q_{Lx} \\ q_{Lx} \end{bmatrix} = \begin{bmatrix} \dfrac{\gamma R}{V_{ax}}(\dot{m}_{\mathrm{ain}x}T_{\mathrm{s}} - \dot{m}_{\mathrm{aout}x}T_{ax}) - \dfrac{\gamma R}{V_{bx}}(\dot{m}_{\mathrm{bin}x}T_{\mathrm{s}} - \dot{m}_{\mathrm{bout}x}T_{bx}) \\ \dfrac{\gamma R}{V_{ay}}(\dot{m}_{\mathrm{ain}y}T_{\mathrm{s}} - \dot{m}_{\mathrm{aout}y}T_{ay}) - \dfrac{\gamma R}{V_{by}}(\dot{m}_{\mathrm{bin}y}T_{\mathrm{s}} - \dot{m}_{\mathrm{bout}y}T_{by}) \end{bmatrix}$，$\boldsymbol{F}_p = \begin{bmatrix} F_{px} \\ F_{py} \end{bmatrix} = \begin{bmatrix} -\dfrac{\gamma A}{V_{ax}}\dot{x}p_{ax} - \dfrac{\gamma A}{V_{bx}}\dot{x}p_{bx} + \dfrac{\gamma - 1}{V_{ax}}\dot{Q}_{ax} - \dfrac{\gamma - 1}{V_{bx}}\dot{Q}_{bx} \\ -\dfrac{\gamma A}{V_{ay}}\dot{y}p_{ay} - \dfrac{\gamma A}{V_{by}}\dot{y}p_{by} + \dfrac{\gamma - 1}{V_{ay}}\dot{Q}_{ay} - \dfrac{\gamma - 1}{V_{by}}\dot{Q}_{by} \end{bmatrix}$，其中 γ 是空气的比热比，R 是理想气体常数，V_{ai} 和 $V_{bi}(i = x, y)$ 为气缸左右两腔的容积，$T_{ai} = T_{\mathrm{s}}\left(\dfrac{p_{ai}}{0.8077p_{\mathrm{s}}}\right)^{\frac{n-1}{n}}$ $(i = x, y)$ 和 $T_{bi} = T_{\mathrm{s}}\left(\dfrac{p_{bi}}{0.8077p_{\mathrm{s}}}\right)^{\frac{n-1}{n}}$ $(i = x, y)$ 为气缸左右两腔的温度，$n = 1.35$ 为多变指数，$\dot{m}_{\mathrm{ain}i}$ 和 $\dot{m}_{\mathrm{bin}i}(i = x, y)$ 分别表示流进气缸左右两腔的气体的质量流量，$\dot{m}_{\mathrm{aout}i}$ 和 $\dot{m}_{\mathrm{bout}i}(i = x, y)$ 分别表示流出气缸左右两腔气体的质量流量，$\dot{Q}_{ai}$ 和 $\dot{Q}_{bi}(i = x, y)$ 分别表示气缸左右两腔内气体与外界的热交换，p_{s} 是控制阀进气口压力，$\boldsymbol{d}_{pn} = \begin{bmatrix} d_{pnx} \\ d_{pny} \end{bmatrix}$，$\tilde{\boldsymbol{d}}_p = \begin{bmatrix} \tilde{d}_{px} \\ \tilde{d}_{py} \end{bmatrix}$，$(d_{pnx} + \tilde{d}_{px})$ 和 $(d_{pny} + \tilde{d}_{py})$ 表示两轴的建模误差及其他干扰的影响，其中 d_{pnx} 和 d_{pny} 分别为它们的标称值。选择气缸中位为活塞位移的零点，则

$$\begin{aligned} V_{ax} &= V_{a0x} + A\left(\frac{L}{2} + x\right), V_{bx} = V_{b0x} + A\left(\frac{L}{2} - x\right) \\ V_{ay} &= V_{a0y} + A\left(\frac{L}{2} + y\right), V_{by} = V_{b0y} + A\left(\frac{L}{2} - y\right) \end{aligned} \tag{6.3}$$

式中，V_{a0i} 和 $V_{b0i}(i = x, y)$ 为两轴驱动气缸左右两腔的死容积；L 为气缸活塞行程。参照第 2 章的相关分析，气缸腔内空气与外界的热交换的计算公式为

$$\begin{aligned} \dot{Q}_{ax} &= hS_{ax}(x)(T_{\mathrm{s}} - T_{ax}), \dot{Q}_{bx} = hS_{bx}(x)(T_{\mathrm{s}} - T_{bx}) \\ \dot{Q}_{ay} &= hS_{ay}(y)(T_{\mathrm{s}} - T_{ay}), \dot{Q}_{by} = hS_{by}(y)(T_{\mathrm{s}} - T_{by}) \end{aligned} \tag{6.4}$$

式中，h 是空气与气缸内壁的热传导率；$S_{ax}(x)$、$S_{bx}(x)$、$S_{ay}(y)$、$S_{by}(y)$ 是热传导面积，可由下式近似计算：

$$\begin{aligned} S_{ax}(x) &= 2A + \pi D\left(\frac{L}{2} + x\right), S_{bx}(x) = 2A + \pi D\left(\frac{L}{2} - x\right) \\ S_{ay}(y) &= 2A + \pi D\left(\frac{L}{2} + y\right), S_{by}(y) = 2A + \pi D\left(\frac{L}{2} - y\right) \end{aligned} \tag{6.5}$$

式中，D 是活塞直径。

采用如下公式计算通过控制阀阀口的气体质量流量：

$$\dot{m}_i = A_i(u_i)K_q(p_{\mathrm{u}}, p_{\mathrm{d}}, T_{\mathrm{u}})$$
$$= \begin{cases} A_i(u_i)C_dC_1\dfrac{p_{\mathrm{u}}}{\sqrt{T_{\mathrm{u}}}} & \dfrac{p_{\mathrm{d}}}{p_{\mathrm{u}}} \leqslant p_{\mathrm{r}} \\ A_i(u_i)C_dC_1\dfrac{p_{\mathrm{u}}}{\sqrt{T_{\mathrm{u}}}}\sqrt{1-\left(\dfrac{\dfrac{p_{\mathrm{d}}}{p_{\mathrm{u}}}-p_{\mathrm{r}}}{1-p_{\mathrm{r}}}\right)^2} & p_{\mathrm{r}} < \dfrac{p_{\mathrm{d}}}{p_{\mathrm{u}}} < \lambda \\ A_i(u_i)C_dC_1\dfrac{p_{\mathrm{u}}}{\sqrt{T_{\mathrm{u}}}}\left(\dfrac{1-\dfrac{p_{\mathrm{d}}}{p_{\mathrm{u}}}}{1-\lambda}\right)\sqrt{1-\left(\dfrac{\lambda-p_{\mathrm{r}}}{1-p_{\mathrm{r}}}\right)^2} & \lambda \leqslant \dfrac{p_{\mathrm{d}}}{p_{\mathrm{u}}} \leqslant 1 \end{cases} \tag{6.6}$$

式中，$i = x, y$ 是轴标志；$\dot{m}_i$ 表示气体质量流量；u_i 为阀的控制电压；$A_i(u_i)$ 为阀的有效开口面积，和控制电压的关系如图 6.3 所示；C_d 为流量系数；C_1 为常值，大小等于 0.0404；p_{u} 和 p_{d} 分别为阀口的上、下游绝对压力；T_{u} 是阀口上游气体的温度；p_{r} 为临界压力比；λ 是出现层流时的压力比，大小接近 1；p_0 为大气压力。因此，流入或流出两轴驱动气缸各腔的气体质量流量为 $\dot{m}_{a\mathrm{in}i} = A_i(u_i)K_q(p_{\mathrm{s}}, p_{ai}, T_{\mathrm{s}})$，$\dot{m}_{a\mathrm{out}i} = A_i(u_i)K_q(p_{ai}, p_0, T_{ai})$，$\dot{m}_{\mathrm{bin}i} = A_i(u_i)K_q(p_{\mathrm{s}}, p_{bi}, T_{\mathrm{s}})$，$\dot{m}_{\mathrm{bout}i} = A_i(u_i)K_q(p_{bi}, p_0, T_{bi})$。

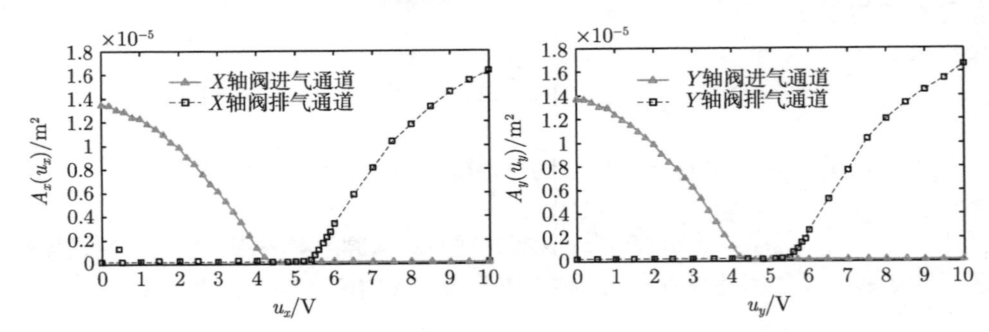

图 6.3　两轴控制阀的阀口开度与控制电压的关系曲线

6.3 自适应鲁棒轮廓运动控制

6.3.1 问题阐述

如图 6.1 所示，$\boldsymbol{q}=[x(t),y(t)]^{\mathrm{T}}$ 是气动平台末端执行器当前时刻的实际位置，用 $\boldsymbol{q}_d=[x_d(t),y_d(t)]^{\mathrm{T}}$ 表示当前时刻在期望轮廓上的期望位置，轮廓误差为实际位置到期望轮廓的最短距离 $|\overrightarrow{\boldsymbol{q}\boldsymbol{q}_c}|$，当前时刻的位置跟踪误差为 $|\overrightarrow{\boldsymbol{q}\boldsymbol{q}_d}|$。为获得好的轮廓运动控制性能，应该直接基于轮廓误差而非位置跟踪误差进行控制器设计，但绝对精确的轮廓误差计算模型难以构建且不适合于实时控制，因此，本书采用 Hu 等[180,181]、Chiu 和 Tomizuka 等[221] 提出的近似计算模型，即用当前实际位置到期望轮廓在点 $\boldsymbol{q}_d$ 处切线的最短距离 ε_n 近似实际轮廓误差 $\varepsilon_c=|\overrightarrow{\boldsymbol{q}\boldsymbol{q}_c}|$。定义轴向位置跟踪误差为 $e_x=x(t)-x_d(t)$ 和 $e_y=y(t)-y_d(t)$，用 α 代表期望轮廓在点 $\boldsymbol{q}_d$ 处的切线与 X 轴之间的夹角，则轮廓误差的近似计算模型为

$$\varepsilon_c\approx\varepsilon_n=\sin\alpha e_x+\cos\alpha e_y \tag{6.7}$$

此外，$\overrightarrow{\boldsymbol{q}\boldsymbol{q}_d}$ 在期望轮廓上点 $\boldsymbol{q}_d$ 处切线方向的分量长度为

$$\varepsilon_t=\cos\alpha e_x-\sin\alpha e_y \tag{6.8}$$

在期望轮廓上建立任务坐标系，原点位于当前时刻在期望轮廓上的期望位置 $\boldsymbol{q}_d$，两个坐标轴是期望轮廓在点 $\boldsymbol{q}_d$ 处的切线和法线，则 $\boldsymbol{\varepsilon}=[\varepsilon_n,\varepsilon_t]^{\mathrm{T}}$ 是该任务坐标系下的一个误差向量。$\boldsymbol{\varepsilon}$ 与原来笛卡儿坐标系下的轴向位置跟踪误差向量 $\boldsymbol{e}=[e_x,e_y]^{\mathrm{T}}$ 存在如下转换关系：

$$\boldsymbol{\varepsilon}=\boldsymbol{T}\boldsymbol{e},\boldsymbol{T}=\begin{bmatrix}\sin\alpha & \cos\alpha\\ \cos\alpha & -\sin\alpha\end{bmatrix} \tag{6.9}$$

式中，$\boldsymbol{T}$ 是转换矩阵，不管 α 取何值，$\boldsymbol{T}$ 是酉矩阵，即具有 $\boldsymbol{T}^{-1}=\boldsymbol{T}^{\mathrm{T}}=\boldsymbol{T}$ 的性质。

将 $\boldsymbol{e}=\boldsymbol{q}-\boldsymbol{q}_d$ 代入式 (6.1)，两轴气动平台的动力学模型重新表达为

$$\boldsymbol{M}\ddot{\boldsymbol{e}}+\boldsymbol{B}\dot{\boldsymbol{e}}+\boldsymbol{A}_f\boldsymbol{S}_f(\dot{\boldsymbol{q}})+\boldsymbol{M}\ddot{\boldsymbol{q}}_d+\boldsymbol{B}\dot{\boldsymbol{q}}_d=A\boldsymbol{p}_L-\boldsymbol{F}_L+\boldsymbol{d}_{fn}+\tilde{\boldsymbol{d}}_f \tag{6.10}$$

根据式 (6.9) 容易计算出 $\boldsymbol{e}$ 的一阶和二阶导数为

$$\dot{\boldsymbol{e}}=\boldsymbol{T}\dot{\boldsymbol{\varepsilon}}+\dot{\boldsymbol{T}}\boldsymbol{\varepsilon},\ddot{\boldsymbol{e}}=\boldsymbol{T}\ddot{\boldsymbol{\varepsilon}}+2\boldsymbol{T}\dot{\boldsymbol{T}}\dot{\boldsymbol{\varepsilon}}+\ddot{\boldsymbol{T}}\boldsymbol{\varepsilon} \tag{6.11}$$

将式 (6.11) 代入式 (6.10)，可以获得两轴气动平台在任务坐标系下的动力学模型：

$$\boldsymbol{M}_t\ddot{\boldsymbol{\varepsilon}}+\boldsymbol{B}_t\dot{\boldsymbol{\varepsilon}}+2\boldsymbol{C}_t\dot{\boldsymbol{\varepsilon}}+\boldsymbol{D}_t\boldsymbol{\varepsilon}+\boldsymbol{A}_t\boldsymbol{S}_f(\dot{\boldsymbol{q}})+\boldsymbol{M}_q\ddot{\boldsymbol{q}}_d+\boldsymbol{B}_q\dot{\boldsymbol{q}}_d=\boldsymbol{p}_{Lt}+\boldsymbol{d}_t+\tilde{\boldsymbol{\Delta}} \tag{6.12}$$

式中，$\boldsymbol{M}_t = \boldsymbol{TMT}$；$\boldsymbol{B}_t = \boldsymbol{TBT}$；$\boldsymbol{C}_t = \boldsymbol{TM}\dot{\boldsymbol{T}}$；$\boldsymbol{D}_t = \boldsymbol{TM}\ddot{\boldsymbol{T}} + \boldsymbol{TB}\dot{\boldsymbol{T}}$；$\boldsymbol{A}_t = \boldsymbol{TA}_f$；$\boldsymbol{M}_q = \boldsymbol{TM}$；$\boldsymbol{B}_q = \boldsymbol{TB}$；$\boldsymbol{p}_{Lt} = \boldsymbol{ATp}_L$；$\boldsymbol{d}_t = \boldsymbol{A}(-\boldsymbol{F}_L + \boldsymbol{d}_{fn})$；$\tilde{\boldsymbol{\Delta}} = \boldsymbol{T}\tilde{\boldsymbol{d}}_f$。

考虑参数 b_x、b_y、A_{fx}、A_{fy}、F_{Lx}、F_{Ly}、d_{fnx}、d_{fny}、d_{pnx} 和 d_{pny} 变化导致的模型参数不确定性，定义未知参数向量 $\boldsymbol{\theta}_1 = [\theta_{11}, \theta_{12}, \theta_{13}, \theta_{14}, \theta_{15}, \theta_{16}]^{\mathrm{T}}$ 和 $\boldsymbol{\theta}_2 = [\theta_{21}, \theta_{22}]^{\mathrm{T}}$ 为 $\theta_{11} = b_x$，$\theta_{12} = A_{fx}$，$\theta_{13} = -F_{Lx} + d_{fnx}$，$\theta_{14} = b_y$，$\theta_{15} = A_{fy}$，$\theta_{16} = -F_{Ly} + d_{fny}$，$\theta_{21} = d_{pnx}$，$\theta_{22} = d_{pny}$。虽然参数向量 $\boldsymbol{\theta}_1$ 和 $\boldsymbol{\theta}_2$ 未知，但是其不确定性的范围在实际中却是可以预测的，所以假设系统中的参数不确定性和不确定非线性均是有界的，并且满足：

$$
\begin{aligned}
\boldsymbol{\theta}_i \in \boldsymbol{\Omega}_{\boldsymbol{\theta}_i} &\triangleq \{\boldsymbol{\theta}_i : \boldsymbol{\theta}_{i\min} \leqslant \boldsymbol{\theta}_i \leqslant \boldsymbol{\theta}_{i\max}, i = 1, 2\} \\
\tilde{\boldsymbol{\Delta}} \in \boldsymbol{\Omega}_{\tilde{\boldsymbol{\Delta}}} &\triangleq \left\{\tilde{\boldsymbol{\Delta}} : \| \tilde{\boldsymbol{\Delta}} \| \leqslant f_{\max}\right\} \\
\tilde{\boldsymbol{d}}_p \in \boldsymbol{\Omega}_{\tilde{\boldsymbol{d}}_p} &\triangleq \left\{\tilde{\boldsymbol{d}}_p : \| \tilde{\boldsymbol{d}}_p \| \leqslant d_{\max}\right\}
\end{aligned}
\tag{6.13}
$$

式中，$\boldsymbol{\theta}_{1\min} = [\theta_{11\min}, \theta_{12\min}, \theta_{13\min}, \theta_{14\min}, \theta_{15\min}, \theta_{16\min}]^{\mathrm{T}}$ 和 $\boldsymbol{\theta}_{2\min} = [\theta_{21\min}, \theta_{22\min}]^{\mathrm{T}}$ 为未知参数向量的最小值；$\boldsymbol{\theta}_{1\max} = [\theta_{11\max}, \theta_{12\max}, \theta_{13\max}, \theta_{14\max}, \theta_{15\max}, \theta_{16\max}]^{\mathrm{T}}$ 和 $\boldsymbol{\theta}_{2\max} = [\theta_{21\max}, \theta_{22\max}]^{\mathrm{T}}$ 为未知参数向量的最大值；$f_{\max}$ 和 $d_{\max}$ 为已知的正值。

气动平台轮廓运动控制器的设计目标是构建两个比例方向阀的控制输入 $\boldsymbol{u} = [u_x, u_x]^{\mathrm{T}}$，使得平台末端执行器的实际位置 $\boldsymbol{q} = [x(t), y(t)]^{\mathrm{T}}$ 与期望轮廓 $\boldsymbol{q}_d = [x_d(t), y_d(t)]^{\mathrm{T}}$ 之间的轮廓误差尽可能小，同时系统具有良好的瞬态性能。假设期望轮廓曲线 $\boldsymbol{q}_d$ 至少二阶可导。

6.3.2　参数估计算法设计

忽略系统中的不确定非线性，即假定式 (6.1) 和式 (6.2) 中 $\tilde{\boldsymbol{d}}_f = 0$、$\tilde{\boldsymbol{d}}_p = 0$，将上述两式重新表达成如下所示线性回归模型形式：

$$
\boldsymbol{y}_1 = \boldsymbol{M}\ddot{\boldsymbol{q}} - A\boldsymbol{p}_L = \boldsymbol{\varphi}_1^{\mathrm{T}}\boldsymbol{\theta}_1 \tag{6.14}
$$

$$
\boldsymbol{y}_2 = \dot{\boldsymbol{p}}_L - \boldsymbol{q}_L - \boldsymbol{F}_p = \boldsymbol{\varphi}_2^{\mathrm{T}}\boldsymbol{\theta}_2 \tag{6.15}
$$

式中，$\boldsymbol{\varphi}_1^{\mathrm{T}} = \begin{bmatrix} \dot{x} & S_{fx}(\dot{x}) & 1 & 0 & 0 & 0 \\ 0 & 0 & 0 & \dot{y} & S_{fy}(\dot{y}) & 1 \end{bmatrix}$；$\boldsymbol{\varphi}_2^{\mathrm{T}} = \begin{bmatrix} 1 & 0 \\ 0 & 1 \end{bmatrix}$。

设 $H_f(s)$ 为三阶稳定 LTI 低通滤波器，其传递函数为

$$
H_f(s) = \frac{\omega_f^2}{(\tau_f s + 1)(s^2 + 2\xi\omega_f s + \omega_f^2)} \tag{6.16}
$$

式中，τ_f、ω_f 和 ξ 为滤波器参数。将滤波器同时乘以式 (6.14) 和式 (6.15) 的两边，可得

$$\boldsymbol{y}_{1f} = H_f\left[\boldsymbol{M}\ddot{\boldsymbol{q}} - A\boldsymbol{p}_L\right] = \boldsymbol{\varphi}_{1f}^{\mathrm{T}}\boldsymbol{\theta}_1 \tag{6.17}$$

$$\boldsymbol{y}_{2f} = H_f\left[\dot{\boldsymbol{p}}_L - \boldsymbol{q}_L + \boldsymbol{F}_p\right] = \boldsymbol{\varphi}_{2f}^{\mathrm{T}}\boldsymbol{\theta}_2 \tag{6.18}$$

其中，$\boldsymbol{\varphi}_{1f}^{\mathrm{T}} = \begin{bmatrix} \dot{x}_f & S_{fxf}(\dot{x}) & 1_f & 0 & 0 & 0 \\ 0 & 0 & 0 & \dot{y}_f & S_{fyf}(\dot{y}) & 1_f \end{bmatrix}$；$\boldsymbol{\varphi}_{2f}^{\mathrm{T}} = \begin{bmatrix} 1_f & 0 \\ 0 & 1_f \end{bmatrix}$。式中，$\dot{x}_f$、$\dot{y}_f$、$S_{fxf}(\dot{x})$、$S_{fyf}(\dot{y})$ 和 1_f 分别为 $\dot{x}$、$\dot{y}$、$S_{fx}(\dot{x})$、$S_{fy}(\dot{y})$ 和 1 经过滤波器 $H_f(s)$ 的输出值。

定义预测输出为 $\hat{\boldsymbol{y}}_{if} = \boldsymbol{\varphi}_{if}^{\mathrm{T}}\hat{\boldsymbol{\theta}}_i$，则预测误差为

$$\varsigma_i = \hat{\boldsymbol{y}}_{if} - \boldsymbol{y}_{if} = \boldsymbol{\varphi}_{if}^{\mathrm{T}}\tilde{\boldsymbol{\theta}}_i, \qquad i = 1, 2 \tag{6.19}$$

式 (6.19) 为标准的参数估计模型，由此可用最小二乘法来获得未知参数向量的估计值 $\hat{\boldsymbol{\theta}}_i$，为保证参数估计值始终有界、实现参数估计设计和鲁棒控制器设计的完全分离，$\hat{\boldsymbol{\theta}}_i$ 利用第 3 章中介绍的非连续投影式参数自适应律进行更新，即

$$\dot{\hat{\boldsymbol{\theta}}}_i = \mathrm{sat}_{\dot{\boldsymbol{\theta}}_{Mi}}\left[\mathrm{Proj}_{\hat{\boldsymbol{\theta}}}(\boldsymbol{\Gamma}_i\boldsymbol{\tau}_i)\right], \qquad i = 1, 2 \tag{6.20}$$

自适应率矩阵为

$$\dot{\boldsymbol{\Gamma}}_i = \begin{cases} \alpha_i\boldsymbol{\Gamma}_i - \dfrac{\boldsymbol{\Gamma}_i\boldsymbol{\varphi}_{if}\boldsymbol{\varphi}_{if}^{\mathrm{T}}\boldsymbol{\Gamma}_i}{1 + \nu_i\boldsymbol{\varphi}_{if}^{\mathrm{T}}\boldsymbol{\Gamma}_i\boldsymbol{\varphi}_{if}} & \text{当}\lambda_{\max}[\boldsymbol{\Gamma}_i(t)] \leqslant \rho_{Mi}\ \text{且}\|\mathrm{Proj}_{\hat{\boldsymbol{\theta}}}(\boldsymbol{\Gamma}_i\boldsymbol{\tau}_i)\| \leqslant \dot{\boldsymbol{\theta}}_{Mi} \\ 0 & \text{其他} \end{cases} \tag{6.21}$$

式中，$\alpha_i \geqslant 0$ 是遗忘因子；$\nu_i \geqslant 0$ 是归一化因子；$\lambda_{\max}[\boldsymbol{\Gamma}_i(t)]$ 为 $\boldsymbol{\Gamma}_i(t)$ 的最大特征值；ρ_{Mi} 是对 $\|\boldsymbol{\Gamma}_i(t)\|$ 预设的上界，保证了 $\boldsymbol{\Gamma}_i(t) \leqslant \rho_{Mi}I, \forall t$。自适应函数 $\boldsymbol{\tau}_i$ 为

$$\boldsymbol{\tau}_i = \frac{1}{1 + \nu_i\boldsymbol{\varphi}_{if}^{\mathrm{T}}\boldsymbol{\Gamma}_i\boldsymbol{\varphi}_{if}}\boldsymbol{\varphi}_{if}\varsigma_i \tag{6.22}$$

6.3.3 轮廓运动控制器设计

6.3.3.1 步骤 1

定义一个类似滑模面的变量为

$$\boldsymbol{r} = \dot{\boldsymbol{\varepsilon}} + \boldsymbol{\varLambda}\boldsymbol{\varepsilon} \tag{6.23}$$

式中，$\boldsymbol{\varLambda} = \mathrm{diag}\{\varLambda, \varLambda\}$ 是正定对角增益矩阵。定义一个非负函数

$$V_1 = \frac{1}{2}\boldsymbol{r}^{\mathrm{T}}\boldsymbol{M}_t\boldsymbol{r} \tag{6.24}$$

将式 (6.24) 对时间微分并将式 (6.12) 代入，可得

$$\begin{aligned}\dot{V}_1 = & \boldsymbol{r}^{\mathrm{T}}\Big[\boldsymbol{p}_{Lt} + \tilde{\boldsymbol{\Delta}} - \Big(\boldsymbol{C}_t\dot{\boldsymbol{\varepsilon}} + \boldsymbol{T}\boldsymbol{M}_t\ddot{\boldsymbol{T}}\boldsymbol{\varepsilon} + \boldsymbol{M}_q\ddot{\boldsymbol{q}}_d - \boldsymbol{C}_t\boldsymbol{\Lambda}\boldsymbol{\varepsilon} - \boldsymbol{M}_t\boldsymbol{\Lambda}\dot{\boldsymbol{\varepsilon}}\Big) \\ & - \Big(\boldsymbol{B}_t\dot{\boldsymbol{\varepsilon}} + \boldsymbol{T}\boldsymbol{B}\dot{\boldsymbol{T}}\boldsymbol{\varepsilon} + \boldsymbol{B}_q\dot{\boldsymbol{q}}_d + \boldsymbol{A}_t\boldsymbol{S}_f(\dot{\boldsymbol{q}}) - \boldsymbol{d}_t\Big)\Big]\end{aligned} \tag{6.25}$$

由上一节可知，式 (6.25) 中一些项可以被 $\boldsymbol{\theta}_1$ 线性参数化，即

$$\boldsymbol{B}_t\dot{\boldsymbol{\varepsilon}} + \boldsymbol{T}\boldsymbol{B}\dot{\boldsymbol{T}}\boldsymbol{\varepsilon} + \boldsymbol{B}_q\dot{\boldsymbol{q}}_d + \boldsymbol{A}_t\boldsymbol{S}_f(\dot{\boldsymbol{q}}) - \boldsymbol{d}_t = -\boldsymbol{\psi}_1\boldsymbol{\theta}_1 \tag{6.26}$$

式中，$\boldsymbol{\psi}_1$ 是一 2×6 回归量矩阵。因此，式 (6.25) 可被进一步表述为

$$\dot{V}_1 = \boldsymbol{r}^{\mathrm{T}}\Big[\boldsymbol{p}_{Lt} - \Big(\boldsymbol{C}_t\dot{\boldsymbol{\varepsilon}} + \boldsymbol{T}\boldsymbol{M}_t\ddot{\boldsymbol{T}}\boldsymbol{\varepsilon} + \boldsymbol{M}_q\ddot{\boldsymbol{q}}_d - \boldsymbol{C}_t\boldsymbol{\Lambda}\boldsymbol{\varepsilon} - \boldsymbol{M}_t\boldsymbol{\Lambda}\dot{\boldsymbol{\varepsilon}}\Big) + \boldsymbol{\psi}_1\boldsymbol{\theta}_1 + \tilde{\boldsymbol{\Delta}}\Big] \tag{6.27}$$

将 $\boldsymbol{p}_L$ 作为虚拟控制输入，利用自适应鲁棒控制理论为其设计如下期望虚拟控制输入 $\boldsymbol{p}_{Ld}$:

$$\begin{aligned}&\boldsymbol{p}_{Ld} = \boldsymbol{p}_{Lda1} + \boldsymbol{p}_{Lda2} + \boldsymbol{p}_{Lds1} + \boldsymbol{p}_{Lds2}, \\ &\boldsymbol{p}_{Lda1} = \frac{1}{A}\boldsymbol{T}^{-1}\Big[\boldsymbol{C}_t\dot{\boldsymbol{\varepsilon}} + \boldsymbol{T}\boldsymbol{M}_t\ddot{\boldsymbol{T}}\boldsymbol{\varepsilon} + \boldsymbol{M}_q\ddot{\boldsymbol{q}}_d - \boldsymbol{C}_t\boldsymbol{\Lambda}\boldsymbol{\varepsilon} - \boldsymbol{M}_t\boldsymbol{\Lambda}\dot{\boldsymbol{\varepsilon}} - \boldsymbol{\psi}_1\hat{\boldsymbol{\theta}}_1\Big], \\ &\boldsymbol{p}_{Lds1} = -\frac{1}{A}\boldsymbol{T}^{-1}\boldsymbol{K}_p\boldsymbol{r}\end{aligned} \tag{6.28}$$

式中，$\boldsymbol{p}_{Lda1}$ 是模型补偿项；$\hat{\boldsymbol{\theta}}_1$ 是上一节所述利用非连续投影式参数自适应律获得的未知参数 $\boldsymbol{\theta}_1$ 的在线估计值，参数估计值始终在已知界内；$\boldsymbol{p}_{Lda2}$ 是待定的快速动态补偿项；$\boldsymbol{p}_{Lds1}$ 是用来稳定名义系统的项，选择为 $\boldsymbol{r}$ 的简单比例反馈；$\boldsymbol{K}_p = \mathrm{diag}\{K_{p1}, K_{p2}\}$ 是正定对角反馈增益矩阵；$\boldsymbol{p}_{Lds2}$ 是待定的用来抑制参数估计误差和不确定非线性影响的鲁棒反馈项。令 $\boldsymbol{e}_p = \boldsymbol{p}_L - \boldsymbol{p}_{Ld}$ 表示实际和期望虚拟控制输入之间的误差，$\tilde{\boldsymbol{\theta}}_1 = \hat{\boldsymbol{\theta}}_1 - \boldsymbol{\theta}_1$ 表示未知参数 $\boldsymbol{\theta}_1$ 的在线估计误差，将式 (6.28) 代入式 (6.27)，可得

$$\dot{V}_1 = A\boldsymbol{r}^{\mathrm{T}}\boldsymbol{T}\boldsymbol{e}_p - \boldsymbol{r}^{\mathrm{T}}\boldsymbol{K}_p\boldsymbol{r} + \boldsymbol{r}^{\mathrm{T}}\Big(A\boldsymbol{T}\boldsymbol{p}_{Lda2} + A\boldsymbol{T}\boldsymbol{p}_{Lds2} - \boldsymbol{\psi}_1\tilde{\boldsymbol{\theta}}_1 + \tilde{\boldsymbol{\Delta}}\Big) \tag{6.29}$$

将参数估计误差带来的模型不确定性及不确定非线性分解为低频分量 $\boldsymbol{d}_{c1}$ 和高频分量 $\tilde{\boldsymbol{d}}_1^*$ 之和，即

$$\boldsymbol{d}_{c1} + \tilde{\boldsymbol{d}}_1^* = -\boldsymbol{\psi}_1\tilde{\boldsymbol{\theta}}_1 + \tilde{\boldsymbol{\Delta}} \tag{6.30}$$

利用快速动态补偿项 $\boldsymbol{p}_{Lda2}$ 补偿低频分量 $\boldsymbol{d}_{c1}$，即期望虚拟控制输入的 $\boldsymbol{p}_{Lda2}$ 分量选择为

$$\boldsymbol{p}_{Lda2} = -\frac{1}{A}\boldsymbol{T}^{-1}\hat{\boldsymbol{d}}_{c1} \tag{6.31}$$

式中，$\hat{\boldsymbol{d}}_{c1}$ 是 $\boldsymbol{d}_{c1}$ 的估计值，其自适应律为

$$\dot{\hat{\boldsymbol{d}}}_{c1}=\mathrm{Proj}_{\hat{\boldsymbol{d}}_{c1}}(\boldsymbol{\gamma}_{c1}\boldsymbol{r})=\begin{cases}0 & 当\|\hat{\boldsymbol{d}}_{c1}(t)\|=d_{c1M}\ 且\hat{\boldsymbol{d}}_{c1}^{\mathrm{T}}(t)\boldsymbol{r}>0\\ \boldsymbol{\gamma}_{c1}\boldsymbol{r} & 其他\end{cases}\tag{6.32}$$

其中，$\|\hat{\boldsymbol{d}}_{c1}(0)\|\leqslant d_{c1M}$。式中，$\boldsymbol{\gamma}_{c1}=\mathrm{diag}\{\gamma_{c11},\gamma_{c12}\}$ 是对角自适应率矩阵；$d_{c1M}>0$ 是预先设定的边界。该自适应律保证了 $\|\hat{\boldsymbol{d}}_{c1}(t)\|\leqslant d_{c1M},\forall t$。将式 (6.30) 和式 (6.31) 代入式 (6.29) 可得

$$\dot{V}_1=A\boldsymbol{r}^{\mathrm{T}}\boldsymbol{T}\boldsymbol{e}_p-\boldsymbol{r}^{\mathrm{T}}\boldsymbol{K}_p\boldsymbol{r}+\boldsymbol{r}^{\mathrm{T}}\left(A\boldsymbol{T}\boldsymbol{p}_{Lds2}-\tilde{\boldsymbol{d}}_{c1}+\tilde{\boldsymbol{d}}_1^{*}\right)=A\boldsymbol{r}^{\mathrm{T}}\boldsymbol{T}\boldsymbol{e}_p+\dot{V}_1|_{\boldsymbol{p}_{Ld}}\tag{6.33}$$

式中，$\dot{V}_1|_{\boldsymbol{p}_{Ld}}$ 代表当 $\boldsymbol{p}_L=\boldsymbol{p}_{Ld}$ 时的 $\dot{V}_1$，即 $\boldsymbol{e}_p=0$ 时的情况。

为抑制参数估计误差和不确定非线性的影响，鲁棒反馈项 $\boldsymbol{p}_{Lds2}$ 需要满足如下条件：

$$\boldsymbol{r}^{\mathrm{T}}(A\boldsymbol{T}\boldsymbol{p}_{Lds2}-\tilde{\boldsymbol{d}}_{c1}+\tilde{\boldsymbol{d}}_1^{*})\leqslant\eta_1\tag{6.34}$$

式中，$\eta_1>0$ 可以是任意小的正数。满足该条件的鲁棒反馈项 $\boldsymbol{p}_{Lds2}$ 可以选择为

$$\boldsymbol{p}_{Lds2}=-\frac{1}{A}\frac{h_1^2(t)}{4\eta_1}\boldsymbol{T}^{-1}\boldsymbol{r}\tag{6.35}$$

其中，$h_1(t)$ 是满足如下条件的光滑函数：

$$h_1(t)\geqslant d_{c1M}+\|\boldsymbol{\theta}_{M1}\|\|\boldsymbol{\psi}_1\|+f_{\max}\tag{6.36}$$

其中，$\boldsymbol{\theta}_{M1}=\boldsymbol{\theta}_{1\max}-\boldsymbol{\theta}_{1\min}$。

将式 (6.34) 代入式 (6.33)，可得

$$\dot{V}_1\leqslant A\boldsymbol{r}^{\mathrm{T}}\boldsymbol{T}\boldsymbol{e}_p-\boldsymbol{r}^{\mathrm{T}}\boldsymbol{K}_p\boldsymbol{r}+\eta_1\tag{6.37}$$

由式 (6.37) 可知，如果 $\boldsymbol{e}_p=0$，则当 $\boldsymbol{K}_p$ 足够大或 η_1 足够小情况下，式 (6.24) 所示的李雅普诺夫函数的微分负定，误差向量 $\boldsymbol{r}$ 和 $\boldsymbol{\varepsilon}$ 有界，同时也就意味轮廓误差 ε_c 是有界的，该控制器实现了轮廓运动控制目标。因此，下一步的设计任务是使 $\boldsymbol{e}_p$ 趋近于零。

6.3.3.2 步骤 2

$\boldsymbol{e}_p$ 对时间的微分为

$$\begin{aligned}&\dot{\boldsymbol{e}}_p=\boldsymbol{q}_L+\boldsymbol{F}_p+\boldsymbol{\psi}_2\boldsymbol{\theta}_2+\tilde{\boldsymbol{d}}_p-\dot{\boldsymbol{p}}_{Ldc}-\dot{\boldsymbol{p}}_{Ldu},\\&\dot{\boldsymbol{p}}_{Ldc}=\frac{\partial\boldsymbol{p}_{Ld}}{\partial\boldsymbol{q}}\dot{\boldsymbol{q}}+\frac{\partial\boldsymbol{p}_{Ld}}{\partial\dot{\boldsymbol{q}}}\hat{\ddot{\boldsymbol{q}}}+\frac{\partial\boldsymbol{p}_{Ld}}{\partial\hat{\boldsymbol{\theta}}_1}\dot{\hat{\boldsymbol{\theta}}}_1+\frac{\partial\boldsymbol{p}_{Ld}}{\partial\hat{\boldsymbol{d}}_{c1}}\dot{\hat{\boldsymbol{d}}}_{c1}+\frac{\partial\boldsymbol{p}_{Ld}}{\partial t},\\&\dot{\boldsymbol{p}}_{Ldu}=-\frac{\partial\boldsymbol{p}_{Ld}}{\partial\dot{\boldsymbol{q}}}\tilde{\ddot{\boldsymbol{q}}}\end{aligned}\tag{6.38}$$

式中，$\dot{\boldsymbol{p}}_{Ldc}$ 是 $\boldsymbol{p}_{Ld}$ 微分的可计算部分，将会被这一步的控制器补偿；$\hat{\ddot{\boldsymbol{q}}}$ 是 $\ddot{\boldsymbol{q}}$ 的估计值；$\tilde{\ddot{\boldsymbol{q}}}$ 代表相应的估计误差；$\dot{\boldsymbol{p}}_{Ldu}$ 是 $\boldsymbol{p}_{Ld}$ 微分的不可计算部分，将会被鲁棒反馈项抑制；$\boldsymbol{\psi}_2=\begin{bmatrix}1&0\\0&1\end{bmatrix}$ 是一 2×2 回归量矩阵。

将 $\boldsymbol{q}_L$ 作为虚拟控制输入，这一步的目标是寻找期望的虚拟控制输入 $\boldsymbol{q}_{Ld}$ 使得 $\boldsymbol{e}_p$ 趋近于零。定义一个半正定函数

$$V_2=V_1+\frac{1}{2}\boldsymbol{e}_p^{\mathrm{T}}\boldsymbol{e}_p \tag{6.39}$$

将 V_2 对时间微分并将式 (6.33) 和式 (6.38) 代入可以得到

$$\dot{V}_2=\dot{V}_1|_{\boldsymbol{p}_{Ld}}+\boldsymbol{e}_p^{\mathrm{T}}\left(\boldsymbol{q}_L+\boldsymbol{A}\boldsymbol{T}\boldsymbol{r}+\boldsymbol{F}_p+\boldsymbol{\psi}_2\boldsymbol{\theta}_2+\tilde{\boldsymbol{d}}_p-\dot{\boldsymbol{p}}_{Ldc}-\dot{\boldsymbol{p}}_{Ldu}\right) \tag{6.40}$$

与上一步类似，为 $\boldsymbol{q}_{Ld}$ 设计如下控制器：

$$\begin{aligned}&\boldsymbol{q}_{Ld}=\boldsymbol{q}_{Lda1}+\boldsymbol{q}_{Lda2}+\boldsymbol{q}_{Lds1}+\boldsymbol{q}_{Lds2},\\&\boldsymbol{q}_{Lda1}=-\boldsymbol{A}\boldsymbol{T}\boldsymbol{r}-\boldsymbol{\psi}_2\hat{\boldsymbol{\theta}}_2+\dot{\boldsymbol{p}}_{Ldc},\\&\boldsymbol{q}_{Lds1}=-\boldsymbol{K}_q\boldsymbol{e}_p\end{aligned} \tag{6.41}$$

式中，$\boldsymbol{q}_{Lda1}$ 是模型补偿项；$\hat{\boldsymbol{\theta}}_2$ 是上一节所述利用非连续投影式参数自适应律获得的未知参数 $\boldsymbol{\theta}_2$ 的在线估计值，参数估计值始终在已知界内；$\boldsymbol{q}_{Lda2}$ 是待定的快速动态补偿项；$\boldsymbol{q}_{Lds1}$ 是用来稳定名义系统的项，选择为 $\boldsymbol{e}_p$ 的简单比例反馈；$\boldsymbol{K}_q=\mathrm{diag}\{K_{q1},K_{q2}\}$ 是正定对角反馈增益矩阵；$\boldsymbol{q}_{Lds2}$ 是待定的用来抑制参数估计误差和不确定非线性影响的鲁棒反馈项。由于气体质量流量计算公式 (6.6) 的误差已计入模型 (6.2) 的 $\tilde{\boldsymbol{d}}_p$ 项，假设 $\boldsymbol{q}_L-\boldsymbol{q}_{Ld}=0$，将式 (6.41) 代入式 (6.40)，可得

$$\dot{V}_2=\dot{V}_1|_{\boldsymbol{p}_{Ld}}-\boldsymbol{e}_p^{\mathrm{T}}\boldsymbol{K}_q\boldsymbol{e}_p+\boldsymbol{e}_p^{\mathrm{T}}\left(\boldsymbol{q}_{Lda2}+\boldsymbol{q}_{Lds2}-\boldsymbol{\psi}_2\tilde{\boldsymbol{\theta}}_2+\tilde{\boldsymbol{d}}_p-\dot{\boldsymbol{p}}_{Ldu}\right) \tag{6.42}$$

与式 (6.30) 类似，定义一个常量 $\boldsymbol{d}_{c2}$ 和一个时变函数 $\tilde{\boldsymbol{d}}_2^*$ 满足

$$\boldsymbol{d}_{c2}+\tilde{\boldsymbol{d}}_2^*=-\boldsymbol{\psi}_2\tilde{\boldsymbol{\theta}}_2+\tilde{\boldsymbol{d}}_p-\dot{\boldsymbol{p}}_{Ldu} \tag{6.43}$$

利用快速动态补偿项 $\boldsymbol{q}_{Lda2}$ 补偿低频分量 $\boldsymbol{d}_{c2}$，即期望虚拟控制输入的 $\boldsymbol{q}_{Lda2}$ 分量选择为

$$\boldsymbol{q}_{Lda2}=-\hat{\boldsymbol{d}}_{c2} \tag{6.44}$$

式中，$\hat{\boldsymbol{d}}_{c2}$ 是 $\boldsymbol{d}_{c2}$ 的估计值，其自适应律为

$$\dot{\hat{\boldsymbol{d}}}_{c2}=\mathrm{Proj}_{\hat{\boldsymbol{d}}_{c2}}(\gamma_{c2}\boldsymbol{e}_p)=\begin{cases}0 & \text{当}\|\hat{\boldsymbol{d}}_{c2}(t)\|=d_{c2M}\ \text{且}\hat{\boldsymbol{d}}_{c2}^{\mathrm{T}}(t)\boldsymbol{e}_p>0\\ \gamma_{c2}\boldsymbol{e}_p & \text{其他}\end{cases} \tag{6.45}$$

其中，$\|\hat{\boldsymbol{d}}_{c2}(0)\| \leqslant d_{c2M}$。式中，$\boldsymbol{\gamma}_{c2} = \text{diag}\{\gamma_{c21}, \gamma_{c22}\}$ 是对角自适应率矩阵；$d_{c2M} > 0$ 是预先设定的边界。该自适应律保证了 $\|\hat{\boldsymbol{d}}_{c2}(t)\| \leqslant d_{c2M}, \forall t$。将式 (6.43) 和式 (6.44) 代入式 (6.42) 可得

$$\dot{V}_2 = \dot{V}_1|_{\boldsymbol{p}_{Ld}} - \boldsymbol{e}_p^{\mathrm{T}}\boldsymbol{K}_q\boldsymbol{e}_p + \boldsymbol{e}_p^{\mathrm{T}}(\boldsymbol{q}_{Lds2} - \tilde{\boldsymbol{d}}_{c2} + \tilde{\boldsymbol{d}}_2^*) \tag{6.46}$$

式中，$\tilde{\boldsymbol{d}}_{c2} = \hat{\boldsymbol{d}}_{c2} - \boldsymbol{d}_{c2}$。类似的，鲁棒反馈项 $\boldsymbol{q}_{Lds2}$ 需要满足下面条件：

$$\boldsymbol{e}_p^{\mathrm{T}}\left(\boldsymbol{q}_{Lds2} - \tilde{\boldsymbol{d}}_{c2} + \tilde{\boldsymbol{d}}_2^*\right) \leqslant \eta_2 \tag{6.47}$$

式中，$\eta_2 > 0$ 可以是任意小的正数。满足上述条件的鲁棒反馈项 $\boldsymbol{q}_{Lds2}$ 可以选择为

$$\boldsymbol{q}_{Lds2} = -\frac{h_2^2(t)}{4\eta_2}\boldsymbol{e}_p \tag{6.48}$$

其中，$h_2(t)$ 是满足如下条件的光滑函数：

$$h_2(t) \geqslant \left\|\frac{\partial \boldsymbol{p}_{Ld}}{\partial \dot{\boldsymbol{q}}}\boldsymbol{M}^{-1}\right\|(\|\boldsymbol{\theta}_{M2}\|\|\boldsymbol{\psi}_2\| + f_{\max}) + d_{c2M} + \|\boldsymbol{\theta}_{M2}\|\|\boldsymbol{\psi}_2\| + d_{\max} \tag{6.49}$$

其中，$\boldsymbol{\theta}_{M2} = \boldsymbol{\theta}_{2\max} - \boldsymbol{\theta}_{2\min}$。

将式 (6.47) 代入式 (6.46)，可得

$$\dot{V}_2 \leqslant -\boldsymbol{r}^{\mathrm{T}}\boldsymbol{K}_p\boldsymbol{r} - \boldsymbol{e}_p^{\mathrm{T}}\boldsymbol{K}_q\boldsymbol{e}_p + \eta_1 + \eta_2 \tag{6.50}$$

由此可见，选择合适的控制参数 $\boldsymbol{K}_p$、$\boldsymbol{K}_q$、η_1、η_2 可以保证 $\dot{V}_2$ 半负定，从而保证 $\boldsymbol{e}_p$ 有界且趋近于零。

6.3.3.3 步骤 3

在获得 $\boldsymbol{q}_{Ld} = [q_{Ld1}, q_{Ld2}]^{\mathrm{T}}$ 后，气动平台两个控制阀的期望阀口开度 $A_x(u_x)$ 和 $A_y(u_y)$ 为

$$A_i(u_i) = \begin{cases} \dfrac{S_p q_{Ldi}}{\gamma RT_{\mathrm{s}}K_q(p_{\mathrm{s}}, p_{ai}, T_{\mathrm{s}})/V_{ai} + \gamma RT_{bi}K_q(p_{bi}, p_0, T_{bi})/V_{bi}}, & q_{Ldi} > 0 \\ \dfrac{S_p q_{Ldi}}{-\gamma RT_{ai}K_q(p_{ai}, p_0, T_{ai})/V_{ai} - \gamma RT_{\mathrm{s}}K_q(p_{\mathrm{s}}, p_{bi}, T_{\mathrm{s}})/V_{bi}}, & q_{Ldi} \leqslant 0 \end{cases} \tag{6.51}$$

式中，下标中的 $i = x, y$ 分别表示气动平台的两轴。然后可根据阀口开度与控制电压的关系曲线（图 6.3）确定比例方向阀的控制电压 $\boldsymbol{u} = [u_x, u_y]^{\mathrm{T}}$。

6.4 试验研究

图 6.4 是试验装置的照片，在该试验装置上对上述自适应鲁棒轮廓运动控制器的有效性进行验证，算法实现的采样周期为 1 ms。用到的主要模型参数为 $m_x = 1.5$ kg，$m_y = 5$ kg，$A = 4.908 \times 10^{-4}$ m^2，$\gamma = 1.4$，$R = 287$ N · m/(kg · K)，$T_{\rm s} = 300$ K，$p_{\rm s} = 7 \times 10^5$ Pa，$p_0 = 1 \times 10^5$ Pa，$L = 0.5$ m，$V_{a0x} = V_{a0y} = 2.5 \times 10^{-5}$ m^3，$V_{b0x} = V_{b0y} = 5 \times 10^{-5}$ m^3，$h = 60$ W/(m^2 · K)，$D = 0.025$ m。模型中未知参数的名义值为 $\theta_{11} = 100$ N · s/m，$\theta_{12} = 80$ N，$\theta_{13} = 0$ N，$\theta_{14} = 100$ N · s/m，$\theta_{15} = 80$ N，$\theta_{16} = 0$ N，$\theta_{21} = \theta_{22} = 0$ Pa/s。光滑函数矩阵选择为 $\boldsymbol{S}_f(\dot{\boldsymbol{q}}) = \left[\frac{2}{\pi}\arctan(1000\dot{x}), \frac{2}{\pi}\arctan(1000\dot{y})\right]^{\rm T}$。未知参数的界为 $\boldsymbol{\theta}_{1\min} = [0, 0, -100, 0, 0, -100]^{\rm T}$，$\boldsymbol{\theta}_{1\max} = [300, 250, 100, 300, 250, 100]^{\rm T}$，$\boldsymbol{\theta}_{2\min} = [-100, -100]^{\rm T}$，$\boldsymbol{\theta}_{2\max} = [100, 100]^{\rm T}$。

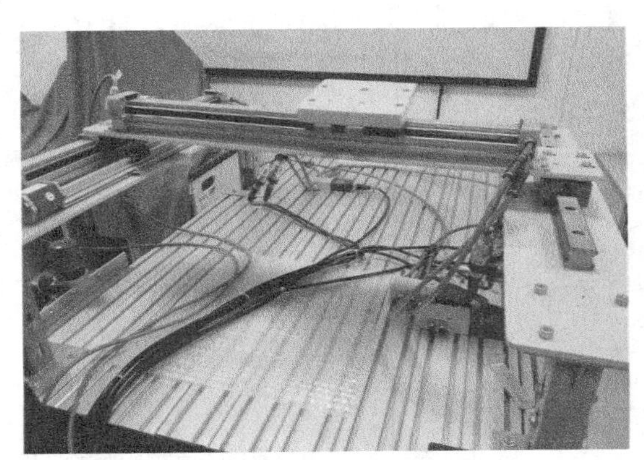

图 6.4　两轴气动平台试验装置照片

为更好地阐述基于任务坐标系的多轴协调控制的有效性，同时实现下面两个控制器并进行比较。

C1）基于任务坐标系的自适应鲁棒轮廓运动控制器：经过多次尝试后，控制器增益选择为 $\boldsymbol{\Lambda} = \text{diag}\{40, 50\}$，$\boldsymbol{K}_p = \text{diag}\{30, 35\}$，$h_1(t) = 20$，$\eta_1 = 4$，$\boldsymbol{\gamma}_{c1} = \text{diag}\{1000, 2000\}$，$d_{c1M} = 100$，$\boldsymbol{K}_q = \text{diag}\{10, 10\}$，$h_2(t) = 100$，$\eta_2 = 2$，$\boldsymbol{\gamma}_{c2} = \text{diag}\{100, 100\}$，$d_{c2M} = 100$。自适应率矩阵初值选为 $\boldsymbol{\Gamma}_1 = \text{diag}\{100, 100, 100, 100, 100, 100\}$，$\boldsymbol{\Gamma}_2 = \text{diag}\{10, 10\}$。参数估计算法中的滤波器参数为 $\tau_f = 50$，$\omega_f = 100$，$\xi = 1$，遗忘因子选为 $\alpha_1 = \alpha_2 = 0.1$，归一化因子选为 $\nu_1 = \nu_2 = 0.1$，参数最大更新率为 $\rho_{M1} = 1000$，$\rho_{M2} = 100$。

C2）轴间无协调的自适应鲁棒控制器：将 C1 中 $\boldsymbol{T}=\begin{bmatrix}\sin\alpha & \cos\alpha\\ \cos\alpha & -\sin\alpha\end{bmatrix}$ 换位常值 $\boldsymbol{T}=\mathrm{diag}\{1,1\}$，即气动平台两轴各由一个独立的自适应鲁棒控制器控制，控制器之间没有信息交互。

首先让两轴气动平台以常速跟踪如下圆形轮廓：

$$\boldsymbol{q}_d=\begin{bmatrix}x_d(t)\\ y_d(t)\end{bmatrix}=\begin{bmatrix}0.125\sin(0.5\pi t)\\ -0.125\cos(0.5\pi t)\end{bmatrix} \tag{6.52}$$

图 6.5 给出的轮廓误差和图 6.6 给出的稳态响应都表明 C1 显著优于 C2，C1 的

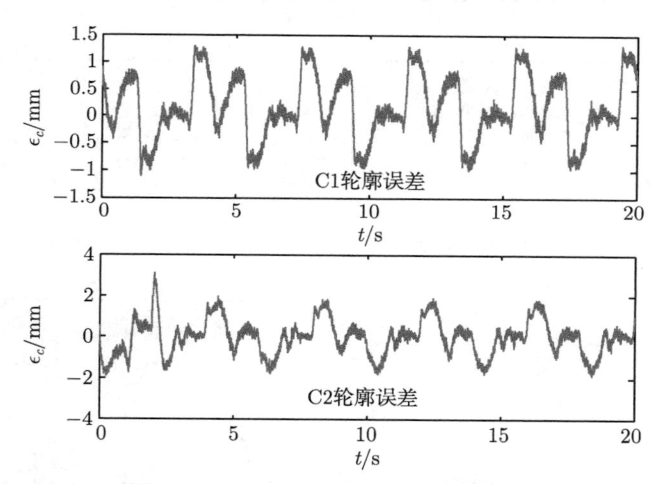

图 6.5　跟踪圆形轮廓时 C1、C2 的轮廓误差

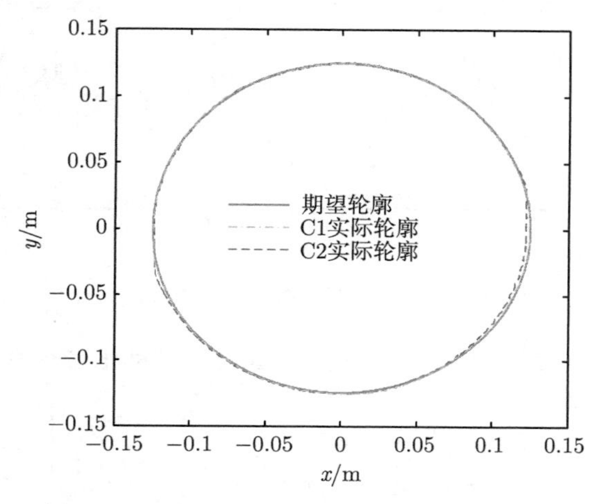

图 6.6　跟踪圆形轮廓时 C1、C2 的稳态响应

轮廓误差均方根值和最大绝对值分别为 0.60 mm 和 1.32 mm，而 C2 的两个指标值分别为 0.85 mm 和 3.12 mm，说明任务坐标系可以在两轴间引入有效的协调机制，C1 因此获得好的轮廓运动控制性能。图 6.7 显示的是 C1 参数估计随时间变化的过程，可以发现参数估计收敛得很快。

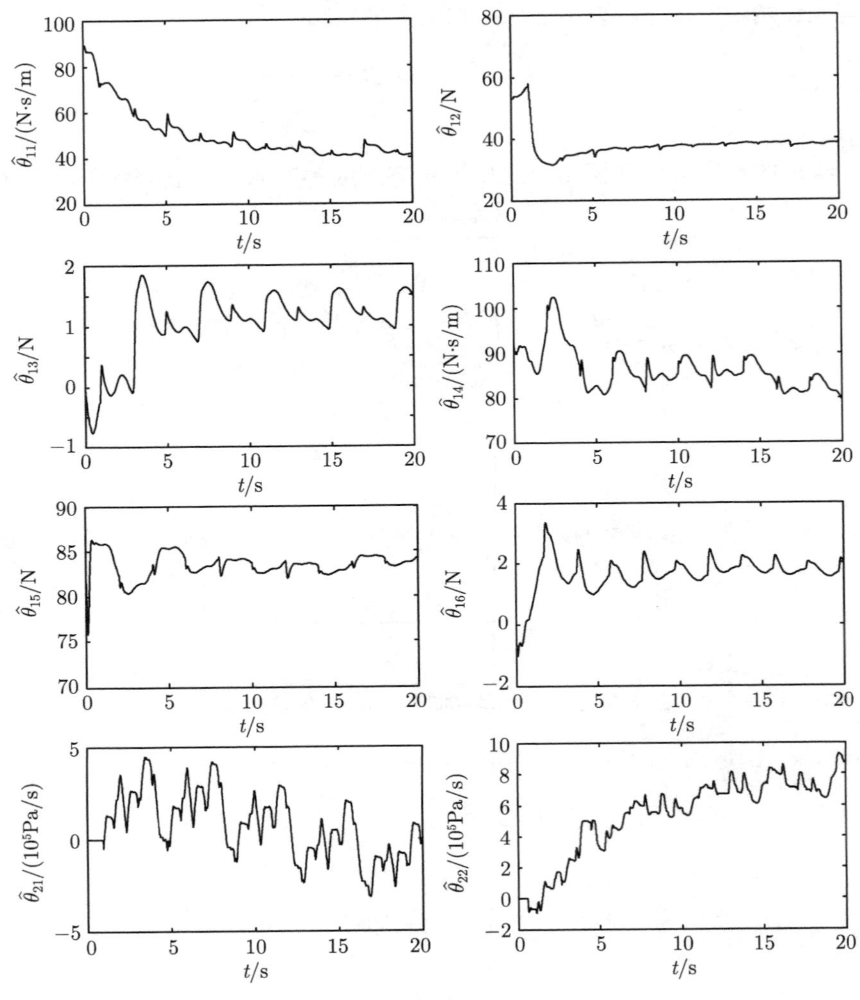

图 6.7 跟踪圆形轮廓时 C1 的参数估计

为进一步证明所提控制策略的优越性，让两轴气动平台跟踪如下椭圆形轮廓：

$$\boldsymbol{q}_d=\begin{bmatrix} x_d(t) \\ y_d(t) \end{bmatrix}=\begin{bmatrix} 0.125\sin(0.5\pi t) \\ -0.075\cos(0.5\pi t) \end{bmatrix} \tag{6.53}$$

图 6.8 给出的稳态响应仍然表明 C1 显著优于 C2。

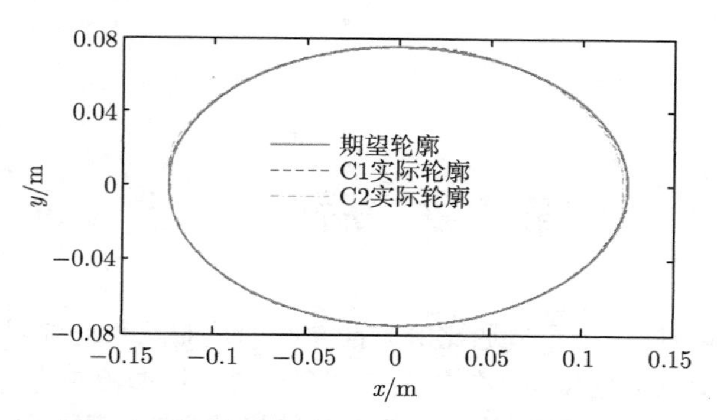

图 6.8 跟踪椭圆形轮廓时 C1、C2 的稳态响应

在 t=5 s 时，将位移传感器输出加上一个阶跃量后再提交给控制器，以此来模拟系统突然受到大的干扰，并在 t=15 s 时移除该干扰，以此测试控制器对外干扰的性能鲁棒性。图 6.9 给出了跟踪上述圆轮廓和椭圆轮廓时 C1 的轮廓误差，只在扰动信号加入和消失瞬间会产生瞬时尖峰，系统没有产生振荡或不稳定，可见所加的干扰并没有明显影响轮廓运动控制性能，所设计的控制器均具有较强的抗干扰能力。

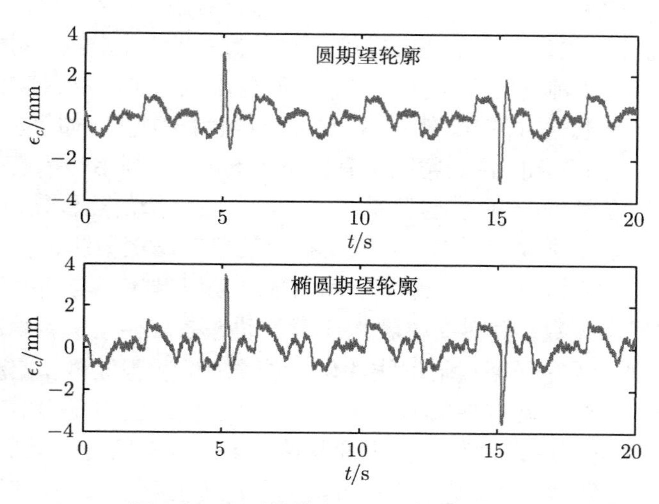

图 6.9 有干扰情况下 C1 的轮廓误差

第 7 章　后　　记

本书以气缸两腔由一个五通比例方向阀联动控制的气动位置伺服系统为研究对象，以实现单缸的高精度运动轨迹跟踪和多气缸的协调控制为研究目标，利用理论分析和实验相结合的方法，从建立精确描述气动位置伺服系统特性的非线性模型入手，首先探寻了能实现高精度轨迹跟踪的控制算法，然后逐步过渡到多轴协调控制策略的研究。本书的主要研究结论归纳如下：

（1）搭建了一个气动位置伺服系统实验台，研究了气体通过比例方向阀阀口的流动、气缸两腔内气体的热力过程和气缸的摩擦力特性等问题，建立了系统比较精确的数学模型。通过系统辨识获得了阀芯动态的幅频特性和相频特性，指出比例方向阀机械部分的固有频率远高于气动位置伺服系统的带宽，其阀芯的动态可忽略。详细分析了文献中的各种质量流量公式，通过对国际标准 ISO 6358 中规定的流量公式进行修正，提出了一个适合比例方向阀的质量流量公式，测量不同控制电压和下游压力条件下流过进气、排气通路的质量流量，通过数据拟合获得了等效节流口面积与控制电压的关系。针对常用的降阶热力学模型，如等温、绝热和多变模型等，对气缸压力变化的预测精度都有所不足的缺陷，利用传热模型建立了较为准确的压力微分方程，并设计实验测量了空气与气缸内壁的热传导率。基于 LuGre 模型建立了气缸的动态摩擦模型，利用新搭建的气缸摩擦力测试台对试验装置的被控缸和负载缸进行测试，通过测量活塞匀速运动时摩擦力与活塞速度的关系辨识了模型中的静态参数；针对在时域估计模型动态参数存在诸多困难的问题，提出将活塞的运动方程在平衡点附近线性化，通过测量活塞位移和驱动力之间的频率响应函数来间接估计动态参数值；进一步研究了气缸腔内压力对其摩擦特性的影响，指出库仑摩擦力、最大静摩擦力和黏性摩擦系数与压力近似呈线性关系，而 Stribeck 速度和模型动态参数基本不受气缸两腔压力变化的影响；正弦变化力激励下的活塞位移计算曲线和实验结果对比表明，参数估计准确，建立的气缸动态摩擦模型能较好地预测摩擦力的变化，尤其是能准确描述低速时气缸的摩擦特性。

（2）通过对系统模型的分析指出气动位置伺服系统的主要控制难点包括：系统是强非线性系统，系统模型具有严重的参数不确定性和不确定非线性，系统模型中的不确定性是非匹配的。针对上述难题，首先尝试采用鲁棒自适应和确定性鲁棒控制算法，理论分析和实验结果表明这两种控制算法在解决模型不确定性方面是互补的，所以为实现气缸的高精度运动轨迹跟踪控制，将两者结合起来，提出了一种气动位置伺服系统的自适应鲁棒运动轨迹跟踪控制策略。自适应鲁棒控制的主体由在线参数估计和一个基于反步法设计的非线性鲁棒控制器两部分组成。前者用于减小模型中的参数不确定性，后者用于抑制参数估计误差、不确定非线性和干扰的影响，两者合力保证了良好的动态性能和较高的轨迹跟踪精度。由于使用了标准投影映射来构建参数自适应律，自适应鲁棒控制算法的在线参数估计设计和鲁棒控制器设计可以独立进行，降低了控制器的设计难度。此外，不同于鲁棒自适应控制，它可以使用收敛速度快的最小二乘参数估计算法。在气动位置伺服系统实验台上对鲁棒自适应、确定性鲁棒和自适应鲁棒三个控制器的性能进行验证，跟踪正弦期望轨迹、光滑阶跃轨迹和随机连续轨迹的结果表明，自适应鲁棒控制要远远优于另外两种算法，主要原因是：鲁棒自适应控制的参数自适应律和控制器的设计是同时进行的，以减小跟踪误差为唯一目的，受限于控制器的设计需要，只能采用梯度型参数估计算法，且参数估计算法的输入信号是跟踪误差，实际工作中跟踪误差一般较小，很难满足持续激励的要求，所以它的参数估计不会收敛到真实值。与之形成鲜明对比的是，自适应鲁棒控制采用的是基于物理模型的参数估计算法，对未知参数的在线估计可以很快收敛到其真实值；与确定性鲁棒相比，由于自适应鲁棒控制通过在线自适应参数调节来补偿模型参数的不确定性，因而在设计的每一步中，可以较精确地估计模型不确定性的界，从而设计出更高效的切换控制规律。大量的实验还表明，所提出的自适应鲁棒控制器对于参数变化和干扰具有较强的性能鲁棒性，气缸两腔压力在整个工作过程中都是有界的，即气动位置伺服系统的内动态是稳定的。为进一步提高瞬态跟踪性能和稳态跟踪精度，通过在自适应鲁棒控制器设计中引入一个动态补偿型快速自适应项，提出了一种气动位置伺服系统的直接/间接集成自适应鲁棒控制策略。

（3）针对同一型号、不同批次的控制阀的死区特性有显著差异，造成控制算法的移植性差的问题，研究了比例方向阀的死区自适应补偿。具体方法是：在线辨识阀的死区参数并通过构造死区逆对死区进行补偿，由于阀死区非线性无法被全局线性参数化，通过对阀控制电压的实时监测，只有当阀芯位移在死区之外，且系统处于向腔内充气的工况时，才对死区参数进行在线估计，此时死区非线性可被局部线性参数化，包括死区参数在内的系统未知参数可以利用前述参数估计算法进行精确估计，一旦控制电压进入死区范围，就停止更新参数的估计。在此基础上，设计了含死区自适应补偿的直接/间接集成自适应鲁棒控制器，实验证明该控制器获得了和前述含完美阀死区补偿的控制器几乎同样好的稳态跟踪性能，说明所提出的死区自适应补偿方法可以实现死区参数的准确估计及对死区的完美补偿。将实验装置中的比例方向阀用另一个死区特性差异较大的阀（已获流量特性测试确认）代替，跟踪性能不受影响，进一步验证了该死区自适应补偿方法的有效性。

（4）研究了基于 LuGre 模型的气缸摩擦力补偿问题，设计了相应的直接/间接集成自适应鲁棒控制器，进一步提高了气动位置伺服系统的跟踪性能，特别是气缸低速运行时的轨迹跟踪控制精度。这部分研究的关键是设计了一个速度修正的双观测器结构来观测不可测量的摩擦内状态变量 z，解决了 Luenberger 观测器的数字实现在活塞速度超过某一临界值后会变得不稳定的难题。实验表明，与采用静态摩擦模型来描述气缸摩擦力相比，基于 LuGre 模型对气缸摩擦力进行补偿确实可以在很大程度上提高低速时的轨迹跟踪精度。

（5）将交叉耦合思想与直接/间接集成自适应鲁棒控制结合起来，提出了一种基于交叉耦合方法的自适应鲁棒气动同步控制策略。其基本思想是：将同步误差直接反馈至每个轴控制器的输入端而非输出端，同步误差和单个轴的轨迹跟踪误差以某种设定模式组成一个新的称为耦合误差的变量，然后为每个轴分别设计控制器使耦合误差收敛，从而实现单个轴的轨迹跟踪误差和多轴间的同步误差同时收敛。该控制器既保证多气缸精确同步又不影响系统中每一气缸的轨迹跟踪控制精度。以双气缸同步为例，给出了控制器的详细设计步骤，并通过实验证明控制器的有效性和性能鲁棒性。

（6）针对两轴气动平台的轮廓运动控制问题，以轮廓误差为直接控制目标，通过构建任务坐标系，将轮廓误差转化成与两轴期望运动相关的量，增强两轴之间的协调性，在此基础上提出了一种基于任务坐标系的自适应鲁棒轮廓运动控制策略，给出了控制器的详细设计步骤并利用李雅普诺夫理论证明了系统的稳定性，通过实验证明控制器的有效性和性能鲁棒性。

参 考 文 献

[1] 吴振顺. 气压传动与控制 [M]. 哈尔滨: 哈尔滨工业大学出版社, 2009.

[2] 周洪. 气动伺服定位技术及其应用 [J]. 液压与气动, 1999, 23(1):18-21.

[3] 陶国良. 电–气比例/伺服连续轨迹控制及其在多自由度机械手中的应用研究 [D]. 杭州: 浙江大学, 2000.

[4] 路甬祥. 液压气动技术手册 [M]. 北京: 机械工业出版社, 2002.

[5] Shearer J L. Study of pneumatic processes in the continuous control of motion with compressed air-I[J]. Transaction of ASME, 1956, 78(2):233-242.

[6] Festo. 2005. SPC200 Smart Positioning Controller[R]. Shanghai: Festo China. http://www.festo.com.cn.

[7] 陶国良, 毛文杰, 王宣银. 气动伺服系统机理建模的实验研究 [J]. 液压气动与密封, 1999, 19(5):26-31.

[8] 王祖温, 杨庆俊. 气压位置控制系统研究现状及展望 [J]. 机械工程学报, 2003, 39(12): 10-16.

[9] Hildebrandt A, Kharitonov A, Sawodny O, et al. On the zero dynamic of servo pneumatic actuators and its usage for trajectory planning and control[C]. Proceeding of the IEEE International Conference on Mechatronics and Automation, Niagara Falls, Canada, 2005: 1241-1246.

[10] 施光林, 史维祥, 李天石. 液压同步闭环控制及其应用 [J]. 机床与液压, 1997, 15(4):3-7.

[11] Zhao H, Ben-Tzvi P, Lin T, et al. Two-layer sliding mode control of pneumatic position synchro system with feedback linearization based on friction compensation[C]. IEEE International Workshop on Robotic and Sensors Environments, Ottawa, Canada, 2008: 978-982.

[12] 曹剑. 基于运动和压力独立控制的气动同步系统研究 [D]. 杭州: 浙江大学, 2009.

[13] 赵弘, 林廷圻. 气动伺服系统同步控制实验台的研究 [J]. 液压气动与密封, 2006, 26(6): 29-31.

[14] SMC（中国）有限公司. 现代实用气动技术. 3 版 [M]. 北京: 机械工业出版社, 2009.

[15] Festo. 2003. MPYE Proportional Directional Control Valve[R]. Shanghai: Festo China. http://www.festo.com.cn.

[16] Festo. 2003. MPPE/MPPES Proportional Pressure Control Valve[R]. Shanghai: Festo China. http://www.festo.com.cn.

[17] Sorli M, Figliolini G, Pastoreli S. Dynamic model and experimental investigation of a pneumatic proportional pressure valve[J]. IEEE/ASME Transactions on Mechatronics, 2004, 9(1):78-86.

[18] 路波. 零重力环境模拟气动悬挂系统的关键技术研究 [D]. 杭州: 浙江大学, 2009.

[19] Peter B. Pneumatic Drives: System Design, Modelling and Control[M]. New York: Springer-Verlag, 2007.

[20] Aha K, Yokota S. Intelligent switching control of pneumatic actuator using on/off solenoid valves[J]. Mechatronics, 2005, 15(6):683-702.

[21] Messina A, Giannoccaro N, Gentile A. Experimental and modeling the dynamics of pneumatic actuators controlled by the pulse width modulation (PWM) technique[J]. Mechatronics, 2005, 15(6):859-881.

[22] 向忠. 气动高速开关阀关键技术研究 [D]. 杭州: 浙江大学, 2010.

[23] Festo. 2003. MH2/MH3/MH4/MHJ Fast Switching Valve[R]. Shanghai: Festo China. http://www.festo.com.cn.

[24] 陶国良, 刘昊. 气动电子技术 [M]. 北京: 机械工业出版社, 2012.

[25] Gao H, Volder M, Cheng T, et al. A pneumatic actuator based on vibration friction reduction with bending/longitudinal vibration mode[J]. Sensors and Actuators A: Physical, 2016, 252(1):112-119.

[26] Saravanakumar D, Mohan B, Muthuramalingam T, et al. Performance evaluation of interconnected pneumatic cylinders positioning system[J]. Sensors and Actuators A: Physical, 2018, 274(1):155-164.

[27] Bone G, Xue M, Flett J. Position control of hybrid pneumatic-electric actuators using discrete-valued model-predictive control[J]. Mechatronics, 2015, 25(2):1-10.

[28] Rouzbeh B, Bone G, Ashby G, et al. Design, implementation and control of an improved hybrid pneumatic-electric actuator for robot arms[J]. IEEE Acess, 2019, 7(1):14699-14713.

[29] 张婷婷. 一种气–电复合驱动执行器及其特性研究——据上海交通大学施光林副教授报告整理 [J]. 液压气动与密封, 2018, 38(4):98-102.

[30] Zorlu A, Ozsoy C, Kuzucu A. Experimental modeling of a pneumatic system[C]. Proceedings of IEEE Conference on the Emerging Technologies and Factory Automation, Lisbon, Portugal, 2003: 453-461.

[31] Hjalmarsson H, Gevers M, Bruyne F. For model-based control design, closed-loop identification gives better performance[J]. Automatica, 1996, 32(12):1659-1673.

[32] Saleem A, Abdrabbo S, Tutunji T. On-line identification and control of pneumatic servo drives via a mixed-reality environment[J]. International Journal of Advanced Manufacture Technology, 2009, 40(5-6):518-530.

[33] Shih M, Tseng S. Identification and position control of a servo pneumatic cylinder[J]. Control Engineering Practice, 1995, 3(9):1285-1290.

[34] 王宣银, 陶国良. 开关阀控气动伺服系统的辨识建模 [J]. 液压气动与密封, 1997, 17(3): 9-11.

[35] 吴强, 武卫, 王占林. 比例阀控气动伺服系统的系统辨识 [J]. 流体传动与控制, 2004, 2(4):20-23.

[36] 武卫, 吴强, 王占林. 面向控制器设计的气动位置系统的实用模型辨识 [J]. 机床与液压, 2006, 34(7):148-149.

[37] 刘延俊. 气动比例位置系统的控制方法及动态特性研究 [D]. 济南: 山东大学, 2008.

[38] 柏艳红, 李小宁. 一种气动位置伺服系统的辨识建模方法 [J]. 南京理工大学学报, 2007, 31(6):710-714.

[39] Shearer J L. Study of pneumatic processes in the continuous control of motion with compressed air-Ⅱ[J]. Transaction of ASME, 1956, 78(2):243-249.

[40] Burrows C R, Webb C R. Use of root locus in the design of pneumatic servomotors[J]. Control, 1966, 20(8):423-427.

[41] Burrows C R, Webb C R. Simulation of an on-off pneumatic servomechanism[J]. Proceedings of the Institution of Mechanical Engineers, 1967, 182(1):631-642.

[42] Liu S, Bobrow J E. An analysis of a pneumatic servo system and its application to a computer-controlled robot[J]. Journal of Dynamic Systems, Measurement, and Control, 1988, 110(9):228-235.

[43] Richer E, Hurmuzlu Y. A high performance pneumatic force actuator system: Part I–Nonlinear mathematical model[J]. Journal of Dynamic Systems, Measurement, and Control, 2000, 122(3):416-425.

[44] Richer E, Hurmuzlu Y. A high performance pneumatic force actuator system: part Ⅱ–Nonlinear controller design[J]. Journal of Dynamic Systems, Measurement, and Control, 2000, 122(3):426-434.

[45] Thomas M, Maul G. Considerations on a mass-based system representation of a pneumatic cylinder[J]. Journal of Fluids Engineering, 2009, 131(4):041101.1-041101.10.

[46] Ning S, Bone G. Development of a nonlinear dynamic model for a servo pneumatic poisoning system[C]. Proceedings of the IEEE International Conference on Mechatronics and Automation, Niagara Falls, Canada, 2005: 43-48.

[47] Olaby O, Brun X, Sesmat S, et al. Characterization and modeling of a proportional valve for control synthesis[C]. Proceedings of the 6th JFPS International Symposium on Fluid Power, Tsukuba, Japan, 2005: 771-776.

[48] Carducci G, Giannoccaro N I, Messina A, et al. Identification of viscous friction coefficients for a pneumatic system model using optimization methods[J]. Mathematics and Computers in Simulation, 2006, 71(4-6):385-394.

[49] 陈剑锋, 刘昊, 陶国良. 基于LuGre摩擦模型的气缸摩擦力特性实验 [J]. 兰州理工大学学报, 2011, 36(3):1-5.

[50] 曹剑, 朱笑丛, 陶国良. 气动伺服控制中特性参数与结构参数的辨识 [J]. 浙江大学学报（工学版）, 2010, 44(3):569-573.

[51] Perry J A. Critical flow through sharp-edged orifices[J]. Transaction of the ASME, 1949, 71(10):757-764.

[52] Mozer Z, Tajti A, Szente V. Experimental investigation on pneumatic components[C].

The 12th International Conference on Fluid Flow Technologies, Budapest, Hungary, 2003: 1-8.

[53] ISO. Pneumatic fluid power-components using compressible fluids-determination of flow-rate characteristics[S]. ISO 6358. Switzerland: International Organization for Standardization. [1989-10-1].

[54] 徐文灿. 国际标准ISO 6358 可靠性剖析 [J]. 液压与气动, 1991, 15(1):51-53.

[55] 国家技术监督局. 气动元件流量特性的测定 GB/T 14513—1993[S]. 北京: 中国标准出版社. [1994-1-1].

[56] 赵明, 周洪, 陈鹰. 气动元件流量特性各种定义的分析比较 [J]. 液压气动与密封, 2002, 22(4):1-6.

[57] 滕燕, 李小宁. 针对ISO 6358 标准的气动元件流量特性表示式的研究 [J]. 液压与气动, 2004, 28(2):6-9.

[58] 王涛, 彭光正, 香川利春. 小口径气动元件流量特性测量及合成方法 [J]. 机械工程学报, 2009, 45(6):290-297.

[59] Kawashima K, Ishii Y, Funaki T, et al. Determination of flow rate characteristics of pneumatic solenoid valves using an isothermal chamber[J]. Journal of Fluids Engineering, 2004, 126(2):273-279.

[60] Bobrow J E, McDonell B W. Modeling, identification, and control of a pneumatically actuated, force controllable robot[J]. IEEE Transactions on Robotics and Automation, 1998, 14(5):732-742.

[61] Brun X, Belgharbi M, Sesmat S, et al. Control of an electropneumatic actuator: Comparison between some linear and non-linear control laws[J]. Proceeding of International Mechanical Engineering, 1999, 213(5):387-406.

[62] Shen X, Goldfarb M. Simultaneous force and stiffness control of a pneumatic actuator[J]. Journal of Dynamic Systems, Measurement, and Control, 2007, 129(4):425-434.

[63] 蔡茂林. 现代气动技术理论与实践第二讲: 固定容腔的充放气 [J]. 液压气动与密封, 2007, 27(3):43-47.

[64] 蔡茂林. 现代气动技术理论与实践第五讲: 气缸驱动系统的特性 [J]. 液压气动与密封, 2007, 27(6):55-58.

[65] Carneiro J, Almeida F. Heat transfer evaluation of industrial pneumatic cylinders[J]. Proceedings of the Institution of Mechanical Engineers, Part Ⅰ: Journal of Systems and Control Engineering, 2007, 221(1):119-128.

[66] Kagawa T, Tokashiki L, Toshinori F. Influence of air temperature change on equilibrium velocity of pneumatic cylinders[J]. Journal of Dynamic Systems, Measurement, and Control, 2002, 224(2):336-341.

[67] Sorli M, Gastaldi L. Thermic influence on the dynamics of pneumatic servosystems[J]. Journal of Dynamic Systems, Measurement, and Control, 2009, 131(2):0245011-0245015.

[68] Outbib R, Richard E. State feedback stabilization of an electropneumatic system[J]. Journal of Dynamic Systems, Measurement, and Control, 2000, 122(3):410-415.

[69] Carneiro J, Almeida F. Reduced-order thermodynamic models for servo-pneumatic actuator chambers[J]. Proceedings of the Institution of Mechanical Engineers, Part I: Journal of Systems and Control Engineering, 2006, 220(4):301-313.

[70] Armstrong-Helouvry B, Dupont P, Canudas de Wit C. A survey of models, analysis tools and compensation methods for the control of machines with friction[J]. Automatic, 1994, 30(7):1083-1138.

[71] Olsson H, Astrom K J, Canudas de Wit C, et al. Friction models and friction compensation[J]. European Journal of Control, 1998, 4(3):176-195.

[72] Belforte G, Mattiazzo G, Mauro S, et al. Measurement of friction force in pneumatic cylinders[J]. Tribotest Journal, 2003, 20(2):33-48.

[73] Belforte G, D'Alfio N, Raparelli T. Experimental analysis of friction forces in pneumatic cylinders[J]. Journal of Fluid Control, 1989, 20(1):42-60.

[74] Schroeder L E, Singh R. Experimental study of friction in a pneumatic actuator at constant velocity[J]. Journal of Dynamic Systems, Measurement, and Control, 1993, 115(9):575-577.

[75] Raparelli T, Manuello Bertetto A, Mazza L, et al. Experimental and numerical study of friction in an elastrometric seal for pneumatic cylinders[J]. Tribology International, 1997, 30(7):547-557.

[76] Belforte G, Conte M, Manuello Bertetto A, et al. Experimental and numerical evaluation of contact pressure in pneumatic seals[J]. Tribology International, 2009, 42(1):169-175.

[77] 陈剑锋. 基于LuGre摩擦模型的气缸摩擦力实验研究 [D]. 杭州: 浙江大学, 2011.

[78] 张百海, 程海峰, 马延峰. 汽缸摩擦力特性实验研究 [J]. 北京理工大学学报, 2005, 25(6):483-484.

[79] 黄俊, 李小宁. 气缸爬行现象的建模与仿真 [J]. 液压与气动, 2004, 28(6):20-23.

[80] 黄俊, 李小宁. 基于试验–量纲分析法的气缸爬行判定式研究 [J]. 南京理工大学学报, 2006, 30(3):279-284.

[81] 钱鹏飞, 陶国良, 刘昊, 等. 基于进口节流调速气缸爬行特性 [J]. 浙江大学学报（工学版）, 2012, 46(7):1189-1194.

[82] 蔡茂林. 现代气动技术理论与实践第三讲: 管路内的气体流动 [J]. 液压气动与密封, 2007, 27(4):51-55.

[83] Li J, Kawashima K, Fujita T, et al. Control design of a pneumatic cylinder with distributed model of pipelines[J]. Precision Engineering, 2013, 37(4):1292-1302.

[84] Krichel S, Sawodny O. Non-linear friction modeling and simulation of long pneumatic transmission lines[J]. Mathematical and Computer Modeling of Dynamical Systems, 2014, 20(1):23-44.

[85] Jiang S, Feng W, Lou J, et al. Modeling and control of a five-degrees-of-freedom pneumatically actuated magnetic resonance-compatible robot[J]. The International Journal of Medical Robotics and Computer Assisted Surgery, 2014, 10(2):170-179.

[86] Turkseven M, Ueda J. An asymptotically stable pressure observer based on load and displacement sensing for pneumatic actuators with long transmission lines[J]. IEEE/ASME Transactions on Mechatronics, 2016, 22(2):681-692.

[87] Yang B, Tan U, McMillan A, et al. Design and control of a 1-DOF MRI-compatible pneumatically actuated robot with long transmission lines[J]. IEEE/ASME Transactions on Mechatronics, 2011, 16(6):1040-1048.

[88] 姜明, 明亚莉. 气动系统长气管建模与分析 [J]. 哈尔滨工业大学学报, 1999, 45(4):103-106.

[89] 李林, 彭光正, 王雪松. 气管道流量特性参数的分析研究(一)[J]. 液压与气动, 2004, 28(4):5-7.

[90] 李林, 彭光正. 气管道流量特性参数的分析研究(二)[J]. 液压与气动, 2004, 28(5):26-28.

[91] Smaoui M, Brun X, Thomasset D. Robust position control of an electropneumatic system using second order sliding mode[C]. 2004 IEEE International Symposium on Industrial Electronics, Ajaccio, France, 2004: 429-434.

[92] Smaoui M, Brun X, Thomasset D. A combined first and second order sliding mode approach for position and pressure control of an electropneumatic system[C]. 2005 American Control Conference, Portland, USA, 2005: 3007-3012.

[93] Smaoui M, Brun X, Thomasset D. A robust differentiator-controller design for an electropneumatic system[C]. 44th IEEE Conference on Decision and Control, Seville, Spain, 2005: 4385-4390.

[94] Ahn K, Yokota S. Intelligent switching control of pneumatic actuator using on/off solenoid valves[J]. Mechatronics, 2005, 15(6):683-702.

[95] Song J, Ishida Y. Robust tracking controller design for pneumatic servo system[J]. International Journal of Engineering Science, 1997, 35(10-11):905-920.

[96] 朱春波, 包钢, 程树康. 基于比例阀的气动伺服系统神经网络控制方法的研究 [J]. 中国机械工程, 2001, 12(12):1412-1414.

[97] 朱春波, 包钢, 聂伯勋, 等. 用于气动伺服系统的自适应神经模糊控制器 [J]. 机械工程学报, 2001, 37(10):79-82.

[98] 薛阳, 彭光正, 贺保国, 等. 气动位置伺服系统的非对称模糊PID控制 [J]. 控制理论与应用, 2001, 21(1):129-133.

[99] Lai J, Menq C, Singh R. Accurate position control of a pneumatic actuator[J]. Journal of Dynamic Systems, Measurement, and Control, 1990, 112(4):734-739.

[100] Shih M, Tseng S. Pneumatic servo-cylinder position control by PID-self-tuning controller[J]. JSME International Journal, 1994, 37(3):565-572.

[101] Gross D, Rattan K. A feedforward MNN controller for pneumatic cylinder trajectory

tracking control[C]. International Conference on Neural Network, Houston, USA, 1997: 794-799.

[102] Gross D, Rattan K. Pneumatic cylinder trajectory tracking control using a feedforward multilayer neural network[C]. IEEE National Aerospace and Electronics Conference, Dayton, USA, 1997: 777-784.

[103] Gross D, Rattan K. An adaptive multilayer neural network for trajectory tracking control of a pneumatic cylinder[C]. IEEE International Conference on System, Man and Cybernetics, San Diego, USA, 1998: 1662-1667.

[104] Varseveld R B, Bone G M. Accurate position control of a pneumatic actuator using on/off solenoid valves[J]. IEEE/ASME Transactions on Mechatronics, 1997, 2(3):195-204.

[105] Wang J, Pu J, Moore P. A practical control strategy for servo-pneumatic actuator systems[J]. Control Engineering Practice, 1999, 7(12):1483-1488.

[106] Lee H K, Choi G S, Choi G H. A study on tracking position control of pneumatic actuators[J]. Mechatronics, 2002, 12(6):813-831.

[107] Situm Z, Novakovic B. Servo pneumatic position control using fuzzy logic PID gain scheduling[J]. Journal of Dynamic Systems, Measurement, and Control, 2004, 126(2):376-387.

[108] Karpenko M, Sepehri N. Development and experimental evaluation of a fixed-gain nonlinear control for a low-cost pneumatic actuator[J]. IEE Proceedings-Control Theory and Applications, 2006, 153(6):629-640.

[109] Karpenko M, Sepehri N. QFT synthesis of a position controller for a pneumatic actuator in the presence of worst-case persistent disturbances[C]. 2006 American Control Conference, Minneapolis, USA, 2006: 3158-3163.

[110] Karpenko M, Sepehri N. Design and experimental evaluation of a nonlinear position controller for a pneumatic actuator with friction[C]. 2004 American Control Conference, Boston, USA, 2004: 5078-5083.

[111] Karpenko M, Sepehri N. QFT design of a PI controller with dynamic pressure feedback for positioning a pneumatic actuator[C]. 2004 American Control Conference, Boston, USA, 2004: 5084-5089.

[112] Gao X, Feng Z. Design study of an adaptive fuzzy-PD controller for pneumatic servo system[J]. Control Engineering Practice, 2005, 13(1):55-65.

[113] Cho S H. Trajectory tracking control of a pneumatic X-Y table using neural network based PID control[J]. International Journal of Precision Engineering and Manufacturing, 2009, 10(5):37-44.

[114] Takosoglu J E, Dindorf R F, Laski P A. Rapid prototyping of fuzzy controller pneumatic servo-system[J]. International Journal of Advanced Manufacturing Technology, 2009, 40(3-4):349-361.

[115] Taghizadeh M, Najafi F, Ghaffari A. Multi model PD-control of a pneumatic actuator under variable loads[J]. International Journal of Advanced Manufacturing Technology, 2010, 48(5-8):655-662.

[116] Kaitwanidvilai S, Olranthichachat P. Robust loop shaping fuzzy gain scheduling control of a servo-pneumatic system using particle swarm optimization approach[J]. Mechatronics, 2011, 21(1):11-21.

[117] 李宝仁, 吴金波, 杜经民. 高压气动位置伺服系统的控制策略研究 [J]. 液压气动与密封, 2002, 22(2):5-7.

[118] 高翔, 李光华, 何国辉. 气动伺服控制系统的自适应模糊控制器的研究 [J]. 海军工程大学学报, 2002, 14(3):14-20.

[119] Xue Y, Peng G, Fan M, et al. New asymmetric fuzzy PID control for pneumatic position control system[J]. Journal of Beijing Institute of Technology (English Edition), 2004, 13(1):29-33.

[120] 薛阳, 彭光正, 范萌, 等. 气动位置伺服系统的带 α 因子的非对称模糊PID控制 [J]. 北京理工大学学报, 2003, 23(1):71-74.

[121] Ning S, Bone G. Experimental comparison of two pneumatic servo position control algorithms[C]. Proceedings of the IEEE International Conference on Mechatronics and Automation, Niagara Falls, Canada, 2005: 37-42.

[122] Schulte H, Hahn H. Fuzzy state feedback gain scheduling control of servo-pneumatic actuators[J]. Control Engineering Practice, 2004, 12(5):639-650.

[123] 王祖温, 孟宪超, 包钢. 基于QFT的开关阀气动位置伺服系统鲁棒控制 [J]. 机械工程学报, 2004, 40(7):75-80.

[124] 王祖温, 詹长书, 杨庆俊, 等. 气压伺服系统高性能鲁棒控制器的设计 [J]. 机械工程学报, 2005, 41(11):15-19.

[125] Drakunov S, Hanchin G D, Su W C, et al. Nonlinear control of a rodless pneumatic servoactuator, or sliding modes versus Coulomb friction[J]. Automatica, 1997, 33(7):1401-1408.

[126] Surgenor B W, Vaughan N D. Continuous sliding mode control of a pneumatic actuator[J]. Journal of Dynamic Systems, Measurement, and Control, 2004, 119(2):578-581.

[127] Song J, Ishida Y. A robust sliding mode control for pneumatic servo systems[J]. International Journal of Engineering Science, 1997, 35(8):711-723.

[128] Pandian S R, Hayakawa Y, Kanazawa Y, et al. Practical design of a sliding mode controller for pneumatic actuators[J]. Journal of Dynamic Systems, Measurement, and Control, 1997, 119(4):666-674.

[129] Pandian S R, Takemura F, Hayakawa Y, et al. Pressure observer-controller design for pneumatic cylinder actuators[J]. IEEE/ASME Transactions on Mechatronics, 2002, 7(4):490-499.

[130] Righettini P, Giberti H. A nonlinear controller for trajectory tracking of pneumatic

cylinders[C]. 7th International Workshop on Advanced Motion Control, Maribor, Slovenia, 2002: 396-401.

[131] Bone G M, Ning S. Experimental comparison of position tracking control algorithms for pneumatic cylinder actuators[J]. IEEE/ASME Transactions on Mechatronics, 2007, 12(5):557-561.

[132] Korondi P, Gyeviki J. Robust position control for a pneumatic cylinder[C]. 12th International Power Electronics and Motion Control Conference, Portoroz, Slovenia, 2006: 513-518.

[133] Lee L, Li I. Wavelet-based adaptive sliding-mode control with H_∞ tracking performance for pneumatic servo system position tracking control[J]. IET Control Theory and Applications, 2012, 6(11):1699-1714.

[134] Wu J, Goldfarb M, Barth E J. On the observability of pressure in a pneumatic servo actuator[J]. Journal of Dynamic Systems, Measurement, and Control, 2004, 126(4):921-924.

[135] Gulati N, Barth E. A globally stable, load-independent pressure observer for the servo control of pneumatic actuators[J]. IEEE/ASME Transactions on Mechatronics, 2009, 14(3):295-306.

[136] 钱坤, 董新民, 谢寿生, 等. 滑模控制方法在气动伺服控制系统中的应用 [J]. 液压与气动, 2004, 24(6):9-12.

[137] 刘春元. 滑模控制在气动位置伺服系统中的应用 [D]. 上海: 上海交通大学, 2008.

[138] Barth E J, Zhang J, Goldfarb M. Sliding mode approach to PWM-controlled pneumatic systems[C]. 2002 American Control Conference, Anchorage, USA, 2002: 2362-2367.

[139] Barth E J, Goldfarb M. A control design method for switching systems with application to pneumatic servo systems[C]. 2002 ASME International Mechanical Engineering Congress and Exposition, New Orleans, USA, 2002: 1-7.

[140] Shen X, Zhang J, Barth E J, et al. Nonlinear model-based control of pulse width modulated pneumatic servo systems[J]. Journal of Dynamics Systems, Measurement, and Control, 2006, 128(3):663-669.

[141] Nguyen T, Leavitt J, Jabbari F, et al. Accurate sliding-mode control of pneumatic systems using low-cost solenoid valves[J]. IEEE/ASME Transactions on Mechatronics, 2007, 12(2):663-669.

[142] Hodgson S, Le M, Tavakoli M, et al. Improved tracking and switching performance of an electro-pneumatic positioning system[J]. Mechatronics, 2012, 22(1):1-12.

[143] Girin A, Plestan F, Brun X, et al. High-order sliding-mode controllers of an electropneumatic actuator: Application to an aeronautic benchmark[J]. IEEE Transaction on Control Systems Technology, 2009, 17(3):633-645.

[144] Girin A, Plestan F, Brun X, et al. A nonlinear controller for trajectory tracking of

pneumatic cylinders[C]. 45th IEEE Conference on Decision and Control, San Diego, USA, 2006: 13-15.

[145] Girin A, Plestan F, Brun X, et al. High gain and sliding mode observers for the control of an electropneumatic actuator[C]. 2006 IEEE International Conference on Control Applications, Munich, Germany, 2006: 3128-3133.

[146] Taleba M, Levantc A, Plestan F. Pneumatic actuator control: Solution based on adaptive twisting and experimentation[J]. Control Engineering Practice, 2012, 21(8): 1-10.

[147] Shtessel Y, Taleba M, Plestan F. A novel adaptive-gain supertwisting sliding mode controller: Methodology and application[J]. Automatica, 2012, 48(5):759-769.

[148] Plestan F, Shtessel Y, Bregeault V, et al. Sliding mode control with gain adaptation-application to an electropneumatic actuator[J]. Control Engineering Practice, 2013, 21(5):679-688.

[149] Smaoui M, Brun X, Thomasset D. A study on tracking position control of an electropneumatic system using backstepping design[J]. Control Engineering Practice, 2006, 14(8):923-933.

[150] Smaoui M, Brun X, Thomasset D. Systematic control of an electropneumatic system: Integrator backstepping and sliding mode control[J]. IEEE Transactions on Control Systems Technology, 2006, 14(5):905-913.

[151] Rao Z, Bone G M. Nonlinear modeling and control of servo pneumatic actuators[J]. IEEE Transactions on Control Systems Technology, 2008, 16(3):562-569.

[152] Tsai Y, Huang Y. Multiple-surface sliding controller design for pneumatic servo systems[J]. Mechatronics, 2008, 18(9):506-512.

[153] Schindele D, Aschemann H. Adaptive friction compensation based on the LuGre model for a pneumatic rodless cylinder[C]. 35th Annual Conference of IEEE Industrial Electronics, Porto, Portugal, 2009: 1432-1437.

[154] Cameiro J F, Almeida F G. A high-accuracy trajectory following controller for pneumatic devices[J]. International Journal of Advanced Manufacturing Technology, 2012, 61(1-4):253-267.

[155] Cameiro J F, Almeida F G. Accurate motion control of a servopneumatic system using integral sliding mode control[J]. The International Journal of Advanced Manufacturing Technology, 2015, 77(9-12):1533-1548.

[156] Ren H, Fan J. Adaptive backstepping slide mode control of pneumatic position servo system[J]. Chinese Journal of Mechanical Engineering, 2016, 29(5):1003-1009.

[157] Zhao L, Yang Y, Xia Y, et al. Active disturbance rejection position control for a magnetic rodless pneumatic cylinder[J]. IEEE Transactions on Industrial Electronics, 2015, 62(9):5838-5846.

[158] Zhao L, Xia Y, Yang Y, et al. Multicontroller positioning strategy for a pneumatic

servo system via pressure feedback[J]. IEEE Transactions on Industrial Electronics, 2017, 64(6):4800-4809.

[159] Soleyman F, Rezaei S, Zareinejad M, et al. Position control of a servo-pneumatic actuator with mis-matched uncertainty using multiple-surface sliding mode controller and high-gain observer[J]. Transactions of the Institute of Measurement and Control, 2017, 39(10):1497-1508.

[160] Richardson R, Plummer A R, Brown M D. Multiple-surface sliding controller design for pneumatic servo systems[J]. IEEE Transactions on Control Systems Technology, 2001, 9(2):330-334.

[161] Tanaka K, Sakamoto M, Sakou T, et al. Improved design scheme of MRAC for electro-pneumatic servo system with additive external forces[C]. IEEE Conference on Emerging Technologies and Factory Automation, Kauai, Japan, 1996: 763-769.

[162] Shih M, Ma M. Position control of a pneumatic cylinder using fuzzy PWM control method[J]. Mechatronics, 1998, 8(3):241-253.

[163] 柏艳红, 李小宁. 气动位置伺服系统的 T-S 型模糊控制研究 [J]. 中国机械工程, 2008, 19(2):150-154.

[164] Huang S, Shieh H. Motion control of a nonlinear pneumatic actuating table by using self-adaptation fuzzy controller[C]. IEEE Conference on Industrial Technology, Gippsland, VIC, 2009: 1-6.

[165] Qiu Z, Wang B, Zhang X, et al. Direct adaptive fuzzy control of a translating piezoelectric flexible manipulator driven by a pneumatic rodless cylinder[J]. Mechanical Systems and Signal Processing, 2013, 36(2):290-316.

[166] Song J, Bao X, Ishida Y. An application of MNN trained by MEKA for the position control of pneumatic cylinder[C]. International Conference on Neural Networks, Houston, USA, 1997: 829-833.

[167] 孔祥臻. 气动比例系统的动态特性与控制研究 [D]. 济南: 山东大学, 2007.

[168] Jang J S, Kim Y B, Lee I Y, et al. Design of a synchronous position controller with a pneumatic cylinder driving system[C]. SICE Annual Conference, Sapporo, Japan, 2004: 2943-2947.

[169] Shibata S, Yamamoto T, Jindai M. A synchronous mutual position control for vertical pneumatic servo system[J]. JSME International Journal, Series C: Mechanical Systems, Machine Elements and Manufacturing, 2006, 49(1):197-204.

[170] Canudas de Wit C, Olsson H, Astrom K J, et al. A new model for control of systems with friction[J]. IEEE Transactions on Automatic Control, 1995, 40(3):419-425.

[171] Canudas de Wit C, Lischinsky P. Adaptive friction compensation with partially known dynamic friction model[J]. International Journal of Adaptive Control and Signal Processing, 1997, 11(1):65-80.

[172] Khayati K, Bigras P, Dessaint L A. LuGre model-based friction compensation and

positioning control for a pneumatic actuator using multi-objective output-feedback control via LMI optimization[J]. Mechatronics, 2009, 19(4):535-547.

[173] Yao B. High performance adaptive robust control of nonlinear systems: A general framework and new schemes[C]. 36th Conference on Decision and Control, San Diego, USA, 1997: 2489-2494.

[174] Yao B, Tomizuka M. Adaptive robust control of SISO nonlinear systems in semi-strict feedback form[J]. Automatica, 1997, 33(5):893-890.

[175] Yao B, Bu F, Reedy J, et al. Adaptive robust motion control of single-rod hydraulic actuators: Theory and experiments[J]. IEEE/ASME Transactions on Mechatronics, 2000, 5(1):79-91.

[176] Yao B, Bu F, Chiu G. No-linear adaptive robust control of electro-hydraulic systems driven by double-rod actuators[J]. International Journal of Control, 2001, 74(8):761-775.

[177] Mohanty A, Yao B. Indirect adaptive robust control of hydraulic manipulators with accurate parameter estimates[J]. IEEE Transactions on Control Systems Technology, 2011, 19(3):567-575.

[178] Xu L, Yao B. Adaptive robust precision motion control of linear motors with negligible electrical dynamics: Theory and experiments[J]. IEEE/ASME Transactions on Mechatronics, 2001, 6(4):444-452.

[179] 胡楚雄. 基于全局任务坐标系的精密轮廓运动控制研究 [D]. 杭州: 浙江大学, 2010.

[180] Hu C, Yao B, Wang Q. Coordinated adaptive robust contouring control of an industrial biaxial precision gantry with cogging force compensations[J]. IEEE Transactions on Industrial Electronics, 2010, 57(4):1746-1754.

[181] Hu C, Yao B, Wang Q. Coordinated adaptive robust contouring controller design for an industrial biaxial precision gantry[J]. IEEE/ASME Transactions on Mechatronics, 2010, 15(5):728-735.

[182] Zhu X, Tao G, Yao B, et al. Adaptive robust posture control of a parallel manipulator driven by pneumatic muscles[J]. Automatica, 2008, 44(9):2248-2257.

[183] 朱笑丛. 气动肌肉并联关节高精度位姿控制研究 [D]. 杭州: 浙江大学, 2007.

[184] 朱笑丛, 陶国良, 曹剑. 气动肌肉并联关节的位姿轨迹跟踪控制 [J]. 机械工程学报, 2008, 44(7):161-167.

[185] Zhu X, Tao G, Yao B, et al. Adaptive robust posture control of parallel manipulator driven by pneumatic muscles with redundancy[J]. IEEE/ASME Transactions on Mechatronics, 2008, 13(4):441-450.

[186] Goodwin G C, Mayne D Q. A parameter estimation perspective of continuous time model reference adaptive control[J]. Automatica, 1987, 23(1):57-70.

[187] Yao B. Integrated direct/indirect adaptive robust control of SISO nonlinear systems in semi-strict feedback form[C]. The American Control Conference, Denve, USA, 2003:

3020-3025.

[188] Zhu X, Tao G, Yao B, et al. Integrated direct/indirect adaptive robust posture trajectory tracking control of a parallel manipulator driven by pneumatic muscles[J]. IEEE Transactions on Control Systems Technology, 2009, 17(3):576-588.

[189] Hu C, Yao B, Wang Q. Integrated direct/indirect adaptive robust contouring control of a biaxial gantry with accurate parameter estimations[J]. Automatica, 2010, 46(4):701-707.

[190] Mohanty A, Yao B. Integrated direct/indirect adaptive robust control of hydraulic manipulators with valve deadband[J]. IEEE/ASME Transactions on Mechatronics, 2011, 16(4):707-715.

[191] Hu C, Yao B, Wang Q. Adaptive robust precision motion control of systems with unknown input dead-zones: A case study with comparative experiments[J]. IEEE Transactions on Industrial Electronics, 2011, 58(6):2454-2464.

[192] Tao G, Kokotovic P V. Adaptive control of plants with unknown dead-zones[J]. IEEE Transactions on Automatic Control, 1994, 39(1):59-68.

[193] Wang X, Su C, Hong H. Robust adaptive control of a class of nonlinear systems with unknown dead-zone[J]. Automatica, 2004, 40(3):407-413.

[194] Ibrir S, Xie W, Su C. Adaptive tracking of nonlinear systems with non-symmetric dead-zone input[J]. Automatica, 2007, 43(3):522-530.

[195] Ma H, Yang G. Adaptive output control of uncertain nonlinear systems with non-symmetric dead-zone input[J]. Automatica, 2010, 46(2):413-420.

[196] Lischinsky P, Canuda de Wit C, Morel G. Friction compensation for an industrial hydraulic robot[J]. IEEE Control Systems, 1999, 19(1):25-32.

[197] Wang X, Wang S. High performance adaptive control of mechanical servo system with LuGre friction model: Identification and compensation[J]. Journal of Dynamic Systems, Measurement, and Control, 2012, 134(1):011021.

[198] Vedagarbha P, Dawson D M, Feemster M. Tracking control of mechanical systems in the presence of nonlinear dynamic friction effects[J]. IEEE Transactions on Control Systems Technology, 1999, 7(4):446-456.

[199] Tan Y, Chang J, Tan H. Adaptive backstepping control and friction compensation for AC servo with inertia and load uncertainties[J]. IEEE Transactions on Industrial Electronics, 2003, 50(5):944-952.

[200] Freidovich L, Robertsson A, Shiriaev A, et al. LuGre-model-based friction compensation[J]. IEEE Transactions on Control Systems Technology, 2010, 18(1):194-200.

[201] Xu L, Yao B. Adaptive robust control of mechanical systems with non-linear dynamic friction compensation[J]. International Journal of Control, 2008, 81(2):167-176.

[202] Lu L, Yao B, Wang Q, et al. Adaptive robust control of linear motors with dynamic friction compensation using modified LuGre model[J]. Automatica, 2009, 45(12):2890-

2896.

[203] Koren Y. Cross-coupled biaxial computer controls for manufacturing systems[J]. Journal of Dynamic Systems, Measurement, and Control, 1980, 102(4):265-272.

[204] Sun D, Shao X, Feng G. A model-free cross-coupled control for position synchronization of multi-axis motions: Theory and experiments[J]. IEEE Transactions on Control System Technology, 2007, 15(2):306-314.

[205] Tomizuka M, Hu J S, Chiu T C. Synchronization of two motion control axis under adaptive feedforward control[J]. Journal of Dynamic Systems, Measurement, and Control, 1992, 114(6):196-203.

[206] Chiu T C, Tomizuka M. Coordinated position control of multi-axis mechanical systems[J]. Journal of Dynamic Systems, Measurement, and Control, 1998, 120(3):389-393.

[207] Sun D. Position synchronization of multiple motion axis with adaptive coupling control[J]. Automatica, 2003, 39(6):997-1005.

[208] Sun D, Mills K. Adaptive synchronized control of coordination of multi-robot assembly tasks[J]. IEEE Transactions on Robotics and Automation, 2002, 18(4):498-510.

[209] Sun D, Wang C, Feng G. A synchronization approach to trajectory tracking of multiple mobile robots while maintaining time-varying formations[J]. IEEE Transactions on Robotics, 2009, 25(5):1074-1086.

[210] Feng L, Koren Y. Cross-coupling motion controller for mobile robots[J]. IEEE Control Systems, 1993, 13(6):35-43.

[211] Sun D, Feng G, Lam C, et al. Orientation control of a differential mobile robot through wheel synchronization[J]. IEEE Transactions on Mechatronics, 2005, 10(3):345-351.

[212] Shan J, Liu H, Nowotny S. Synchronized trajectory-tracking control of multiple 3-DOF experimental helicopters[J]. IEE Proceedings Control Theory and Applications, 2005, 152(6):683-692.

[213] Sun D, Lu R, Mills J K, et al. Synchronous tracking control of parallel manipulators using cross-coupling approach[J]. The International Journal of Robotics Research, 2006, 25(11):1137-1147.

[214] Su Y, Sun D, Ren L, et al. Integration of saturated PI synchronous control and PD feedback for control of parallel manipulators[J]. IEEE Transactions on Robotics, 2006, 22(1):202-207.

[215] Ren L, Mills J K, Sun D. Adaptive synchronized control for a planar parallel manipulator: Theory and experiments[J]. Journal of Dynamic Systems, Measurement, and Control, 2006, 128(4):976-979.

[216] Chen C, Hwang J. Iterative learning control for position tracking of a pneumatic actuated x-y table[J]. Control Engineering Practice, 2005, 13(12):1455-1461.

[217] Chen C, Hwang J. Pd-type iterative learning control for the trajectory tracking of

a pneumatic x-y table with disturbance[J]. Japan Society of Mechanical Engineers, 2006, 49(2):520-526.

[218] Cho S. Trajectory tracking control of a pneumatic X-Y table using neural network based PID control[J]. International Journal of Precision Engineering and Manufacturing, 2009, 10(5):37-44.

[219] Lu C, Hwang J, Shen Y. Backstepping sliding mode tracking control of a vane-type air motor X-Y table motion system[J]. ISA Transactions, 2011, 50(2):278-286.

[220] 从爽, 刘宜. 多轴协调运动中的交叉耦合控制 [J]. 机械设计与制造, 2006, 44(10):166-168.

[221] Chiu G, Tomizuka M. Contouring control of machine tool feed drive systems: A task coordinate frame approach[J]. IEEE Transactions on Mechatronics, 2001, 9(1):130-139.

[222] Chen C, Lin K. Observer-based contouring controller design of a biaxial stage system subject to friction[J]. IEEE Transactions on Control System Technology, 2008, 16(2):322-329.

[223] Lou Y, Meng H, Yang J, et al. Task polar coordinate frame-based contouring control of biaxial systems[J]. IEEE Transactions on Industrial Electronics, 2014, 61(7):3490-3501.

索　引